대수기하학 입문

대수기하학 입문

초판 1쇄 발행 2022년 7월 30일
초판 3쇄 발행 2025년 2월 21일

지은이 김영훈·최진원

펴낸곳 서울대학교출판문화원
주소 08826 서울 관악구 관악로 1
도서주문 02-889-4424, 02-880-7995
홈페이지 www.snupress.com
페이스북 @snupress1947
인스타그램 @snupress
이메일 snubook@snu.ac.kr
출판등록 제15-3호

ISBN 978-89-521-3130-0 93410

대수기하학 입문

김영훈 · 최진원 지음

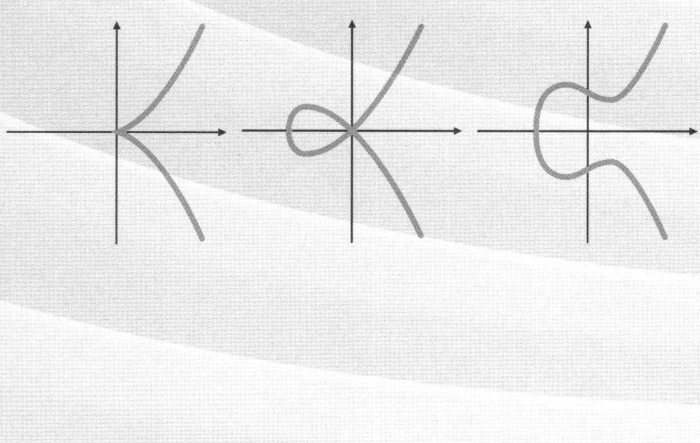

서울대학교출판문화원

들어가며

대수기하(algebraic geometry)는 대수(algebra)와 기하(geometry)의 상호작용이라고 정의할 수 있다. 예를 들면, 피타고라스 정리에서 직각 삼각형 여부를 변의 길이에 관한 대수 방정식 $a^2 + b^2 = c^2$으로 판별하는 것처럼, 기하로 대수를 표현하고 대수로 기하를 설명하는 것이다. 원과 직선의 교점을 방정식을 풀어 찾는 문제와 같이 대수기하는 중등 교육과정을 통해 누구나 알고 있고 사용하는 수학이며 그 역사는 피타고라스 이전으로 거슬러 올라가 수학의 역사와 궤를 같이하고 있다. 또한 시간이 흐름에 따라 그 중요성은 점점 커져서 현재는 수학의 핵심분야로서 그 위치를 더욱 공고히 하고 있다. 하지만 그 오랜 역사만큼 가장 빛나는 천재들의 업적이 켜켜이 쌓여 대수기하학은 수학에서 가장 어려운 학문으로, 아니 모든 분야를 통틀어 가장 심오한 학문으로 손꼽힌다.

우리나라 수학이 변방을 넘어 세계적 수준으로 도약한 이래 대수기하에 대한 관심이 커져왔고 많은 학생이 대수기하학을 배우고자 하나 마땅히 우리말로 공부할 만한 수준 있는 교과서가 없는 형편이다. 한편 세계 10위권의 경제력을 가진 지도적 국가의 위상과 한글 인구가 7000만 명을 넘는 것을 생각해 볼 때, 자신의 언어로 쓰인 교과서로 학생들이 공부하지 못하는 것이 국제적 사례에 비추어 정상은 아니라고 할 수 있다. 이에 부족하지만 용기를 내어 우리말로 된 교과서를 낸다.

이 책은 학부과정의 선형대수학, 추상대수학, 위상수학, 미분기하학, 복소함수론에 대해 탄탄히 준비된 학생들을 대상으로 대수기하학의 기초를 소개하는 입문서이다. 인류가 만들어낸 학문 중 가장 난해하고 복잡하며 방대한 분야가 바로 대수기하학이므로 모든 것을 소개할 수는 없지만, 가장 중요한 개념들과 예들을 통해 핵심 아이디어를 전달하고자 노력했다. 학부생 및 대수기하에 관심 있는 대학원생과 교수를 위한 책이므로 스킴(scheme) 대신 다양체(variety)를 통해 풍부한 직관을 개발하고 핵심 아이디어에 대한 통찰을 기를 수 있도록 구성했다. 또한 독자의 이해를 돕고 구체적인 계산을 보여주기 위하여 대수기하 계산 프로그램인 Macaulay2를 이용한 계산도 다루었다. Macaulay2는 대수기하학의 용어를 그대로 사용하여 코드가 직관적이며 익히기 쉽다. 아울러 직접 설치하지 않고도 온라인으로 어디서나 이용할 수 있는 것이 큰 장점이다. Macaulay2에 대한 자세한 설명은 웹페이지 `http://www2.macaulay2.com/Macaulay2/`를 참조하기 바란다.

이 책의 구성은 다음과 같다. 0장에서 대수기하학의 역사를 살펴본 후, 1~8장에서 대수적 다양체, 대수적 사상, 유리 사상, 차원, 접평면, 차수 등 대수기하학의 기본 개념들을 공부한다. 9장에서는 현대 모듈라이 이론의 바탕이 되는 대수적 군과 작용의 기초를 다루었고, 10장에서는 대수기하와 관련된 실용적인 계산에 유용하게 사용되는 그뢰브너 기저를 다루었다.

이 책을 통해 대수기하에 관한 강력한 직관과 핵심 아이디어를 익힌 후에는 [9]를 통해 스킴(scheme) 이론을 배울 수도 있고, [11]을 통해 모듈라이 이론을 맛보거나, [14]를 통해 계산 대수기하를 공부할 수도 있겠다. 이 책이 기폭제가 되어 다양한 관점에서 쓰인 더 나은 대수기하 서적이 출판되길 바라며, 이 책이 대수기하학을 배우고자 하는 학생들에게 도움이 되길 바란다.

마지막으로 이 책은 2021년도 서울대학교 기초학문저술지원사업의 지원을 받아 저술되었음을 감사의 마음과 함께 밝혀 둔다.

2022년

저자

차 례

그림 차례

CHAPTER

0

대수기하학의 역사

모든 위대한 역사가 그러하듯 대수기하학은
끝없는 혁신을 통해 외부로부터의 도전을 흡수하고
자신을 재창조함으로써 발전해왔다. 이러한 혁신은 21세기 들어서도
계속되고 있으며 그 생명이 다하는 순간까지 계속될 것이다.
이 장에서는 대수기하학의 역사를 살펴보자.

0.1 근대 이전

대수기하학은 대수학과 기하학의 상호작용이라고 할 수 있다. 고대 그리스인들은 방정식을 풀기 위해 기하학을 사용했는데, 예를 들어 방정식 $x^3 = 2$의 해를 두 포물선

$$y^2 = 2x, \quad x^2 = y$$

의 교점을 작도하여 구했다. 반대로 기하학의 문제를 대수적으로 해결하기도 했는데 대표적으로 피타고라스의 정리를 통해 세 변의 길이의 비가 3:4:5나 5:12:13인 삼각형은 직각 삼각형임을 알고 있었다. 고대 이집트와 그리스를 포함한 지중해 연안 문명의 수학적 성취를 집대성한 책인 유클리드(Euclid)[1]의 "기하학 원론"(Elements of geometry)[2]을 보면 총 465개의 정리 중에서 상당 부분이 대수와 기하의 상호작용에 관한 내용으로 채워져 있다.

서로마 제국의 멸망 이후 지중해 연안 국가의 학문은 천 년간의 암흑기를 겪게 되는데 수학의 성화는 이 기간 동안 아시아 수학자들에게 넘겨졌다. 지중해 국가들에서 기하학이 크게 발달했다면 아시아 국가에서는 대수학이 눈부시게 발전하게 된다. 인도에서 0이 발견되고 중동과 동아시아 수학자들에 의해 방정식의 해법들이 개발되

1 기원전 3세기 당시 세계 문명의 중심지 중 하나인 이집트 알렉산드리아에서 활동한 수학자.

2 당시 대부분의 수학은 기하학과 관련되었으므로 기하학 원론이라기보다 수학 원론으로 보아도 좋겠다. 플라톤의 책 "국가론"에서 소크라테스가 이상적인 정치 지도자를 육성하기 위한 교육법을 논하는 데 필수 교과로 첫째 수론(arithmetic), 둘째 기하(geometry), 그리고 셋째 천문(astronomy)을 꼽는다. 기하를 모르는 자는 플라톤 아카데미의 일원으로 간주하지 않을 만큼, 이미 고대부터 모든 학문의 상징이자 귀감으로 기하학/수학은 확고히 자리 잡고 있었다.

었다. 특히 9세기에 활동한 알콰리즈미(al-Khwarizmi)[3]는 대수학의 성취를 집대성하여 “알자브르 왈 무까발라”라는 유명한 책[4]을 남겼는데 1, 2차 방정식의 완전한 풀이법과 특수한 3차 방정식의 해법까지 설명하고 있다.

아시아 수학자들의 업적은 12세기에서 14세기에 다시 유럽에 번역되어 이 지역에서 수학의 부흥을 이끌었는데 15세기 르네상스 시기에 수학자들이 유럽에서 활동하기 시작했고, 16세기에 타르탈리아(Tartaglia), 카르다노(Cardano), 페라리(Ferrari) 등은 3차와 4차 방정식의 해법을 발견했다.

0.2 데카르트

대수학과 기하학의 상호작용은 수천 년간 계속되었으나, 그 사이의 장벽을 완전히 무너뜨린 것은 데카르트(Descartes, 1596–1650)[5]의 불멸의 업적이다. 과학의 역사상 가장 중요한 인물을 꼽으라면 뉴턴, 아인슈타인, 다윈 등을 꼽는 사람이 많겠지만 과학사를 꼼꼼히 살펴보면 데카르트를 더 높게 평가할 수밖에 없다. 1637년 출판한 “방법서설”[6]에서 데카르트는 과학의 방법과 목표를 명확히 제시하였고, 이는

---

3 알콰리즈미는 우즈베키스탄 지역에서 태어나 당시 학문의 중심지였던 바그다드에서 활동했으며, 요즘 대학교의 모태라 할 수 있는 학문 연구 기관 “지혜의 집” 소속으로 대수학, 삼각법, 천문학을 연구했다. 후대에 그의 저작과 업적이 유럽에 알려져 큰 영향을 주었고 그의 이름은 알고리즘(algorithm)이란 단어로 영원히 남게 되었다.

4 Algebra(대수)라는 단어는 이 책의 제목에서 기원한 것이다.

5 데카르트는 17세기 초 활동한 수학자로서 현대적 과학의 방법론을 확립했다. 천재 수학자이지만 검술에도 능하여 해적 일당을 검 하나로 모두 제압한 전설의 검사이기도 하다.

6 Discourse on method, optics, geometry and meteorology. 과학적 방법론을 제시한 책으로 철저한 회의를 통해 의심할 수 없는 확실한 사실들에만 기반할 것과 방정식을 통한 수학적 원리 발견 등을 골자로 한다. 특히 방법적 회의를 통해 의심할

바로 당대 모든 지식인의 필독서가 되어 근대 과학 발달의 기폭제가 되었다. 이때 과학이 발명되었다고 생각하는 사람들도 많다. 뉴턴이나 라이프니츠를 포함한 근대 과학의 주춧돌을 놓은 인물들이 모두 데카르트의 열렬한 추종자였음은 말할 필요도 없다.[7]

과학뿐만 아니라 수학에도 관심 있는 사람이라면 "방법서설"에서 과학적 방법론보다 더 중요한 데카르트의 업적으로 좌표계의 발견을 꼽을 것이다. 좌표계의 도입으로 기하학적 대상들을 방정식을 통해 정확히 기술할 수 있게 되었고 이를 통해 물체의 운동, 전자기의 원리를 설명하고 생명체의 유전 정보를 시각화할 수 있게 되었다. 데카르트가 없었다면 뉴턴도 맥스웰도 아인슈타인도 없다. 데카르트 이전과 이후의 수학과 과학에 대해 살펴보면, 17세기 이후의 모든 것이 데카르트의 발견에 의존하고 있다고 해도 지나친 말이 아니다.

대수기하학으로 범위를 좁혀 생각해 보자. 지중해 수학자들이 발달시킨 기하학과 아시아 수학자들이 발달시킨 대수학이 데카르트의 좌표계를 통해 완전히 한 몸으로 결합되어, 비로소 대수기하학이라는 학문이 명확히 자리잡는 계기가 되었다. 예를 들어 원점을 중심으로 반지름이 2인 원은 기하학적으로 원점으로부터 거리가 2만큼 떨어져

수 있는 모든 것을 의심하다 결국 의심할 수 없는 사실로서 유명한 명제 "Cogito, ergo sum"(사유하므로 존재한다)를 발견했다.

7 17세기 훨씬 이전부터 수학(mathematics)은 완전한 학문으로 자리 잡고 있었으나 과학은 당시 자연 철학(natural philosophy)이라는 말로 뭉뚱그려지고 있었을 뿐 학문의 형태도 갖추지 못하고 있었다. 뉴턴은 케임브리지 대학교의 수학 교수였으며 당대 대부분의 지식인들과 마찬가지로 데카르트의 열렬한 추종자였다. 1676년 후크(Robert Hooke)에게 보낸 편지에서 그 유명한 "거인의 어깨 위"라는 표현(If I have seen further, it is by standing on the shoulders of Giants.)이 나오는데 다른 사람의 업적을 인정하는 것을 극도로 꺼려하던 뉴턴이 이 편지에서 언급한 (예의상 포함시킨 편지를 받는 대상자인 후크를 제외하고) 유일한 거인이 데카르트이다.

있는 점들의 집합이면서 대수적으로는

$$x^2 + y^2 = 4$$

를 만족시키는 좌표 평면상의 점 (x, y)들의 집합이다. 기하적인 원과 2차 방정식, 이 두 표현은 완전히 동등하다. 또한 이 원과 일차식 $y - x = 1$이 표현하는 직선의 교점은 두 방정식의 공통근으로 얻어진다. 타원, 쌍곡선, 포물선 등의 기하학적인 대상과 이들의 성질들을 대수적으로 표현할 수 있고, 역으로 대수적인 대상(방정식)과 성질(공통근 존재 여부)들은 기하학적으로 나타낼 수 있다. 초중등 수학을 통해 좌표계를 사용하여 기하 문제를 대수 문제로 번역하여 해결하고, 역으로 대수 문제를 기하 문제로 번역하여 풀어낸 경험들이 있을 것이다. 자신도 모르는 사이 우리는 이미 대수기하를 맛본 것이다.

대수학(algebra)은 그 어원에서도 알 수 있듯이 다항식의 근을 찾는 시도에서 출발한 학문이다. 따라서 대수학을 통해 접근할 수 있는 기하학적 대상은 주어진 다항식들을 만족하는 점들로 구성된 것인데 이를 **대수적 다양체**라고 부른다. n변수 다항식들

$$f_1, \dots, f_m \in \mathbf{k}[x_1, \dots, x_n]$$

이 결정하는 대수적 다양체는 이들을 모두 0으로 만드는 점들의 집합

$$V(f_1, \dots, f_m) = \{(a_1, \dots, a_n) \mid f_i(a_1, \dots, a_n) = 0,\ \forall i\} \subset \mathbf{k}^n$$

으로 정의된다. 여기서 $\mathbf{k}$는 유리수 집합, 실수 집합 또는 복소수 집합과 같이 4칙 연산이 잘 정의된 체(field)를 말한다. 예를 들어 직선, 원, 포물선, 타원, 쌍곡선, 3차 함수의 그래프, 평면, 포물면, 타원면 등 우리에게 익숙한 기하학적 대상들은 대부분 대수적 다양체이다.

대수기하학은 대수적 다양체에 대한 탐구라고 말할 수도 있다.

0.3 데자르그

데카르트가 좌표계를 발견하게 된 배경으로는 어린 시절부터 기하학에 큰 관심을 가졌고 자신이 당시 유행하던 사영기하학의 대가였던 점을 무시할 수 없다. 사영기하학(projective geometry)은 유클리드 공간 $\mathbb{R}^n$에서의 기하를 사영 공간 $\mathbb{RP}^n$으로 확장하는 데서 출발한다. 사영 공간은 미술에서 원근법과 밀접한 관련이 있는데 원근법을 완성한 사람이 바로 17세기 사영기하학의 대가 데자르그(Desargues, 1591–1661)이다. 원근법에서 화가의 캔버스의 한 점은 눈과 그 점을 잇는 직선과 동일시된다.

그림 0.1: 원근법, Dürer(1471–1528)의 그림

캔버스가 평면 $z = 1$에 놓여 있다고 하고 눈이 원점에 있다고 하자. 직선

$$\{(ta, tb, t) \,|\, t \in \mathbb{R}\}$$

상의 모든 점은 캔버스의 점 $(a, b, 1)$로 찍히는데 z좌표인 1을 무시하면 좌표 평면상의 점 $(a, b) \in \mathbb{R}^2$와 동일시할 수 있다.

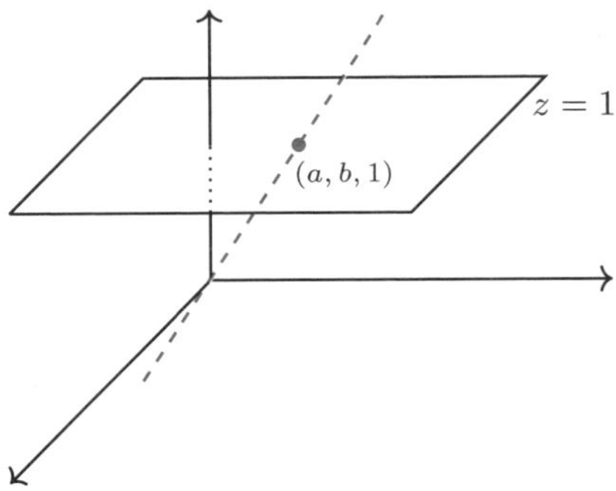

그림 0.2: 평면 $z = 1$과 원점을 지나는 직선

원점이 아닌 $\mathbb{R}^3$의 한 점 (a, b, c)가 있을 때 이 점과 원점을 잇는 직선을 $[a, b, c]$라고 쓰면

$$[a, b, c] = [ta, tb, tc], \quad t \in \mathbb{R}^* = \mathbb{R} - \{0\}$$

임을 알 수 있다. 사영 평면은 좌표 공간 $\mathbb{R}^3$에서 원점을 지나는 직선들의 집합

$$\mathbb{RP}^2 = \{[a, b, c] \,|\, (a, b, c) \neq 0 \in \mathbb{R}^3\}$$

를 말한다. xy-평면에 포함되지 않는 직선은 평면 $z = 1$과 유일한 점에서 만나므로 $[a, b, 1]$의 꼴로 유일한 방법으로 쓸 수 있고 다시 이는 $\mathbb{R}^2$ 위의 점 (a, b)와 동일시할 수 있다. 이 동일시에 의해 좌표 평면 $\mathbb{R}^2$는 사영 평면 $\mathbb{RP}^2$의 부분집합으로 생각할 수 있고 그 여집합은 xy-평면에 포함되면서 원점을 지나는 직선들의 집합

$$\mathbb{RP}^1 = \{[a, b] \,|\, (a, b) \neq 0\} = \{[a, b, 0] \,|\, a \neq 0 \text{ 또는 } b \neq 0\}$$

이다. 이를 무한대 직선(line at infinity)이라고 부른다. 즉

$$\mathbb{RP}^2 = \mathbb{R}^2 \sqcup \mathbb{RP}^1$$

이다. 무한대 직선이라고 부르는 이유는 $\mathbb{RP}^1$의 점들을 $\mathbb{R}^2$에 속하는 직선들의 극한점들로 볼 수 있기 때문이다. 예를 들어 $\mathbb{R}^2$ 위의 기울기가 m인 직선 위의 점 $[t, mt, 1]$을 생각하고 t를 무한대로 보내면 $[t, mt, 1] = [1, m, \frac{1}{t}]$이므로 그 극한점은 $[1, m, 0]$이 된다. 또한 같은 방법으로 기울기가 무한대인 직선을 따라 움직이면 극한점이 $\lim_{t\to\infty}[0, t, 1] = [0, 1, 0]$이 됨을 확인할 수 있다. 따라서 사영 평면 $\mathbb{RP}^2$는 좌표 평면 $\mathbb{R}^2$에 각 기울기마다 무한대의 점을 추가한 것으로 이해할 수 있다. 이때, 기울기는 임의의 실수 또는 무한대의 값을 가질 수 있다.

이와 같이 무한대 직선을 추가하여 얻을 수 있는 이점은 사영 평면에서는 서로 다른 두 직선이 항상 한 점에서 만난다는 것이다. 예를 들어 좌표 평면에서 두 직선이 평행하고 기울기가 m이라면 두 직선의 교점은 무한대 직선의 한 점 $[1, m, 0]$이다.

그림 0.3은 $\mathbb{RP}^2$를 나타낸 것이다. 각 기울기마다 무한대 직선 위의 한 점이 대응되며 그림에서 무한대 직선 위의 마주 보는 점은 같은 기울기에 대응되므로 같은 점으로 동일시된다.

원점을 지나는 직선은 단위 구

$$S^2 = \{(a, b, c) \in \mathbb{R}^3 \mid a^2 + b^2 + c^2 = 1\}$$

과 두 점에서 만나는데 이 두 점 p, q는 서로 원점에 대칭($p = -q$), 즉 서로의 대척점(antipodal point)이 된다. 따라서 북반구의 점들

$$S^2_+ = \{(a, b, c) \in \mathbb{R}^3 \mid a^2 + b^2 + c^2 = 1, \quad c \geq 0\}$$

로 모든 원점을 지나는 직선을 표현할 수 있는데, 적도의 점은 그 대

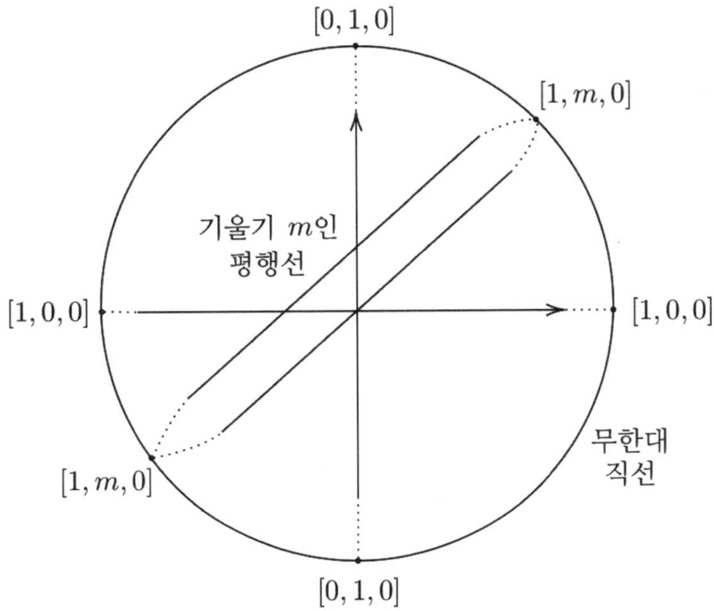

그림 0.3: 사영 평면

척점과 동일시하여 원점을 지나는 직선들의 집합인 사영 평면은

$$\mathbb{RP}^2 = S^2_+ / \sim,$$

$$(a,b,c) \sim (a',b',c') \Leftrightarrow \begin{cases} a = a', b = b', c = c' & \text{if } c > 0 \\ a = \pm a', b = \pm b', c' = 0 & \text{if } c = 0 \end{cases}$$

이 된다. 이 관점에서 좌표 평면 $\mathbb{R}^2$는 $S^2_{>0}$, 즉 $c > 0$인 부분 – 적도를 뺀 북반구 – 과 일대일 대응되고 그 여집합을 생각하면 무한대 직선으로

$$\mathbb{RP}^1 = S^1 / \sim,$$

즉 단위 원의 대척점들을 동일시하여 얻어진다. 또한 좌표 평면 $\mathbb{R}^2$에 포함되는 원판 D를 하나 잘라내면 $\mathbb{RP}^2 - D$는 뫼비우스의 띠가

되고, 따라서 사영 평면은 수직 방향을 일관되게 줄 수 있는 유향(orientable) 곡면이 아니다.

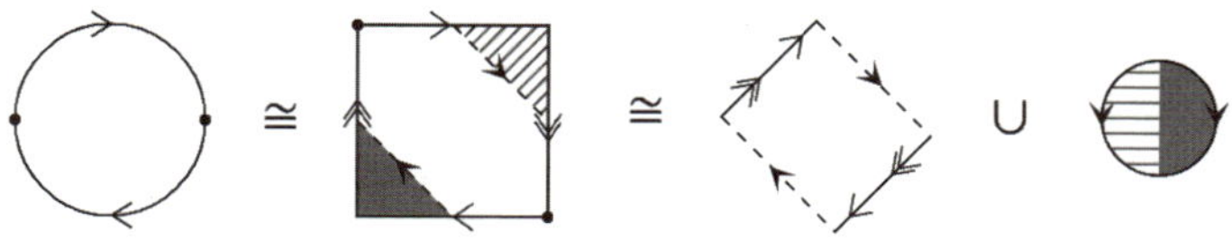

그림 0.4: 유향곡면이 아닌 사영 평면

사영기하학에서는 좌표 평면 $\mathbb{R}^2$ 대신 사영 평면 $\mathbb{RP}^2$에서 대수적 다양체를 다룬다. 좌표 평면 $\mathbb{R}^2$ 위의 대수적 다양체를 사영 평면 $\mathbb{RP}^2$ 위로 확장시키는 이유는 무엇인가? 근본적인 이유는 사영 평면의 대칭군

$$\mathrm{PGL}_3(\mathbb{R}) = \mathrm{GL}_3(\mathbb{R})/\mathbb{R}^*$$

가 좌표 평면의 대칭군 $\mathrm{GL}_2(\mathbb{R}) \ltimes \mathbb{R}^2$보다 크다는 사실이다.[8] 따라서 사영 평면으로 확장하면 훨씬 많은 대상과 성질들이 대칭군에 의해 보존되어 이를 통해 다양한 기하학적 사실들을 더 쉽게 증명할 수 있다.

또한 사영 평면은 콤팩트(compact) 집합인데 그 이유는 연속이면서 전사인 함수 $S^2 \to \mathbb{RP}^2$가 존재하고 S^2가 콤팩트이기 때문이다. 따라서 대수적 다양체에 대한 탐구를 사영 공간의 부분집합 – 사영 다양체(projective variety) – 으로 확장하는 것이 이롭다.

정리하면 17세기 사영 공간의 도입을 통해 대수기하학은 더욱 체계적인 탐구가 가능하도록 업그레이드되었다.

8 GL_3와 PGL_3 등에 대해서는 9장을 참조하라.

0.4 리만

대수기하학의 업그레이드는 역사적으로 계속되었고 그 과정을 통해 마르지 않는 생명력을 얻음과 동시에 넓게 영향력을 확대할 수 있었다. 사영기하학의 도입과 아울러 고전적 대수기하학의 결정적 업그레이드는 19세기 복소수의 체계적 사용과 복소함수론의 도입을 통해 얻어졌다.

18세기까지 복소수는 실재하지 않는 대상이라며 거부하는 수학자들이 대부분이었으나, 오일러와 가우스가 복소수를 통해 놀랄만한 결과들을 얻어내고 기하학적 의미를 부여하면서 19세기에 들어서는 대부분의 수학자들이 자연스러운 수학적 대상으로 받아들이고 사용하게 되었다.

실수 위에서 대수적 다양체를 생각해 보면 매우 복잡하다. 예를 들어

$$x^2 + y^2 = c$$

를 만족하는 점들의 집합은 $c > 0$이면 원이지만, $c = 0$이면 한 점이고, $c < 0$이면 공집합이다. 또 3차 곡선

$$y^2 = x(x^2 + c)$$

는 $c < 0$일 때는 두 개의 연결 성분을 갖고, $c > 0$일 때는 하나의 연결 성분만으로 이루어져 있으며, $c = 0$일 때는 원점에서 매끈하지 않다.(그림 0.5)

말년에 뉴턴은 실수 위에서 3차 곡선의 분류에 착수했다가 100여 개가 넘는 경우로 분류하는 과정에서 길을 잃고 말았다. 실수 위에서의 기하학은 상황에 따라 엄청나게 변하고 나누어 따져야 하는 경우

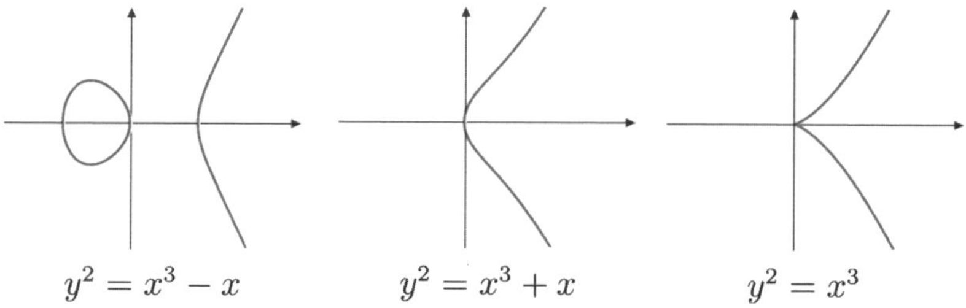

그림 0.5: 3차 곡선

그림 0.6: 구멍의 수가 3인 곡면

의 수가 걷잡을 수 없이 커져서 학문적 연구가 곤란한 지경이다.

하지만 복소수를 사용하면 이 모든 복잡함이 사라지는데, 예를 들어 매끈한 d차 평면 곡선[9]은 모두 구멍의 수가

$$g = \frac{(d-1)(d-2)}{2}$$

인 곡면으로 유일하게 주어진다.[10] 예를 들어 구멍의 수가 3인 경우 (4차 평면 곡선)는 위상적으로 그림 0.6의 곡면과 같다.

복소수에서 실수 상황으로 돌아가고 싶으면

$$\tau : \mathbb{C}^2 \longrightarrow \mathbb{C}^2, \quad (z, w) \mapsto (\bar{z}, \bar{w})$$

---

9 d차 평면 곡선은 사영 평면 위에서 주어진 d차 다항식이 0이 되는 점들의 집합을 말한다. 엄밀한 정의는 2장을 참조하라.

10 평면 곡선은 복소수 차원으로 1차원이므로 실수 차원으로는 2차원이 되어 위상적으로 곡면이다.

의 고정점(fixed point)[11]들을 찾으면 된다.

사영 공간의 도입과 함께 복소수 체 – 대수적으로 닫힌 체(algebraically closed field)[12] – 의 사용을 통해 체계적인 대수기하학을 전개할 수 있게 되었다. 19세기 초 코시(Cauchy, 1789–1857)와 리만(Riemann, 1826–1866)은 미적분학을 복소수 집합에서 정의된 함수들의 경우로 확장하여 복소함수론[13]을 확립했다. 복소수 위에서 정의된 (매끈한) 대수적 다양체는 복소 다양체(complex manifold)[14]의 구조를 갖고 복소함수론을 통해 그 기하학을 연구할 수 있다. 리만은 일변수 복소함수론을 체계적으로 적용하여 대수적 곡선(1차원 대수적 다양체)의 구조를 탐구했고 리만-로흐 정리(Riemann-Roch theorem)와 같이 대수적 곡선상에서 원하는 성질의 함수를 찾는 체계적인 방법을 통해 대수적 곡선에 관한 근본적인 성과들을 얻어냈다.

리만의 또 다른 중대한 기여는 대수적 다양체에 대한 내재적(intrinsic) 관점의 틀을 제공한 것이다. 이전의 수학자들은 평면에 들어 있는 곡선, 공간에 들어 있는 곡면과 같이 좌표 공간을 기하의 배경 공간(ambient space)으로 항상 함께 생각해왔는데, 이와 같은 외적인(extrinsic) 요소를 철저히 배제하고 곡선 자체, 곡면 자체를 기하학의 대상으로 이해하게 된 것은 리만의 다양체론 덕분이다.[15]

리만의 짧은 생애 이후, 20세기 초까지 카스텔누보(Castelnuovo),

---

11 $\tau(z, w) = (z, w)$를 만족하는 점을 함수 τ의 고정점이라고 부른다.

12 대수적으로 닫힌 체란 상수가 아닌 일변수 다항식의 근이 항상 존재함을 말한다. 예를 들어 대수학의 기본 정리는 복소수 계수를 갖는 일변수 다항식은 항상 복소수 근을 가짐을 알려주는데 따라서 복소수 체는 대수적으로 닫힌 체이다.

13 Complex analysis: 복소수 변수 함수들, 즉 복소수 집합에서 복소수 집합으로 가는 함수들의 미적분을 다룬다.

14 복소 다양체의 정의는 연습문제 1.5의 각주 9를 참조하라.

15 이러한 관점을 물리학에 적용하면 상대성 이론을 얻는다.

엔리께(Enriques), 세버리(Severi)와 같은 일군의 이탈리아 대수기하학자들은 리만의 방법을 계승하여 대수적 곡면(2차원 대수적 다양체)에 대해 체계적으로 연구했다. 하지만 이들은 "고결한" 정신의 소유자로 증명보다는 새로운 사실의 발견에 치중하여[16] 독일과 프랑스 수학자들에 의해 엄밀성을 공격받게 되었다.

0.5 힐버트

19세기 대수학의 최고봉을 꼽으라면 불변량 이론(invariant theory)을 꼽을 수 있다. 주어진 다항식 $f(x)$의 근 α를 구하는 것과 $f(ax+b)$의 근 β를 구하는 것은 ($a \neq 0$인 경우) 등식 $\alpha = a\beta + b$를 통해 동등하다. 불변량 이론은 언제 두 다항식이 이처럼 좌표 변환을 통해 연결되는가 하는 단순한 질문에서 출발하였으나, 당대 최고의 수학자들이 이 연구에 가담하면서 놀랍게 성장하더니 20세기 수학의 중추를 형성하는 대수기하학, 선형대수학, 표현론, 미분기하학, 수리물리학 등에 지대한 영향을 미쳤다. 대수기하학적으로 불변량 이론은 주어진 군의 작용에 의한 궤도(orbit)들을 분류하는 모듈라이 공간(moduli space)의 건설과 성질에 대한 탐구로 볼 수 있다.

28세의 힐버트(Hilbert, 1862–1943)를 유망한 신진 수학자에서 세계적인 스타로 하루 아침에 바꿔놓은 것은 1890년 발표한 불변량 이론 논문이다. "불변량 이론의 왕"이라고 불리며 당시 독일 수학계를 휘어잡고 있던 고르단(Gordan)이 SL_2의 경우[17]에 대해 불변량 이

16 수학의 정신은 아름다운 사실을 발견하는 데 있고, 증명은 하인들이나 하는 것으로 생각했다.

17 SL_n은 행렬식의 값이 1인 $n \times n$ 행렬들이 이루는 군을 말한다.

론의 근본 정리[18]를 증명한 지 불과 5년 만에 20대의 힐버트가 모든 SL_n에 대해 불변량 이론의 근본 정리를 증명해낸 것이다. 그 증명 방법 또한 극도로 독창적인 것이어서 고르단은 힐버트의 증명을 보고 "이것은 수학이 아니고 신학이다"라고 외칠 정도로 거부감이 큰 것이었다. 힐버트는 불변량을 구체적으로 찾아내는 대신에 유한 생성을 추상적인 방법으로 증명했고, 그 과정에서 추상대수학(abstract algebra)의 기본이 되는 환 이론, 모듈 이론 등을 획기적으로 발달시켰다.

20세기 초 이탈리아 학파의 성과에 놀라면서도 엄밀성에 대한 의심과 공격이 있었는데 이들의 성과를 엄밀한 추상대수학의 기초 위에 올려놓기 위한 노력이 데데킨트(Dedekind), 쿰머(Kummer), 힐버트(Hilbert), 크룰(Krull), 뇌터(Noether) 등에 의해 이어졌다.[19] 이를 통해 대수학이 크게 발전했고 현재의 대수학 교과서의 기틀이 확립되었으며 이탈리아 학파의 결과를 다양한 상황으로 확장할 수 있었다. 추상대수학, 특히 가환대수학(commutative algebra)을 통해 대수기하학은 업그레이드되었고 현대적 기준에서 엄밀한 수학적 발판 위에 서게 되었다.

---

18 다항식들의 환 $\mathbf{k}[x_1, \ldots, x_n]$에 군 G가 선형적으로 작용하고 있을 때 이 군 작용에 불변인 다항식들이 이루는 부분환이 유한 생성임을 주장하는 것이 불변량 이론의 근본 정리이다. 모든 군에 대해 불변 다항식들의 부분환이 유한 생성인가 묻는 것이 1900년 제시된 힐버트의 14번째 문제이고, 유한 생성이 아닌 반례가 1958년 나가타(Nagata)에 의해 발견되었고, 군 G가 환원 군(reductive group)인 경우에 대해서는 유한 생성이 증명되었다.

19 이 시기를 대표하는 성과 중 하나가 힐버트의 영점 정리(정리 3.2)인데 좌표 공간의 점들은 다항식 환의 극대(maximal) 아이디얼(ideal)들과 일대일 대응되고, 좌표 공간의 대수적 다양체들은 라디컬(radical) 아이디얼들과 일대일 대응된다. 따라서 좌표 공간에서의 대수기하는 다항식 환의 아이디얼에 대한 탐구와 동등하다. 자세한 내용은 3장을 참조하라.

0.6 그로텐딕

20세기 들어 대수적 다양체를 좌표 공간이나 사영 공간에 포함된 상황을 벗어나 완벽하게 내재적으로(intrinsically) 또는 추상적으로(abstractly) 이해하기 위한 노력이 이어졌다. 리만이 복소 다양체를 통해 표현한 내재적 관점을 대수적으로 구현하고자 한 것인데 대수적 다양체를 어떤 좌표 공간도 특정하지 않고 추상적으로 이해하고자 했고 웨이유(Weil), 자리스키(Zariski), 세르(Serre) 등을 통해 추상 대수기하학이 이론적으로 정립되었다. 각 점 근방마다 다른 좌표계를 쓸 수 있으므로 국소적인 함수들을 하나의 환(ring)으로 이해할 수 없고 이들이 잘 붙어 있는 구조인 쉬프(sheaf)를 통해 추상적 다양체의 이론을 확립할 수 있었다.

쉬프는 범주(category) 이론의 관점에서는 함자(functor)로 볼 수 있다. 따라서 쉬프 이론으로 구성된 대수기하학은 보다 일반적인 범주 이론으로 확장할 수 있다. 그로텐딕(Grothendieck, 1928–2014)은 함수해석학 연구로 박사 학위를 받은 수학자인데 부르바키(Bourbaki) 활동을 통해 대수기하학을 접하고는 이내 대수기하학 연구에 전념했다. 범주 이론을 전면적으로 적용하여 대수적 다양체의 이론을 크게 확장했는데 이를 통해 비로소 (다항식 환을 넘어서) 일반적인 환, 모듈(module)과 같은 대수적 대상에 대한 탐구와 대수적 다양체에 대한 연구가 완벽히 동등하게 되었다. 이전에는 특수한 환만 대수적 다양체에 대응되었는데 그로텐딕은 모든 환에 대응되는 기하학적 대상 – 스킴(scheme) – 을 만들어낸 것이다.

데카르트와 푸앵카레의 꿈[20]을 완성시킨 그로텐딕의 이론은 대수

---

20 1908년 앙리 푸앵카레는 명저 “과학과 방법”에서 데카르트를 계승하여 수학과

기하학을 크게 확장시켰고, 그 결과로 정수론의 많은 대상들이 대수기하학의 울타리로 들어오게 되어 오래된 미해결 문제들이 해결될 수 있었다. 백 마디 말보다 팔팅스(Faltings)[21]와 와일즈(Wiles)[22]의 눈부신 업적을 보라!

0.7 아티야

대수기하학과 물리학의 상호작용은 1970년대 아티야(Atiyah)에 의해 시작되어 야우(Yau)와 도날슨(Donaldson)의 빛나는 업적으로 열매 맺었고 현재까지 그 흐름이 이어지고 있다. 대표적으로 양-밀스(Yang-Mills) 방정식의 분석을 통해 벡터 번들(vector bundle)의 모듈라이 공간에 대한 이해가 깊어졌을 뿐만 아니라 4차원 다양체의 새로운 불변량이 발견되었다. 역으로 물리학에서 요구하는 칼라비-야우(Calabi-Yau) 다양체와 같은 필수적 공간을 대수기하학이 제공하고 그 성질들을 밝혀 물리학의 발전을 이끌었다.

물리학에서 고전적으로 입자에 대응되는 수학적 대상은 점(point)이었다. 20세기 중반 입자 가속기를 통해 많은 새로운 입자들이 관측되었고, 이들을 분류하고 성질을 규명하는 것이 이론 물리학의 주요

과학의 방법론을 업데이트했는데, 발달된 대수기하학의 기반이 더욱 확장되어 정수론을 품게 될 것으로 예상했다. 푸앵카레의 이 예상은 웨이유, 세르, 그로텐딕에 의해 완벽히 구현되었다.

21 모델(Mordell) 추측을 해결하여 필즈상을 수상했다. 팔팅스 정리는 종수(구멍의 수)가 2 이상인 대수적 곡선에는 성분이 모두 유리수인 점들이 유한 개뿐임을 말한다.

22 1990년대 중반 300년 넘게 미해결 문제로 수학자들을 유혹하던 페르마의 마지막 정리를 해결했다. 페르마 다항식의 비자명 유리해가 존재한다면 특수한 성질을 갖는 타원 곡선이 존재해야 하는데 그러한 곡선이 존재하지 않음을 보임으로써 증명을 완성했다. 정수론의 문제이지만 해결은 대수적 곡선에 관한 대수기하학 문제로 환원되어서 해결된 것이다.

한 과제가 되었다. 끈 이론(string theory)에서는 근본 입자들이 점이 아니고 끈이며, 바이올린의 현이 진동수에 따라 다른 소리를 내는 것처럼, 끈의 진동수에 따라 다양한 입자로 보인다는 대담한 가정을 통해 입자들을 분류하고 이해하고자 했다. 우여곡절을 통해 1980년대 와서 끈 이론이 성립하려면 높은 차원(10 또는 11차원)의 기하학이 필수적이라는 사실이 밝혀졌고, 중력(gravity)을 설명할 수 있음이 제시되었다. 또한 이러한 끈 입자들 사이에는 초대칭(supersymmetry)이 성립하며 끈 이론의 모델들 사이에 거울 대칭(mirror symmetry)이 제안되었다.

1990년경 위튼(Witten)을 포함한 일군의 물리학자들은 끈 이론의 일부는 대수기하학에서 다양체상의 곡선들의 모듈라이 공간의 교차수(intersection number)로 얻어짐을 발견하였고, 거울 대칭성을 사용하여 이러한 교차수 사이의 관계를 발견했다. 대표적으로 5변수 5차 다항식에 의해 주어지는 3차원 사영 다양체에 놓여 있는 유리 곡선의 수를 주는 공식을 발견했는데 이는 수학자들이 수백 년에 걸쳐 부분적으로만 해결할 수 있었던 문제이다. 물론 끈 이론을 통해서는 답만을 제시할 수 있었을 뿐 엄밀한 증명은 불가능하므로 수학적인 결과는 아니지만 전혀 상관 없어 보이는 끈 이론을 통해 수백 년간 대수기하학자들이 찾고자 했던 답을 제시했다는 사실만으로도 대수기하학자들에게 충격을 안겨주기에 충분했다.

이후 지난 30년간 콘세비치(Kontsevich)와 마닌(Manin)을 포함한 대수기하학자들은 끈 이론을 통해 얻은 예측들을 증명하거나 반증하는 데 필사적인 노력을 기울였고 이를 통해 모듈라이 이론(moduli theory)과 교차 이론(intersection theory)이 획기적으로 발전했으며 이는 여전히 진행 중이다.

0.8 다른 분야와의 상호작용

위에서 언급한 자극 이외에도 수많은 도전과 응전을 통해 대수기하학은 현재의 형태를 갖추었는데 위상수학, 사교기하학, 양자 정보 이론 등도 대수기하학과의 상호작용을 통해 서로 발전할 수 있었다.

예를 들어 1900년 세계 수학자 대회에서 힐버트가 20세기 수학자를 위해 제시한 23개의 문제 중, 15번째 문제인 "슈베르트(Schubert) 계산법의 엄밀한 수학적 토대를 확립하라"를 해결하기 위해 위상수학에서 호몰로지 이론이 크게 발전했고, 다시 이를 대수기하학적으로 분석하고 업그레이드하여 교차 이론이 발전할 수 있었다. 멈포드(Mumford)의 기하학적 불변량 이론에 의한 몫 공간(quotient space)에 대한 이해는 사교기하학의 사교 환원(symplectic reduction)을 통해 크게 발전했고 역으로 사교기하학에 다양한 예를 공급했다. 양자 정보 이론에서는 얽힘(entanglement) 현상이 가장 중요한데 그 측도를 대수기하학을 통해 제공할 수 있고 양자 상태를 분류할 수도 있다.

아울러 현재 유도 대수기하학(derived algebraic geometry)과 계산 대수기하학(computational algebraic geometry) 등도 영역을 넓혀 나가는 중이다.

0.9 위기 또는 도약

대수기하학은 지금 가장 빛나는 시기를 누리고 있고 수학의 핵심분야로서 존경받고 있다. 그 대가로 영토가 너무 방대해지고 인구가 급증하여 대수기하학 내부에 다양한 세부 분야들이 존재하고 다른 세부 분야의 연구자들과는 대화가 어려울 정도로 분화되어 있다. 거대한 몽골제국이 13세기를 정점으로 분할되고 쇠퇴한 것처럼, 대수기하학도 지금의 빛나는 시기가 분할과 쇠퇴의 시작으로 이어질까 많은 사람들이 우려하고 있는 것도 사실이다.

한편, 최근 매트로이드(matroid)와 같은 조합론의 근본 대상들에서도 대수기하의 구조(Hodge structure)들이 발견되어 신선한 충격을 주고 있다. 그로텐딕이 스킴을 발견하여 대수기하학의 기초를 크게 확장하고 정수론을 품은 것처럼, 21세기의 누군가가 다시 한번 조합론까지 품을 수 있는 큰 틀을 발견하는 역사적인 날이 올 수도 있다. 분할과 쇠퇴보다는 또 한번 위대한 업그레이드와 도약이 우리 앞에 다가올 것을 기대해 본다.

0.10 학생의 관점

대수기하학의 역사는 감동적인 드라마와 역동적인 성장의 역사이다. 대수기하학은 엄청나게 강력한 이론들로 채워져 있어 파급효과와 응용범위가 무궁무진하여 공부를 즐기는 사람에게는 끝없는 즐거움의 원천일 수 있으나, 공부를 시작하는 학생들의 입장에서는 매우 까다로울 수밖에 없다. 이토록 긴 역사와 방대한 연구 주제, 깊고 복잡한 이론, 기본적인 개념을 이해하는 데도 여러 해를 보내야 하는 난해한 학문은 인류 역사상 한번도 존재한 적이 없다.

한 분야를 접함에 있어 전체를 조망하고자 하는 야망을 가질 수 있겠으나 대수기하학에 대해서는 추천하고 싶은 길이 아니다. 수십년을 학생으로 보내더라도 대수기하학의 전체를 배우는 것은 불가능하다고 판단되며 그런 세월이 지나고 나면 이미 새로운 결과들이 또 쏟아져나와 되돌아가야 하며 이를 무한히 반복하는 과정으로 이어질

가능성이 크다. 현실적으로는 대수기하학의 한 부분이나 특정한 문제에 대한 탐구에서 시작하여 조금씩 넓혀나가는 수밖에 없다. 그렇다면 어디서 출발할 것인가?

이 책에서는 역사적인 접근을 따르고자 한다. 비교적 현대적인 발명품인 스킴(scheme) 이론은 배제하고 직관적으로 이해하기 쉬운 대수적 다양체(algebraic variety)만을 다룰 것이다. 고전적이고 직관적인 사영기하학의 기법들을 사용하고 다양한 예를 통해 이론을 학습할 것이다. 그때그때 필요한 대수적 이론은 보충해가며 진행하고 컴퓨터를 통한 계산도 병행하고자 한다. 이 방법이 가장 즐겁게 대수기하학을 시작할 수 있는 길이라고 믿기 때문이다.

이제 준비는 끝났다. 용감하게 첫걸음을 내딛자!

CHAPTER

1 아핀 다양체와 사영 다양체

이 장에서는 아핀 다양체, 사영 다양체와 자리스키 위상을 정의하고
가장 간단한 예로서 선형 다양체와 유한 집합을 살펴본다.

1.1 아핀 공간과 아핀 다양체

이 책에서는 대수적으로 닫힌 표수(characteristic)가 0인 체(field)[1] 만을 다룰 것이고 이를

$$\mathbf{k} = \overline{\mathbf{k}}$$

라고 쓰겠다. 대수기하학을 처음 배우는 학생들이라면 그저 복소수 체(complex number field)

$$\mathbf{k} = \mathbb{C}$$

만을 생각해도 좋다. 왜 복소수 체가 다른 체에 비해서 나은가? 예를 들어 2차 방정식

$$x^2 + ax + b = 0$$

을 생각해보자. 실수에서는 판별식 $a^2 - 4b$의 부호에 따라 근의 수가 달라지지만 복소수에서는 중근을 2개로 센다면 항상 2개의 근을 갖는다. 3차 다항식

$$y^2 = x(x^2 + t)$$

($t \neq 0$)를 만족하는 점들의 집합을 봐도 실수 위에서, 즉 $\mathbb{R}^2$에서는 $t > 0$이면 연결 성분(connected component)이 하나지만 $t < 0$이면 둘이다. 하지만 복소수 위에서는, 즉 $\mathbb{C}^2$에서는 모두 위상적으로 토러스(torus)에서 한 점을 뺀 모습으로 동일하다.

실수 위에서의 기하는 복소수 위에서의 기하보다 훨씬 복잡하고 변화무쌍하여 의미있는 이론을 만들어내기 어렵다. 그 이유는 근들

---

1 이 책에서는 학부 대수학 교재에 나오는 내용은 설명 없이 자유롭게 사용하겠다. 학부 대수학 서적으로는 [1]을 추천한다.

그림 1.1: 토러스(torus)에서 한 점을 뺀 모습

이 실수가 아닌 복소수의 집합 $\mathbb{C} - \mathbb{R}$로 달아날 수 있기 때문이다. 실수 위에서의 기하를 원한다면 복소수 근들을 모두 찾은 후 그중에서 실수 근을 골라내면 된다. 대수적으로 닫힌 체를 사용할 때 대수적 다양체에 대한 탐구는 질서를 찾는다.

왜 표수(characteristic)가 0인 체를 선호하는가? 예를 들어 표수가 2라면

$$x^2 + y^2 - 1 = (x + y - 1)^2$$

이 되어 원이 직선이 된다. 우리의 직관이 상당 부분 무용지물이 되는 것이다.

대수적으로 닫힌 표수가 0인 체만을 사용하는 것은 기하학적 직관이 잘 적용되기 위한 것으로, 이 책의 목적 – 기술적인 부분보다 강력한 직관과 아이디어의 전달 – 에 부합한다.

체 $\mathbf{k}$에서 계수를 갖는 n변수 다항식들의 환(ring)을

$$S = \mathbf{k}[x_1, \ldots, x_n]$$

이라고 쓰자. 임의의 다항식은

$$(x_1^{12} - 4x_2^9 x_3^3) + (x_1^7 x_2^2 + x_1^5 x_3^3 x_4) + (2x_2 - 6x_4) + 9$$

와 같이 동차인 항들끼리 묶어 차수에 따라 항들을 나누어 쓸 수 있

다. 차수가 d로 동차인 다항식들의 집합에 0을 추가하면 ($\mathbf{k}$ 상의) 부분공간이 되는데, 이를

$$S_d = \mathbf{k}[x_1, \ldots, x_n]_d$$

라고 쓰면 S는 S_d들의 직합(direct sum)

$$S = \bigoplus_{d \geq 0} S_d$$

가 된다.

연습문제 1.1 $\dim_{\mathbf{k}} \mathbf{k}[x_1, \ldots, x_n]_d = \binom{n+d-1}{d}$임을 보이시오.

정의 1.2

n차원 **아핀 공간**(affine space)이란 순서쌍들의 집합

$$\mathbb{A}^n = \mathbb{A}^n_{\mathbf{k}} = \mathbf{k}^n = \{(a_1, \ldots, a_n) \,|\, a_i \in \mathbf{k} \quad \forall i\}$$

를 말한다. $\mathbb{A}^1$은 아핀 직선, $\mathbb{A}^2$는 아핀 평면이라고 부른다.

n변수 다항식들의 집합 $\mathfrak{A} \subset \mathbf{k}[x_1, \ldots, x_n]$에 대해 $\mathfrak{A}$가 정의하는 **아핀 다양체**(affine variety)란 $\mathfrak{A}$의 모든 원소 $f \in \mathfrak{A}$에 대입하면 0이 되는 $\mathbf{k}^n$의 원소들, 즉

$$V(\mathfrak{A}) = \{(a_1, \ldots, a_n) \,|\, f(a_1, \ldots, a_n) = 0, \quad \forall f \in \mathfrak{A}\} \subset \mathbb{A}^n \tag{1.1}$$

을 말한다. $V(\mathfrak{A})$를 zero$(\mathfrak{A})$라고도 쓴다.

평면상의 직선, 원, 포물선, 쌍곡선, 타원, 공간 상의 2차 곡면 등은 모두 아핀 다양체이다. 예를 들어 원점을 중심으로 반지름이 1인 원은 $V(x^2 + y^2 - 1)$이고 이 원과 직선 $V(y - x - 1)$의 교점은 $V(x^2 + y^2 - 1, y - x - 1)$의 원소이다.

연습문제 1.3

(1) $\mathfrak{A} \subset \mathfrak{B}$라면 $V(\mathfrak{A}) \supset V(\mathfrak{B})$임을 보이시오.

(2) $\mathfrak{A}$가 생성하는 다항식 환 $\mathbf{k}[x_1, \ldots, x_n]$의 아이디얼(ideal)을 $I = \langle \mathfrak{A} \rangle$라고 쓰면

$$V(\mathfrak{A}) = V(I)$$

가 성립함을 보이시오.

(3) 힐버트 기저 정리(Hilbert basis theorem, 정리 3.3)를 사용하여 임의의 아핀 다양체는 유한 개의 다항식을 공통으로 0으로 만드는 점들의 집합임을 보이시오.

아핀 공간 $\mathbb{A}^n$은 집합으로서 벡터 공간 $\mathbf{k}^n$과 같지만, 다른 이름과 기호를 사용하는 이유는 원점이 특별하지 않다는 점을 강조하기 위함이다. 벡터 공간 $\mathbf{k}^n$의 대칭군(symmetry group)은 $n \times n$ 가역 행렬들의 집합 $\mathrm{GL}_n(\mathbf{k})$이지만,[2] 아핀 공간 $\mathbb{A}^n$의 대칭군은 선형 변환에 평행이동을 추가하여

$$\mathrm{GL}_n(\mathbf{k}) \ltimes \mathbf{k}^n$$

이 된다.[3]

2 $n \times n$ 행렬들의 집합 $M^{n\times n}$은 n^2차원 아핀 공간 $\mathbb{A}^{n^2}$과 같다. $\mathrm{GL}_n(\mathbf{k})$는 행렬식 det가 0이 아닌 점들의 집합

$$\mathbb{A}^{n^2} - V(\det) \subset \mathbb{A}^{n^2} = M^{n\times n}$$

이므로 아핀 공간 $\mathbb{A}^{n^2}$의 열린 부분집합이다. 3.4.1절에 나오는 동형사상 (3.9)를 통해 $\mathrm{GL}_n(\mathbf{k})$는 아핀 다양체로 볼 수 있다.

3 기호 $\ltimes$는 반직접곱(semi-direct product)을 표시하는데 $\mathbf{k}^n$이 정규 부분군(normal subgroup)이라는 말이다. 대수학 교과서를 참고하자.

1.2 사영 공간과 사영 다양체

대수적으로 닫히지 않은 체가 기하학적으로 불편한 것처럼 아핀 공간과 아핀 다양체도 그러하다. 예를 들어 평면상의 두 직선

$$y = 1, \quad y = \varepsilon x \quad (\varepsilon > 0)$$

는 한 점에서 만나지만 ε이 0에 접근할수록 교점 $(\varepsilon^{-1}, 1)$은 점점 원점에서 멀어지다가 $\varepsilon = 0$이 되면 교점은 평면에서 완전히 사라지고 만다. 왜 이런 일이 생기는가? 아핀 공간이 콤팩트(compact) 집합이 아니기 때문이다.(1.4절에서 자리스키 위상을 도입하기 전까지 당분간 $\mathbf{k} \subset \mathbb{C}$로 생각하고 $\mathbb{C}^n \cong \mathbb{R}^{2n}$의 고전적 위상(classical topology, usual topology)[4]을 생각하자.) 콤팩트 집합에서는 어떤 점이 점점 멀어지다가 사라지는 일은 발생하지 않는다.(왜?)

해결책은 아핀 공간 $\mathbb{A}^n$을 조밀한 열린 부분집합(open dense subset)으로 포함하는 콤팩트 공간 – 이를 콤팩트화(compactification)라고 부른다 – 을 찾는 것이다. 또한 이러한 콤팩트화에서는 모든 아핀 다양체들도 자연스럽게 다항식에 의해 주어지는 콤팩트화[5]를 가져야 하고 $\mathbb{A}^n$의 대칭군 $\mathrm{GL}_n(\mathbf{k}) \ltimes \mathbf{k}^n$도 확장되어야 한다. 이러한 요구에 모두 부합하는 $\mathbb{A}^n$의 콤팩트화가 바로 사영 공간(projective

---

4 집합 X의 부분집합들의 모임 $\mathcal{T}$가 있어서 $\mathcal{T}$에 공집합과 전체집합이 포함되며, 임의의 $\mathcal{S} \subset \mathcal{T}$에 대해 $\bigcup_{U \in \mathcal{S}} U \in \mathcal{T}$이고, 임의의 $U, V \in \mathcal{T}$에 대해 $U \cap V \in \mathcal{T}$가 성립하면 $\mathcal{T}$를 X에 정의된 **위상**(topology)이라 부른다. $\mathcal{T}$의 원소들을 X의 열린 부분집합(open subset)이라고 부르고, 열린 부분집합의 여집합을 닫힌 부분집합(closed subset)이라 부른다. 유클리드 공간 $\mathbb{R}^m$에는 임의의 한 점 p로부터 거리가 r보다 작은 점들의 집합 $B_r(p)$ 형태의 집합들의 합집합으로 쓸 수 있는 집합을 열린 부분집합으로 정의하여 얻는 고전적 위상(또는 보통 위상)이 존재한다. 고전적이라고 부르는 이유는 앞으로 정의할 자리스키 위상과 구분하기 위함이다.

5 아래에서 나오는 동차화와 역동차화를 통해 아핀 다양체는 사영 다양체로 콤팩트화된다.

space)이다.

정의 1.4

n차원 **사영 공간**이란 $(n+1)$차원 벡터 공간 $\mathbf{k}^{n+1}$의 1차원 부분공간들의 집합을 말하고 이를

$$\mathbb{P}^n = \mathbb{P}^n_{\mathbf{k}} = \mathbf{k}\mathbb{P}^n$$

이라고 쓴다. 임의의 벡터 공간 V에 대해 V의 1차원 부분공간들의 집합을 $\mathbb{P}V$라 쓰고 이를 V의 **사영화**(projectivization)라고 부른다.

1차원 부분공간은 0이 아닌 한 개의 벡터(기저)가 결정한다. $\mathbf{k}^{n+1}$의 0이 아닌 벡터

$$(a_0, a_1, \ldots, a_n) \in \mathbf{k}^{n+1}$$

이 생성하는 1차원 부분공간을

$$[a_0, a_1, \ldots, a_n]$$

이라고 쓰자. 그러면 $\mathbf{k}^* = \mathbf{k} - \{0\}$일 때

$$\begin{aligned} & [a_0, \ldots, a_n] = [b_0, \ldots, b_n] \\ \iff & (a_0, \ldots, a_n) = t(b_0, \ldots, b_n) \quad \exists t \in \mathbf{k}^* \end{aligned}$$

이 성립한다. 따라서 $\mathbb{P}^n$은 $\mathbf{k}^{n+1} - \{0\}$의 동등류(equivalence class)들의 집합인데 동등 관계(equivalence relation)는

$$\begin{aligned} & (a_0, \ldots, a_n) \sim (b_0, \ldots, b_n) \\ \iff & (a_0, \ldots, a_n) = t(b_0, \ldots, b_n) \quad \exists t \in \mathbf{k}^* \end{aligned}$$

로 주어진다. 이를 기호로

$$\mathbb{P}^n = (\mathbf{k}^{n+1} - \{0\})/\sim = (\mathbf{k}^{n+1} - \{0\})/\mathbf{k}^*$$

라고 쓸 수 있다. 여기서 $a_0, \ldots, a_n$을 $[a_0, \ldots, a_n] \in \mathbb{P}^n$의 **동차 좌표**(homogeneous coordinate)라고 부른다.

$\mathbf{k} = \mathbb{C}$인 경우, 1차원 부분공간의 기저로 단위 벡터(unit vector)를 쓸 수 있으므로

$$\mathbb{P}^n = S^{2n+1}/\sim = S^{2n+1}/S^1 \tag{1.2}$$

이다. 여기서 S^{2n+1}은 길이가 1인 $\mathbb{C}^{n+1} = \mathbb{R}^{2n+2}$ 위의 벡터들의 집합으로 실수 차원 $(2n+1)$인 구면이고 이들 사이의 동등 관계는 길이가 1인 복소수들, 즉 S^1의 원소들의 곱에 의해 주어진다. (1.2)에 의해 주어지는 함수[6]

$$S^{2n+1} \longrightarrow S^{2n+1}/S^1 = \mathbb{P}^n$$

을 통해 몫 위상(quotient topology)[7]을 부여하면, $\mathbb{P}^n$은 콤팩트 집합 S^{2n+1}의 연속함수에 의한 이미지(image)이므로 콤팩트 집합임을 알 수 있다. 특히 $n = 1$일 때 $[1, 0] = \infty$라 두어

$$\mathbb{P}^1 = \{[z, 1] \mid z \in \mathbb{C}\} \cup \{[1, 0]\} = \mathbb{C} \cup \{\infty\}$$

이므로 $\mathbb{C} = \mathbb{R}^2$의 한 점 추가 콤팩트화(one point compactification)이고 따라서 $\mathbb{CP}^1$은 2차원 구 S^2와 위상동형이다.

---

6 이를 호프 파이브레이션(Hopf fibration)이라고 부른다

7 전사 함수 $f : X \to Y$가 있고 X가 위상 공간이라 하자. $f^{-1}(U)$가 열린 부분집합이면 U가 열린 부분집합이라고 선언하여 Y의 위상을 얻고 f는 연속함수가 된다. 이를 몫 위상이라고 부른다.

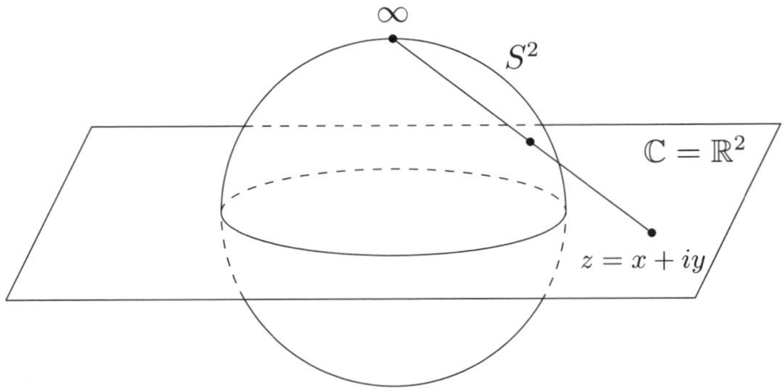

그림 1.2: $\mathbb{CP}^1$

함수

$$\varphi_0 : \mathbb{A}^n \longrightarrow \mathbb{P}^n, \quad (a_1, \ldots, a_n) \mapsto [1, a_1, \ldots, a_n]$$

을 생각하면 이는 $\mathbb{P}^n$의 열린 부분집합

$$U_0 = \{[a_0, a_1, \ldots, a_n] \in \mathbb{P}^n \mid a_0 \neq 0\}$$

로의 일대일 대응이며, ($\mathbf{k} = \mathbb{C}$이면) 위상동형사상(homeomorphism)이다.[8](왜?) 따라서 우리가 바라던 대로 $\mathbb{P}^n$은 $\mathbb{A}^n$의 콤팩트화임을 확인할 수 있다. 또한 집합

$$U_i = \{[a_0, a_1, \ldots, a_n] \in \mathbb{P}^n \mid a_i \neq 0\}$$

들은 i번째에 좌표 1을 추가하는 함수

$$\varphi_i : \mathbb{A}^n \longrightarrow U_i \subset \mathbb{P}^n, \quad (a_1, \ldots, a_n) \mapsto [a_1, \ldots, a_i, 1, a_{i+1}, \ldots, a_n]$$

이 일대일 대응을 주며 $\{U_0, \ldots, U_n\}$은 $\mathbb{P}^n$의 열린 덮개(open cover)

8 위상동형사상이란 연속 함수인데 역함수가 존재하며 이 또한 연속 함수라는 말이다.

이다.

연습문제 1.5 ($\mathbf{k} = \mathbb{C}$) 열린 덮개 U_i에서 U_j로 가는 좌표 변환 $\varphi_j^{-1} \circ \varphi_i$를 구체적으로 기술하고 각각의 성분이 $\varphi_i^{-1}(U_i \cap U_j)$에 정의된 미분가능 함수이며 복소 해석적 함수임을 보이시오.(따라서 $\mathbb{P}^n$은 n차원 복소 다양체(complex manifold)[9]가 되고 $2n$차원 미분 다양체(differentiable manifold)가 된다. 이를 통해 복소기하학과 미분기하학의 도구들을 대수기하학 연구에 사용할 수 있다.)

벡터 공간 $\mathbf{k}^{n+1}$에는 가역 선형 변환(invertible linear transformation)들의 군(group) $\mathrm{GL}_{n+1}(\mathbf{k})$가 행렬의 곱

$$g = (g_{ij}) \in \mathrm{GL}_{n+1}(\mathbf{k}), \quad x = (x_i)_{0 \le i \le n} \in \mathbf{k}^{n+1}$$
$$\Longrightarrow \ g \cdot x = \left(\sum_{j=0}^{n} g_{ij} x_j \right)_{0 \le i \le n}$$

에 의해 작용한다. 또한 상수배하여 얻어지는 가역 행렬을 동등하게 생각하여 얻는 군인

$$\mathrm{PGL}_{n+1}(\mathbf{k}) = \mathrm{GL}_{n+1}(\mathbf{k})/\mathrm{GL}_1(\mathbf{k}) = \mathrm{GL}_{n+1}(\mathbf{k})/\mathbf{k}^*$$

를 생각하면 이는 사영 공간 $\mathbb{P}^n$에

$$g = [g_{ij}] \in \mathrm{PGL}_{n+1}(\mathbf{k}), \quad p = [x_i]_{0 \le i \le n} \in \mathbb{P}^n$$
$$\Longrightarrow \ g \cdot p = \left[\sum_{j=0}^{n} g_{ij} x_j \right]_{0 \le i \le n}$$

---

9 n차원 **복소 다양체**란 paracompact second countable Hausdorff 위상 공간 X인데 열린 덮개 $X = \cup_{i \in I} U_i$와 $\mathbb{C}^n$의 열린 부분집합 V_i들, 위상동형사상 $\phi_i : V_i \to U_i$가 존재하여, 모든 쌍 i, j에 대해 $\phi_j^{-1} \circ \phi_i$가 복소 해석적 함수들을 성분으로 갖는다는 말이다. $\mathbb{C}$를 $\mathbb{R}$로 바꾸고 복소 해석적 함수를 미분가능 함수로 바꾸면 **미분 다양체**의 정의를 얻는다.

에 의해 작용한다.

연습문제 1.6 위의 $\mathrm{PGL}_{n+1}(\mathbf{k})$의 $\mathbb{P}^n$에의 군 작용(group action)이 잘 정의됨을 확인하시오. $\mathrm{PGL}_{n+1}(\mathbf{k})$는 $\mathbb{P}^{n^2+2n}$의 열린 부분집합임을 보이시오.[10]

이제 아핀 다양체의 콤팩트화(compactification)인 사영 다양체를 생각해보자. 다항식 $f(x_0,\ldots,x_n) \in \mathbf{k}[x_0,\ldots,x_n]$을 같은 차수끼리 묶어

$$f = f_0 + f_1 + \cdots + f_r, \quad f_d \in \mathbf{k}[x_0,\ldots,x_n]_d$$

라고 쓰자. 즉 $0 \le d \le r$에 대해 f_d는 차수가 d인 단항식들만의 일차 결합인데, 이를 차수 d인 동차 다항식(homogeneous polynomial)이라고 부른다. 다항식 $f(x_0,\ldots,x_n) \in \mathbf{k}[x_0,\ldots,x_n]$에 대하여 사영 공간 $\mathbb{P}^n$의 점 $[a_0,\ldots,a_n]$이 $f(x_0,\ldots,x_n)$을 0으로 만든다, 즉 $f(a_0,\ldots,a_n) = 0$을 만족시킨다 함이 의미를 가지려면, 모든 $t \in \mathbf{k}^*$에 대해

$$f(ta_0,\ldots,ta_n) = 0 \iff f(a_0,\ldots,a_n) = 0 \tag{1.3}$$

이 성립해야 한다. 그런데 모든 좌표에 t배 하면 차수가 d인 단항식은 t^d배가 되므로 동차 다항식 f에 대해서는 (1.3)이 성립한다. 일반적으로

$$f(ta_0,\ldots,ta_n) = f_0(a_0,\ldots,a_n) + tf_1(a_0,\ldots,a_n) + \\ \cdots + t^r f_r(a_0,\ldots,a_n)$$

이므로 (1.3)이 모든 $t \in \mathbf{k}^*$에 대해 성립할 필요충분조건은 각각의

---

10 연습문제 3.31 (3)에 의해 $\mathrm{PGL}_{n+1}(\mathbf{k})$는 아핀 다양체이다.

동차 성분들 f_i에 대해

$$f_i(a_0, \ldots, a_n) = 0, \quad \forall 0 \le i \le r$$

이 성립하는 것이다.(우리의 가정에 의해 $\mathbf{k}$의 원소의 수가 무한임을 기억하자.) 따라서 사영 공간에서의 다양체는 동차 다항식들을 0으로 만드는 점들의 집합으로 정의해야 한다.

정의 1.7

$(n+1)$변수 동차 다항식들의 집합 $\mathfrak{A} \subset \mathbf{k}[x_0, \ldots, x_n]$이 정의하는 **사영 다양체**(projective variety)란

$$\mathbf{V}(\mathfrak{A}) = \{[a_0, \ldots, a_n] \in \mathbb{P}^n \mid f(a_0, \ldots, a_n) = 0, \quad \forall f \in \mathfrak{A}\}$$

를 말한다. 동차 다항식들이 생성하는 $\mathbf{k}[x_0, \ldots, x_n]$의 아이디얼 I에 대해 I가 정의하는 사영 다양체란

$$\mathbf{V}(I) = \{[a_0, \ldots, a_n] \in \mathbb{P}^n \mid f(a_0, \ldots, a_n) = 0, \quad \forall f \in I\},$$

즉 I에 속하는 모든 (동차) 다항식들을 0으로 만드는 $\mathbb{P}^n$의 점들의 집합을 말한다. 종종 $\mathbf{V}(\mathfrak{A})$나 $\mathbf{V}(I)$를 $\mathrm{zero}(\mathfrak{A})$나 $\mathrm{zero}(I)$로도 쓴다.

연습문제 1.8 동차 다항식들의 집합 $\mathfrak{A} \subset \mathbf{k}[x_0, \ldots, x_n]$이 생성하는 아이디얼을 $I = \langle \mathfrak{A} \rangle$이라고 하면 $\mathbf{V}(\mathfrak{A}) = \mathbf{V}(I)$임을 보이시오. 임의의 사영 다양체는 유한 개의 동차 다항식들을 0으로 만드는 점들의 집합임을 보이시오.

주어진 아핀 다양체가 있으면 이로부터 사영 다양체를 얻을 수 있고 역으로 사영 다양체로부터 아핀 다양체를 얻을 수 있다. d차 다항

식 $f \in \mathbf{k}[x_1, \ldots, x_n]$으로부터 동차 다항식

$$\tilde{f}(x_0, \ldots, x_n) = x_0^d f\left(\frac{x_1}{x_0}, \ldots, \frac{x_n}{x_0}\right) \in \mathbf{k}[x_0, \ldots, x_n]_d$$

를 만들어낼 수 있는데 이를 **동차화**(homogenization)라고 한다. 역으로 동차 다항식 $h \in \mathbf{k}[x_0, \ldots, x_n]_d$가 있다면 $x_0 = 1$을 대입하여

$$\hat{h}(x_1, \ldots, x_n) = h(1, x_1, \ldots, x_n) \in \mathbf{k}[x_1, \ldots, x_n]$$

을 얻을 수 있는데 이를 **역동차화**(dehomogenization)라고 한다.[11]

동차화한 후 역동차화를 하면 원래 다항식

$$\hat{\tilde{f}} = f$$

로 돌아간다.(왜?) x_0로 나눠지지 않는 동차 다항식 h를 역동차화한 후 동차화하면 원래 다항식

$$\tilde{\hat{h}} = h$$

가 된다.(왜?) 따라서 다항식들의 집합 $\mathfrak{A} \subset \mathbf{k}[x_1, \ldots, x_n]$으로부터 아핀 다양체 $V(\mathfrak{A}) \subset \mathbb{A}^n$을 얻었다면

$$\widetilde{\mathfrak{A}} = \{\tilde{f} \mid f \in \mathfrak{A}\} \subset \mathbf{k}[x_0, \ldots, x_n]$$

은 동차 다항식들의 집합이므로 사영 다양체 $\mathbf{V}(\widetilde{\mathfrak{A}}) \subset \mathbb{P}^n$을 정의하는데 이는 $V(\mathfrak{A})$의 콤팩트화(compactification)를 준다. 역으로 역동차화에 의해 사영 다양체로부터 아핀 다양체를 얻을 수 있다. 예를 들어 $V(x^2 - y^2 - 1) \subset \mathbb{A}^2$의 경우 $x^2 - y^2 - 1$을 동차화하여 $x^2 - y^2 - z^2$을 얻고 이를 역동차화하면 원래 다항식 $x^2 - y^2 - 1$로 돌아간다.[12]

---

11 이 정의는 U_0 상의 아핀 다양체를 준다. U_i 상의 아핀 다양체를 생각할 때는 x_i가 동차화와 역동차화의 정의에서 x_0의 역할을 하여야 한다.

12 이때, 변수 z가 위 정의에서 x_0의 역할을 한다.

사영 다양체 $\mathbf{V}(x^2 - y^2 - z^2) \subset \mathbb{P}^2$는

$$\mathbf{V}(x^2 - y^2 - z^2) = V(x^2 - y^2 - 1) \sqcup \{[1, \pm 1, 0]\}$$

에 의해 $V(x^2 - y^2 - 1)$의 콤팩트화이다.

사영 공간 $\mathbb{P}^n$이 아핀 공간 $\mathbb{A}^n$보다 유용한 그리고 더욱 중요한 이유는 그 대칭군인 $\mathrm{PGL}_{n+1}(\mathbf{k})$가 아핀 공간의 대칭군(선형 변환과 평행이동)인

$$\mathrm{GL}_n(\mathbf{k}) \ltimes \mathbf{k}^n$$

보다 크다(왜?)는 점에 있다.[13] 아핀 공간에서 달라 보이던 대상들이 사영 공간에서는 좌표 변환을 통해 동등해질 수 있다는 말인데 이는 매우 유용한 성질이다. 예를 들어 쌍곡선 $V(x^2 - y^2 - 1) \subset \mathbb{A}^2$는 콤팩트화하여 $\mathbf{V}(x^2 - y^2 - z^2) \subset \mathbb{P}^2$가 되고 좌표 변환

$$\begin{pmatrix} X \\ Y \\ Z \end{pmatrix} = \begin{pmatrix} 0 & 0 & 1 \\ 0 & 1 & 0 \\ 1 & 0 & 0 \end{pmatrix} \begin{pmatrix} x \\ y \\ z \end{pmatrix}$$

에 의해 $\mathbf{V}(X^2 + Y^2 - Z^2)$이 되는데 이는 원 $V(x^2 + y^2 - 1)$의 콤팩트화이다. 또한 포물선 $V(y^2 - 4x) \subset \mathbb{A}^2$의 콤팩트화 $\mathbf{V}(y^2 - 4xz) \subset \mathbb{P}^2$는 좌표 변환

$$\begin{pmatrix} X \\ Y \\ Z \end{pmatrix} = \begin{pmatrix} 1 & 0 & -1 \\ 0 & 1 & 0 \\ 1 & 0 & 1 \end{pmatrix} \begin{pmatrix} x \\ y \\ z \end{pmatrix}$$

에 의해 $\mathbf{V}(X^2 + Y^2 - Z^2)$, 즉 원 $V(x^2 + y^2 - 1)$의 콤팩트화가 된다.

---

13 $\mathrm{PGL}_{n+1}(\mathbf{k})$는 $(n^2 + 2n)$차원이지만, $\mathrm{GL}_n(\mathbf{k}) \ltimes \mathbf{k}^n$는 $(n^2 + n)$차원이다. $\mathrm{GL}_n(\mathbf{k}) \ltimes \mathbf{k}^n$를 $\mathrm{PGL}_{n+1}(\mathbf{k})$의 부분군으로 적어보라.

정의 1.9

두 사영 다양체 $X, Y \subset \mathbb{P}^n$이 **사영적으로 동등하다**(projectively equivalent) 함은 $g \in \mathrm{PGL}_{n+1}(\mathbf{k})$가 존재하여 $g(X) = Y$가 성립한다는 말이다. $\mathrm{PGL}_{n+1}(\mathbf{k})$의 원소들을 **사영 변환**이라고 부른다.

$(n+1)$차원 벡터 공간 V의 기저를 하나 고르면 벡터 공간 사이의 동형사상(isomorphism) $V \cong \mathbf{k}^{n+1}$을 얻고 이를 통해 1차원 부분공간들의 집합 $\mathbb{P}V$와 $\mathbb{P}^n$을 동일시할 수 있다. 만약 다른 기저를 고르면 다른 동형사상을 얻는데 이들은 $\mathrm{PGL}_{n+1}(\mathbf{k})$의 원소에 의해 비교될 수 있으므로 사영적으로 동등하다 함은 다른 기저의 선택에 의해 다르게 표현되지만 동일한 $\mathbb{P}V$ 상의 사영 다양체라고 볼 수 있다. 기저를 선택하지 않고 논증하는 것이 더 편리한 상황들이 있는데 이런 경우 $\mathbb{P}^n$보다 $\mathbb{P}V$를 사용하는 것이 유용하다.

정의 1.10

준사영 다양체(quasi-projective variety)란 동차 다항식들의 집합 $\mathfrak{A}, \mathfrak{B} \subset \mathbf{k}[x_0, \ldots, x_n]$이 존재하여 차집합

$$\mathbf{V}(\mathfrak{A}) - \mathbf{V}(\mathfrak{B})$$

꼴로 쓸 수 있는 사영 공간 $\mathbb{P}^n$의 부분집합을 말한다.

연습문제 1.11 아핀 다양체와 사영 다양체는 모두 준사영 다양체임을 보이시오.

준사영 다양체는 이 책에서 다룰 가장 일반적인 대수기하학적 대

상이며 이를 **대수적 다양체**라고도 부르겠다.

다항식에 의해 주어진 사영 다양체만 고려하는 것이 지나친 제약이 아닌가 궁금해 할 수도 있다. 더 일반적인 미분 다양체와 복소 다양체는 포기하는 것인가? 세르(Serre), 차우(Chow), 고다이라(Kodaira)의 결과에 의해 콤팩트 복소 다양체는 약간의 가정만 추가하면 사영 다양체가 된다. 수학자들이 관심을 갖는 대부분의 복소 다양체는 모두 사영 다양체이다. 불가피하게 일부 복소 다양체는 포기하지만([9, p. 443]) 일반적인 체 위에서의 다양체와 특이점이 있는 다양체를 체계적으로 다룰 수 있게 된다는 점에서 작게 잃고 크게 얻는 상황이라 하겠다.

1.3 선형 다양체

사영 다양체의 예들을 가장 간단한 것부터 살펴보자. 상수가 정의하는 사영 다양체는 전체 집합($\mathbf{V}(0) = \mathbb{P}^n$) 또는 공집합($\mathbf{V}(1) = \varnothing$)이다. 다음으로 일차 다항식들이 정의하는 사영 다양체인 선형 다양체를 생각해 보자.

상수항이 없는 일차 (동차) 다항식을 **선형 다항식**이라고 부르자. 벡터 공간 $V = \mathbf{k}^{n+1}$에서 유한 개의 선형 다항식들을 공통으로 0으로 만드는 점들의 집합은 자명하게 부분공간인데 이를 W라 하면 이 선형 다항식들이 정의하는 사영 다양체는

$$\mathbb{P}W \subset \mathbb{P}V = \mathbb{P}^n$$

이 된다.

부분공간 W가 $(k+1)$차원이면 $W \cong \mathbf{k}^{k+1}$이고, $\mathbb{P}W$는 k차원 사영 공간 $\mathbb{P}^k$와 동일시할 수 있다. $k = 1$이면 $\mathbb{P}W$를 **(사영) 직선**,

$k=2$이면 **(사영) 평면**, $k=n-1$이면 **초평면**(hyperplane), 그리고 일반적인 k에 대해서는 **k-평면**이라고 부르자. 예를 들어

$$\mathbf{V}(x-y-z)\subset\mathbb{P}^2,$$
$$\mathbf{V}(x_1-x_0,x_0+x_1+x_2-x_3)\subset\mathbb{P}^3$$

는 직선이고,

$$\mathbf{V}(x_0+x_1+x_2-x_3)\subset\mathbb{P}^3$$

는 평면이다.

정의에 의해 $\mathbb{P}^n$에 포함되는 k-평면은 $(n-k)$개의 일차 독립인 선형 다항식들의 공통근들의 집합이다. 차원을 생각하지 않을 때는 이들을 그저 **선형 다양체**(linear variety)라고 부르자.

$\mathbb{P}V=\mathbb{P}^n$의 선형 다양체 $\mathbb{P}W$, $\mathbb{P}W'$이 있으면 이들로부터 새로운 선형 다양체를 만들어낼 수 있는데 교집합을 취하여

$$\mathbb{P}W\cap\mathbb{P}W'=\mathbb{P}(W\cap W')$$

을 얻고, 부분공간들의 합을 취하여 $\mathbb{P}(W+W')$을 얻는데 이는 $\mathbb{P}W\cup\mathbb{P}W'$을 포함하는 최소의 선형 다양체이다.(왜?)

선형 다양체에 대한 문제는 선형대수학을 통해 해결할 수 있다.

연습문제 1.12

(1) $\Lambda\subset\mathbb{P}^n$이 선형 다양체이면 $\Lambda=\mathbb{P}W$를 만족하는 부분공간 $W\subset\mathbf{k}^{n+1}$이 유일하게 존재함을 보이시오.

(2) Λ가 k-평면, Λ'이 ℓ-평면, $\Lambda\cap\Lambda'$이 r-평면이면

$$r\geq k+\ell-n$$

이 성립함을 보이시오.

연습문제 1.13 벡터 공간 $V \cong \mathbf{k}^{n+1}$에 대하여 다음을 증명하시오.

(1) 한 점 $p \in \mathbb{P}V$에 대하여 $p = [1, 0, \ldots, 0]$이 되도록 V의 기저를 선택할 수 있다.

(2) $(n+2)$개의 점 $\{p_0, p_1, \ldots, p_n, p_{n+1}\} \subset \mathbb{P}V$에 대하여 이들 중 어떤 $(n+1)$개의 점들도 일차 독립이면

$$\begin{aligned} p_0 &= [1, 0, \ldots, 0] \\ p_1 &= [0, 1, \ldots, 0] \\ &\vdots \\ p_n &= [0, 0, \ldots, 1] \\ p_{n+1} &= [1, 1, \ldots, 1] \end{aligned}$$

이 되도록 V의 기저를 선택할 수 있다. 여기서 $\{p_1, \ldots, p_k\} \subset \mathbb{P}V$가 일차 독립이라 함은 $p_i = [v_i]$라 둘 때, $\{v_1, \ldots, v_k\} \subset V$가 일차 독립이라는 말이다.

(3) $\mathbb{P}V$의 k-평면 Λ와 $(n-k-1)$-평면 Λ'에 대해 $\Lambda \cap \Lambda' = \varnothing$이라 하면,

$$\begin{aligned} \Lambda &= \mathbf{V}(x_{k+1}, x_{k+2}, \ldots, x_n) \\ \Lambda' &= \mathbf{V}(x_0, x_1, \ldots, x_k) \end{aligned}$$

가 되도록 V의 기저를 선택할 수 있다.

벡터 공간 $V \cong \mathbf{k}^{n+1}$의 쌍대 공간(dual space) $V^\vee = \mathrm{Hom}(V, \mathbf{k})$도 $(n+1)$차원 벡터 공간이므로 1차원 부분공간들의 집합

$$\mathbb{P}V^\vee := \mathbb{P}(V^\vee)$$

도 사영 공간인데 이를 $\mathbb{P}V$의 **쌍대 사영 공간**(dual projective space)

이라고 부른다. 쌍대 사영 공간 $\mathbb{P}V^\vee$의 점(원소)들은 $V^\vee$의 0이 아닌 벡터, 즉 V 상의 선형 다항식에 의해 표현되므로 $\mathbb{P}V$의 초평면을 결정한다. 따라서 쌍대 사영 공간 $\mathbb{P}V^\vee$은 $\mathbb{P}V$에 포함되는 초평면들의 집합과 일대일 대응이 된다.

$\mathbb{P}V^\vee$의 점(0-평면)들이 $\mathbb{P}V = \mathbb{P}^n$의 초평면($(n-1)$-평면)에 대응되는데, 더 일반적으로 $\mathbb{P}V^\vee$의 k-평면은 $\mathbb{P}V$의 $(n-k-1)$-평면에 대응된다. 왜 그런가? V의 부분공간 W는 $V^\vee$의 부분공간

$$W^\perp := \{f \in V^\vee \mid f(w) = 0, \quad \forall w \in W\}$$

를 정의한다. 역으로 $V^\vee$의 부분공간 W'에 대해 V의 부분공간

$$W'_\perp := \{v \in V \mid f(v) = 0, \quad \forall f \in W'\}$$

을 정의하면 $(W^\perp)_\perp = W$와 $(W'_\perp)^\perp = W'$이 성립한다.(왜?) 이제 W의 기저를 하나 고르면 그 원소의 수만큼 $W^\perp$가 만족하는 일차 독립인 선형 방정식들이 주어지므로

$$\dim_{\mathbf{k}} W = n-k \quad \Longleftrightarrow \quad \dim_{\mathbf{k}} W^\perp = k+1$$

임을 알 수 있다. 따라서 함수

$$\mathbb{P}V \supset \mathbb{P}W \quad \longrightarrow \quad \mathbb{P}W^\perp \subset \mathbb{P}V^\vee$$

은 일대일 대응

$$\{\mathbb{P}V\text{의 } (n-k-1)\text{-평면들}\} \longleftrightarrow \{\mathbb{P}V^\vee\text{의 } k\text{-평면들}\}$$

을 준다.

1.4 자리스키 위상과 유한 집합

연습문제 1.8에 의해 모든 사영 다양체는 동차 다항식들이 생성하는 아이디얼 $I \subset \mathbf{k}[x_0, \ldots, x_n]$이 정의하는 사영 다양체 $\mathbf{V}(I)$ 꼴로 모두 쓸 수 있다. 동차 다항식들이 생성하는 아이디얼을 줄여서 **동차 아이디얼**(homogeneous ideal)이라고 부른다. 유한 개의 사영 다양체 $\mathbf{V}(I_1), \ldots, \mathbf{V}(I_m)$의 합집합은 다시 곱 아이디얼 $I_1 \cdots I_m$, 즉 집합 $\{f_1 \cdots f_m \mid f_i \in I_i\}$가 생성하는 아이디얼이 정의하는 사영 다양체

$$\mathbf{V}(I_1 \cdots I_m) = \mathbf{V}(I_1) \cup \cdots \cup \mathbf{V}(I_m) \tag{1.4}$$

이 된다. 또한 사영 다양체들의 임의의 모임 $\{\mathbf{V}(I_\alpha)\}_{\alpha \in A}$의 교집합도 $\{I_\alpha\}_{\alpha \in A}$의 합 아이디얼

$$\sum_{\alpha \in A} I_\alpha = \{f_{\alpha_1} + \cdots + f_{\alpha_m} \mid f_{\alpha_i} \in I_{\alpha_i}, \alpha_i \in A, m \in \mathbb{Z}_{>0}\} = \langle \bigcup_{\alpha \in A} I_\alpha \rangle$$

가 정의하는 사영 다양체

$$\mathbf{V}\left(\sum_{\alpha \in A} I_\alpha\right) = \bigcap_{\alpha \in A} \mathbf{V}(I_\alpha) \tag{1.5}$$

이다.

연습문제 1.14 (1.4)와 (1.5)를 보이시오.

위에서 공집합 $\varnothing$과 전체집합 $\mathbb{P}^n$은 사영 다양체의 예가 됨을 알고 있으므로 $\mathbb{P}^n$에 포함되는 사영 다양체들을 $\mathbb{P}^n$의 닫힌 집합으로 선언하면 위상(topology)이 얻어짐을 알 수 있다. 이렇게 해서 얻어지는 위상을 $\mathbb{P}^n$의 **자리스키 위상**(Zariski topology)이라고 부른다. 준사영 다양체들은 모두 $\mathbb{P}^n$의 부분집합이므로 유도된 위상(induced topology, subspace topology)[14]을 갖는다. 앞으로는 준사영 다양체에 대해 자리스키 위상을 사용하기로 한다.

사영 공간 $\mathbb{P}^n$의 한 점 p는

$$[1,0,\ldots,0] = \mathbf{V}(x_1,\ldots,x_n) \subset \mathbb{P}^n$$

과 같이 n개의 선형 다항식들이 정의하므로 사영 다양체이고, 유한 집합

$$\Gamma = \{p_1,\ldots,p_d\} \subset \mathbb{P}^n, \quad p_i \neq p_j \quad \forall i \neq j \tag{1.6}$$

도 따라서 사영 다양체가 된다. (1.4)에 의해 각각의 i에 대해 p_i에서 0이 되는 선형 다항식 h_i들의 곱

$$\prod_i h_i \in \mathbf{k}[x_0,\ldots x_n]_d$$

들을 모두 모으면 이 집합이 정의하는 사영 다양체가 정확히 Γ이다.

어떤 사영 다양체 $X \subset \mathbb{P}^n$을 $X = \mathbf{V}(\mathfrak{A})$라고 쓸 수 있으면 $\mathfrak{A}$의 원소들을 X를 **정의하는 다항식들**이라고 부른다. 당연히 정의하는 다항식들의 집합 $\mathfrak{A}$를 알고 있으면 X를 결정할 수 있다. 서로 다른 집합이 같은 다양체를 정의하기도 하는데 예를 들면

$$\mathbf{V}(\{x\}) = \mathbf{V}(\{xy, x(x-z), x(y+z)\}) \subset \mathbb{P}^2$$

는 좌변은 1차, 우변은 2차 다항식에 의해 정의되지만 같은 다양체이다. 많은 경우 차수가 낮을수록 계산이 유리하므로, 주어진 사영 다양체를 정의하는 다항식들 중에서 가급적 차수가 낮은 다항식들을 찾는 편이 좋다.

---

14 $X \subset \mathbb{P}^n$일 때 X의 부분집합 Y가 닫힌 부분집합일 필요충분조건은 $\mathbb{P}^n$의 닫힌 부분집합 Z가 존재하여 $Y = X \cap Z$라는 말이다.

위에서 (1.6)을 d차 다항식들만으로 정의할 수 있음을 보였다. 그렇다면 주어진 유한 집합 (1.6)을 $\mathbf{V}(\mathfrak{A})$로 표현하되 $\mathfrak{A}$가 d차보다 낮은 차수의 다항식들만으로 구성되게 할 수는 없을까? 예를 들어 그림 1.3에서와 같이 동일 직선상에 놓이지 않은 평면의 세 점은

$$\{[1,0,0],[0,1,0],[0,0,1]\} = \mathbf{V}(\{x_0x_1, x_1x_2, x_2x_0\})$$

와 같이 2차 다항식들만으로 정의할 수 있다.

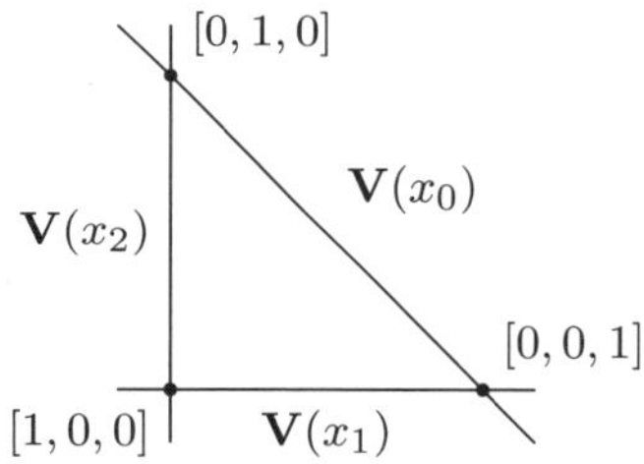

그림 1.3: 동일 직선상에 놓이지 않은 평면의 세 점

하지만

$$\{[1,0,0],[0,1,0],[1,1,0]\}$$

과 같이 동일 직선상에 놓여 있는 점들이라면 불가능한데, 그 이유는 일변수 $(d-1)$차 이하 다항식은 최대 $(d-1)$개의 근만 가질 수 있기 때문이다.(왜?)

연습문제 1.15 동일 직선상에 놓여 있지 않은 서로 다른 d개의 점들의 집합 Γ는 $(d-1)$차 이하의 동차 다항식들에 의해 정의될 수 있음을 보이시오.

위에서 본 것처럼 "동일 직선상"과 같은 특수한 상황을 벗어나면 d보다 훨씬 더 낮은 차수의 다항식들로부터 유한 집합 (1.6)을 얻는

것을 예상할 수 있는데 그럼 최저 몇 차까지의 다항식으로 가능할까?

원소의 수가 d인 $\mathbb{P}^n$의 부분집합 Γ는

$$((\mathbb{P}^n)^d - \Delta)/S_d, \quad \Delta = \bigcup_{i \neq j} \Delta_{ij} \tag{1.7}$$

의 원소이다. 여기서 $\Delta_{ij} = \{(p_1, \ldots, p_d) \in (\mathbb{P}^n)^d \mid p_i = p_j\}$이고 S_d는 d개의 점들의 순서를 바꾸는 치환군(permutation group)이다. 이처럼 대수기하학에서 다루는 대상들은 대수적 다양체에 의해 매개화되는 경우가 많은데 이 다양체를 **매개변수 공간**(parameter space)이라고 부른다. 예를 들어 d개의 원소를 갖는 $\mathbb{P}^n$의 부분집합들의 매개변수 공간은 (1.7)이다.[15]

대수기하학에서 어떤 대상이 **일반적**(general)이란 말은 그러한 대상들의 매개변수 공간에서 자리스키 위상으로 조밀한(dense) 열린 집합에 속하는 대상이란 뜻이다. 예를 들어 $\mathbb{P}^2$의 서로 다른 세 점의 집합들 중 동일 직선상에 있지 않는 세 점의 집합들은 일반적인 것이다.(왜?)

사영 공간 $\mathbb{P}^n$ 상의 일반적인 $d \leq 2n$개의 점들의 집합은 2차 다항식들만 써서도 정의할 수 있다.

정리 1.16

$\Gamma \subset \mathbb{P}^n$이 서로 다른 $d \geq 3$개의 점으로 구성된 일반적인 유한 집합이고 $d \leq 2n$이라고 하자. 그러면 2차 다항식들의 집합 $\mathfrak{A}$가 존재하여 $\Gamma = \mathbf{V}(\mathfrak{A})$가 성립한다. 즉 Γ를 2차 다항식들이 정의한다.

여기서 일반적이란 원소의 수가 $(n+1)$ 이하인 Γ의 임의의 부분

15 세그레 사상 (3.15)와 보조정리 9.18에 의해 (1.7)은 대수적 다양체이다.

집합이 일차 독립이란 의미로 사용되었다.

증명 $\dim \mathbf{k}[x_0, \ldots, x_n]_2 = (n+1)(n+2)/2 > 2n \geq d$이므로 Γ의 모든 점에서 0이 되는 2차 다항식은 반드시 존재한다.

$$\mathfrak{A} = \{f \in \mathbf{k}[x_0, \ldots, x_n]_2 \,|\, \Gamma \subset \mathbf{V}(f)\}$$

라고 두면 $\Gamma \subset \mathbf{V}(\mathfrak{A})$임은 자명하다. 반대 방향의 포함 관계를 위해 Γ의 모든 점에서 0이 되는 2차 다항식이 한 점 $q \in \mathbb{P}^n$에서도 반드시 0이 된다고 하자. $q \in \Gamma$임을 보이면 증명이 끝난다.

먼저 Γ를

$$\Gamma = \Gamma' \sqcup \Gamma'', \quad |\Gamma'| = \lfloor d/2 \rfloor \leq n, \quad |\Gamma''| = d - \lfloor d/2 \rfloor \leq n$$

형태로 두 부분집합으로 아무렇게나 나누자. Γ', Γ''을 포함하는 초평면 Λ', Λ''을 각각 아무렇게나 고르고 이들을 정의하는 선형 다항식들을 곱하면 2차 다항식을 얻는다. 가정에 의해 $q \in \Lambda' \cup \Lambda''$이고 따라서 $q \in \Lambda'$ 또는 $q \in \Lambda''$이다. Λ'은 $\mathrm{span}(\Gamma')$을 포함하는 초평면을 아무 거나 고른 것이고, Λ''은 $\mathrm{span}(\Gamma'')$을 포함하는 초평면을 아무 거나 고른 것이다.[16] 따라서 $q \in \mathrm{span}(\Gamma')$ 또는 $q \in \mathrm{span}(\Gamma'')$임을 알 수 있다. 왜냐면 $q \notin \mathrm{span}(\Gamma')$이고 $q \notin \mathrm{span}(\Gamma'')$이라면, Γ'을 포함하고 q를 지나지 않는 초평면의 다항식과 Γ''을 포함하고 q를 지나지 않는 초평면의 다항식을 곱하면, Γ의 모든 점에서 0이 되지만 q에서는 0이 되지 않는 2차 다항식이 되므로 모순이다.

---

16 $A \subset \mathbb{P}^n$에 대해 $\mathrm{span}(A)$란 A를 포함하는 가장 작은 선형 다양체를 말한다. 따라서 $q \in \mathrm{span}(\{p_1, \ldots, p_k\})$라 함은 $p_i = [v_i]$, $q = [w]$라 둘 때 $w \in \mathrm{span}\{v_1, \ldots, v_k\}$, 즉 w가 $v_1, \ldots, v_k$의 일차 결합이라는 뜻이다.

이제 $\{p_1, \ldots, p_k\} \subset \Gamma$가 $q \in \operatorname{span}\{p_1, \ldots, p_k\}$를 만족하는 원소의 수가 가장 작은 부분집합이라고 하자. 그러면 위 문단에 의해

$$k \le d - \lfloor d/2 \rfloor$$

이다. 다시 부분집합 $\Sigma \subset \Gamma - \{p_1, \ldots, p_k\}$를

$$|\Sigma| = \lfloor d/2 \rfloor - k + 1 \le \min\{d - k - 1, n - k + 1\} \tag{1.8}$$

을 만족하는 것으로 고르자. k가 최소라는 조건으로부터

$$q \notin \operatorname{span}\{p_2, \ldots, p_k\}$$

이다. Γ가 일반적이라는 가정으로부터 $\{p_1, p_2, \ldots, p_k\} \cup \Sigma$는 일차 독립이므로

$$q, p_1 \notin \operatorname{span}\left(\{p_2, \ldots, p_k\} \cup \Sigma\right)$$

이다. $\Gamma' = \{p_2, \ldots, p_k\} \cup \Sigma$, $\Gamma'' = \Gamma - \Gamma'$이라 두면, 위에 의해 $q \in \operatorname{span}(\Gamma'')$이어야 하므로

$$q \in \bigcap_{\Sigma:(1.8)} \operatorname{span}\left(\Gamma - \Sigma - \{p_2, \ldots, p_k\}\right) = \{p_1\}$$

이어서 $q = p_1 \in \Gamma$이다. □

정리 1.16의 증명 방법에 의해 다음을 보일 수 있다.

연습문제 1.17 $d \le kn$인 경우 일반적인 d개의 점들의 집합 $\Gamma \subset \mathbb{P}^n$은 k차 다항식들이 정의하는 사영 다양체임을 보이시오.

주어진 유한 집합 $\Gamma \subset \mathbb{P}^n$을 정의하는 데 몇 차 다항식이면 충분한지를 보면 Γ가 얼마나 일반적인 상태인지 특수한 상태인지 가늠할

수 있다. 또 주어진 유한 집합 Γ를 정의하는 다항식들 사이의 관계[17] 도 Γ에 대한 정보를 준다. 또 그 관계들 사이의 관계도 생각할 수 있는데, 이러한 것들을 시지지(syzygy)라고 부른다. 사영 다양체를 연구하는 방법 중 하나가 이와 같이 시지지를 분석하는 것이다.(6.3절 참조)

이제는 사영 변환을 고려하여 사영 직선상의 유한 집합을 살펴보자. 사영 직선 $\mathbb{P}^1$은 $\mathbb{A}^1 = \mathbf{k} = \{[z,1] \mid z \in \mathbf{k}\}$에 한 점 $\infty = [1,0]$을 추가해서 얻어진다.

예제 1.18 $\mathbb{P}^1$ 위의 3개의 점 z_1, z_2, z_3를 각각 $1, \infty, 0$으로 보내는 사영 변환은

$$z \mapsto \frac{(z-z_3)(z_1-z_2)}{(z-z_2)(z_1-z_3)}$$

로 유일하다.(왜?) 이를 동차 좌표를 써서 다시 쓰면

$$\begin{aligned}[z,1] &\mapsto [(z-z_3)(z_1-z_2), (z-z_2)(z_1-z_3)] \\ &= \left[\begin{pmatrix} z_1-z_2 & z_3(z_2-z_1) \\ z_1-z_3 & z_2(z_3-z_1) \end{pmatrix} \begin{pmatrix} z \\ 1 \end{pmatrix} \right]\end{aligned}$$

이다. 따라서 $\mathbb{P}^1$ 상의 4개의 점 z_1, z_2, z_3, z_4는

$$1, \infty, 0, \lambda = \frac{(z_4-z_3)(z_1-z_2)}{(z_4-z_2)(z_1-z_3)}$$

와 사영적으로 동등하다.

---

17 다항식들의 순서쌍 $(f_1, \ldots, f_n)$의 관계(relation)란 $g_1 f_1 + \cdots + g_n f_n = 0$을 만족하는 다항식들의 순서쌍 $(g_1, \ldots, g_n)$들을 말한다. 관계들은 모듈 구조를 가지며 모듈의 생성원들을 찾고 이들의 관계를 다시 생각할 수 있다.

4개의 점 z_1, z_2, z_3, z_4의 **비조화비**(cross ratio)를

$$\lambda(z_1, z_2, z_3, z_4) = \frac{(z_4 - z_3)(z_1 - z_2)}{(z_4 - z_2)(z_1 - z_3)}$$

로 정의하자. 그러면 순서쌍 (z_1, z_2, z_3, z_4)가 (w_1, w_2, w_3, w_4)와 사영적으로 동등할 필요충분조건은

$$\lambda(z_1, z_2, z_3, z_4) = \lambda(w_1, w_2, w_3, w_4)$$

임을 알 수 있다.

연습문제 1.19

(1) 순서쌍 $(1, \infty, 0)$를 $(\infty, 1, 0)$으로 보내는 사영 변환은 λ를 $\frac{\lambda}{\lambda-1}$로 보냄을 보이시오. 순서쌍 $(1, \infty, 0)$의 순서를 바꾸어 6개의 순서쌍들을 얻을 수 있는데 이들 각각으로 보내는 사영 변환은 λ를 각각

$$\lambda, \frac{\lambda}{\lambda-1}, \frac{1}{\lambda}, 1-\lambda, \frac{\lambda-1}{\lambda}, \frac{1}{1-\lambda} \tag{1.9}$$

로 보냄을 보이시오.

(2) 유리식

$$j(\lambda) = \frac{256(1-\lambda+\lambda^2)^3}{\lambda^2(1-\lambda)^2} \tag{1.10}$$

은 (1.9)에 나오는 6개의 변환에 의해 보존됨을 보이시오. 즉

$$j(\lambda) = j(\frac{\lambda}{1-\lambda}) = j(\frac{1}{\lambda}) = j(1-\lambda) = j(\frac{\lambda-1}{\lambda}) = j(\frac{1}{1-\lambda})$$

임을 확인하시오.[18]

(3) 인수정리를 써서 $j(z) = j(\lambda)$일 필요충분조건은 z가 (1.9) 중의 하나임을 보이시오.

---

18 $256 = 2^8$을 곱한 것은 정수론에서 표수(characteristic)가 2인 체 위에서 계산을 가능하게 하기 위함이다.

순서를 생각하지 않고 사영 동등 여부를 생각하면 또 흥미로운 문제가 얻어진다. 치환군(permutation group) S_n은 $\mathbf{k}^n$과 $(\mathbb{P}^1)^n$에 성분들의 순서를 바꾸는 것으로 작용한다. 등식

$$(a_1y+b_1)(a_2y+b_2)\cdots(a_ny+b_n) = s_0y^n+s_1y^{n-1}+\cdots+s_{n-1}y+s_n$$

으로부터 일대일 대응

$$(\mathbb{P}^1)^n/S_n \longrightarrow \mathbb{P}^n, \quad ([a_1,b_1],\ldots,[a_n,b_n]) \mapsto [s_0,s_1,\ldots,s_n]$$

을 얻는다.

한편 $\mathrm{PGL}_2(\mathbf{k})$는 $(\mathbb{P}^1)^n$에 대각적으로

$$g\cdot(p_1,\ldots,p_n) = (g\cdot p_1,\ldots,g\cdot p_n)$$

에 의해 작용하고 이 작용은 S_n의 작용과 순서를 바꿀 수 있다. 따라서 $\mathrm{PGL}_2(\mathbf{k})$는 $\mathbb{P}^n = (\mathbb{P}^1)^n/S_n$에 작용한다.

19세기 말 연구되었던 불변량 이론(invariant theory)의 근본 문제는 다음과 같이 표현될 수 있다.

문제

$\mathbb{P}^n$의 $\mathrm{PGL}_2(\mathbf{k})$ 궤도(orbit)들을 분류하라. 그 궤도들의 공간

$$\mathbb{P}^n/\mathrm{PGL}_2(\mathbf{k})$$

를 대수적 다양체로 표현하라.

이 문제는 1885년 고르단(Gordan)과 1965년 멈포드(Mumford)의 결과를 결합하여 대부분의 – 안정적(stable) – 궤도들에 대해서는 해결되었다. 하지만 모든 궤도들의 분류에 대해서는 아직 완전한 답이 알려져 있지 않다. 궤도 분류 문제는 양자 계산과 양자 정보 이론

에서도 국소작용-고전연락(LOCC) 문제의 형태로 중요한 역할을 차지한다. 9장에서 대수적 군과 그 작용, 궤도들의 분류를 좀 더 자세히 다루겠다.

1969년 들리뉴(Deligne)와 멈포드(Mumford)는 $(\mathbb{P}^1)^n/\mathrm{PGL}_2(\mathbf{k})$에 약간의 성형 수술을 가해 얻어지는 모듈라이 공간 $\overline{M}_{0,n}$를 건설하였는데 이 공간의 양자 코호몰로지(quantum cohomology)나 유도 범주(derived category) 등은 아직도 잘 알려져 있지 않고 활발한 연구가 이루어지고 있다.

사영 직선 위의 유한 집합에 대해 살펴보았는데 사영 평면 $\mathbb{P}^2$ 위의 유한 집합은 어떨까? 이 또한 현재까지도 활발히 연구되고 있는 대상이다. 순서를 생각하지 않고 $\mathbb{P}^2$의 n개의 점을 생각하면 (1.7)에서 살펴본 것처럼

$$((\mathbb{P}^2)^n - \Delta)/S_n$$

에 의해 매개화되는데 이것의 매끈한(smooth) 콤팩트화를 주는 공간이 힐버트 스킴이다. 1990년대 후반 이 공간의 코호몰로지가 하이젠베르그 대수의 기약 표현이 됨이 밝혀져 큰 반향을 일으켰다. 유한 집합의 매개변수 공간에 관련된 연구는 아직도 활발히 진행되고 있다.

CHAPTER

2 초곡면과 곡선

이 장에서는 대수적 다양체의 예들을 더 살펴본다.
사영 공간상의 초곡면들, 평면 곡선들,
그리고 유리 정규 곡선들에 대해 알아볼 텐데
이들은 앞으로 대수기하학을 공부하는 데 가장 기본이 되는 대상들이다.

2.1 초곡면과 2차 곡선

이제부터는 2차 이상의 차수를 갖는 다항식들이 정의하는 사영 다양체를 생각할 텐데, 그중 가장 간단한 것이 한 개의 다항식이 정의하는 초곡면이다.

정의 2.1

한 개의 동차 다항식 $f \in \mathbf{k}[x_0, \ldots, x_n] - \mathbf{k}$가 정의하는 사영 다양체 $\mathbf{V}(f)$를 $\mathbb{P}^n$의 **초곡면**(hypersurface)이라고 부른다. 다항식 f의 차수를 초곡면 $\mathbf{V}(f)$의 **차수**(degree)라고 부른다. 사영 평면 $\mathbb{P}^2$의 차수 d인 초곡면을 d차 **평면 곡선**이라고 부른다. 사영 공간 $\mathbb{P}^3$의 차수 d인 초곡면을 d차 곡면이라고 부른다.

예를 들어 $\mathbb{P}^n$에 포함되는 d차 페르마(Fermat) 초곡면은

$$\mathbf{V}(x_0^d + x_1^d + \cdots + x_n^d) \subset \mathbb{P}^n, \quad d \geq 1$$

을 말한다. 또한 $\mathbf{V}(x_0^2) \subset \mathbb{P}^2$는 집합으로서 $\mathbf{V}(x_0)$와 같지만, 2중 직선(double line)으로 보아 2차 곡선으로 생각하는 것이 종종 편리하다.[1] 나중에 배울 힐버트의 영점 정리를 쓰면, 초곡면 X에 대해 $X = \mathbf{V}(f)$가 성립하는 f가 (상수배와 거듭제곱 범위 내에서) 유일하게 결정된다.

연습문제 1.8에 의해 임의의 사영 다양체 $X \subset \mathbb{P}^n$은 유한 개의 동차 다항식

$$f_1, \ldots, f_m \in \mathbf{k}[x_0, \ldots, x_n]$$

---

1 스킴(scheme) 이론에서는 $\mathbf{V}(x_0)$와 $\mathbf{V}(x_0^2)$이 같지 않고 $\mathbf{V}(x_0^2)$은 반드시 2차 곡선으로 보아야만 한다. 스킴은 대수적 다양체보다 더 섬세하다. [9]를 참조하라.

에 의해 정의된다. 즉, 임의의 사영 다양체는 유한 개의 초곡면들의 교집합

$$X = \mathbf{V}(f_1, \ldots, f_m) = \bigcap_{1 \le i \le m} \mathbf{V}(f_i)$$

로 쓸 수 있다.

연습문제 2.2 임의의 준사영 다양체 $X \subset \mathbb{P}^n$과 초곡면 $\mathbf{V}(f) \subset \mathbb{P}^n$에 대해 열린 부분집합

$$X_f = X - \mathbf{V}(f)$$

를 생각하면 $\{X_f\}_f$는 X의 자리스키 위상의 기저가 됨을 보이시오. 즉, X의 임의의 열린 집합 U는 $U = \bigcup_i X_{f_i}$ 형태로 쓸 수 있다.

초곡면에 대해 매끈함은 그래디언트를 통해 정의할 수 있다.

정의 2.3

기약(irreducible)인 동차 다항식 $f(x_0, \ldots, x_n)$이 정의하는 초곡면 $\mathbf{V}(f)$가 매끈하다 함은 $\mathbf{V}(f)$의 모든 점에서 f의 미분

$$\mathrm{d}f = \left(\frac{\partial f}{\partial x_0}, \ldots, \frac{\partial f}{\partial x_n}\right)$$

이 0이 아니라는 말이다. $\mathrm{d}f = 0$을 만족하는 $\mathbf{V}(f)$의 점을 **특이점**(singular point), $\mathrm{d}f \neq 0$인 점들을 **매끈한**(smooth) 점이라고 부른다.

초곡면 $\mathbf{V}(f) \subset \mathbb{P}^n$의 매끈한 점 $p = [a_0, \ldots, a_n]$에서의 접평면(tangent space)은 일차식

$$x_0 \frac{\partial f}{\partial x_0}(a) + \cdots + x_n \frac{\partial f}{\partial x_n}(a) = 0$$

이 정의하는 $(n-1)$-평면을 말한다. 따라서 매끈한 초곡면에서는 모든 점에서 접평면이 유일하게 정의된다.

예를 들어 페르마 초곡면 $\mathbf{V}(x_0^d + x_1^d + \cdots + x_n^d) \subset \mathbb{P}^n$은 미분이 모든 점에서 영이 아니므로 매끈하다.

선형 다양체가 아닌 초곡면 중 가장 간단한 것은 평면의 2차 곡선이다. $\mathbb{P}^2$ 위의 2차 곡선은 0이 아닌 2차 다항식

$$f(x_0, x_1, x_2) = \sum_{i,j=0}^{2} a_{ij} x_i x_j, \quad a_{ij} = a_{ji} \in \mathbf{k} \tag{2.1}$$

가 정의하는 사영 다양체이다. 다항식 f에 상수배하여도 같은 다양체를 정의하므로

$$\mathbb{P}^5 = \mathbb{P}\mathbf{k}[x_0, x_1, x_2]_2 = \mathbb{P}\mathrm{Sym}^2(\mathbf{k}^3)$$

가 2차 곡선들의 매개변수 공간이 된다.[2] 주어진 한 점 $[b_0, b_1, b_2] \in \mathbb{P}^2$를 포함하는 2차 곡선은 a_{ij}에 관한 선형 방정식

$$f(b_0, b_1, b_2) = \sum_{i,j=0}^{2} a_{ij} b_i b_j = 0 \tag{2.2}$$

을 만족하는 것들이므로, $[b_0, b_1, b_2]$를 포함하는 2차 곡선들의 집합은 $\mathbb{P}^5$의 초평면이다. 예를 들어 $[1, 0, 0]$을 포함하는 2차 곡선들의 집합은 초평면

$$\mathbb{P}\left(\mathrm{span}\{x_1^2, x_2^2, x_0x_1, x_0x_2, x_1x_2\}\right) = \mathbb{P}^4$$

2 벡터 공간 V의 대칭 거듭제곱(symmetric power) $\mathrm{Sym}^d(V)$란 V의 기저 $\{v_0, v_1, \ldots, v_n\}$에 대해 d차 단항식 $v^{\mathbf{i}} = v_0^{i_0} v_1^{i_1} \cdots v_n^{i_n}$들이 생성하는 벡터 공간을 말한다. 예를 들어 $\mathrm{Sym}^2(\mathbf{k}^3)$는 x_0, x_1, x_2에 관한 2차 단항식 x_0^2, x_1^2, x_2^2, x_0x_1, x_0x_2, x_1x_2가 생성하는 6차원 벡터 공간이다.

이고 $[1,0,0]$과 $[0,1,0]$을 포함하는 2차 곡선들의 집합은

$$\mathbb{P}\left(\operatorname{span}\{x_2^2, x_0x_1, x_0x_2, x_1x_2\}\right) = \mathbb{P}^3$$

로 3-평면이다.

연습문제 2.4

(1) 사영 평면 $\mathbb{P}^2$ 위의 5개의 점

$$[1,0,0], [0,0,1], [1,1,1], [1,-1,1], [1,2,4]$$

를 모두 지나는 2차 곡선은 $\mathbf{V}(z_0z_2 - z_1^2)$뿐임을 보이시오.

(2) 사영 평면 $\mathbb{P}^2$ 위의 일반적인 $k \leq 5$개의 점을 지나는 2차 곡선들의 집합은 $(5-k)$-평면임을 보이시오.

선형대수학에 의해,[3] 임의의 2차 곡선은, 좌표 변환을 통해 $A = (a_{ij})$가

$$\begin{pmatrix} 1 & 0 & 0 \\ 0 & 1 & 0 \\ 0 & 0 & 1 \end{pmatrix}, \quad \begin{pmatrix} 1 & 0 & 0 \\ 0 & 0 & 0 \\ 0 & 0 & 1 \end{pmatrix}, \quad \begin{pmatrix} 0 & 0 & 0 \\ 0 & 1 & 0 \\ 0 & 0 & 0 \end{pmatrix}$$

인 2차 곡선과 사영적으로 동등하다. 이때 행렬 A의 계수(rank)를 대응되는 2차 곡선의 계수로 정의한다. 따라서 임의의 2차 곡선은 계수에 따라

$$\mathbf{V}(x_0^2 + x_1^2 + x_2^2), \quad \mathbf{V}(x_0^2 + x_2^2), \quad \mathbf{V}(x_1^2)$$

중의 하나와 사영적으로 동등하다. 다시

$$z_0 = \sqrt{-1}x_0 - x_2, \quad z_2 = \sqrt{-1}x_0 + x_2, \quad z_1 = x_1$$

---

3 예제 4.1을 참조하라.

이라고 두면 임의의 2차 곡선은

$$X = \mathbf{V}(z_0z_2 - z_1^2), \quad X' = \mathbf{V}(z_0z_2), \quad X'' = \mathbf{V}(z_1^2)$$

과 사영적으로 동등하다. 첫 번째 경우는 일반적인 경우이고, 두 번째 경우는 행렬식 $\det(a_{ij}) = 0$의 조건에 의하여 주어지며, 세 번째 경우는 행렬 (a_{ij})의 2×2 소행렬식(minor determinant)들이 0인 조건에 의해 주어진다. 따라서 계수 3, 2, 1인 2차 곡선들은 $\mathbb{P}^5$에 포함되는 (각각 5차원, 4차원, 2차원) 준사영 다양체에 의해 매개화된다. 여기서 X는 매끈한 2차 곡선, X'은 서로 다른 두 직선의 합집합, X''은 (2중) 직선이다.

연습문제 2.5 함수

$$\nu_2 : \mathbb{P}^1 \longrightarrow \mathbb{P}^2, \quad [x_0, x_1] \mapsto [x_0^2, x_0x_1, x_1^2] \tag{2.3}$$

이 잘 정의된 단사 함수이고, 그 이미지는 $\nu(\mathbb{P}^1) = \mathbf{V}(z_0z_2 - z_1^2) \subset \mathbb{P}^2$임을 보이시오.

2차 곡선을 이용해 4차 방정식을 풀 수 있다. 3차 방정식을 풀 수 있다고 하자.[4] 일변수 4차 방정식

$$x^4 + 2ax^3 + bx^2 + 2cx + d = 0 \tag{2.4}$$

---

4 $x^3 + a_1x^2 + a_2x + a_3 = 0$은 $x = y - a_1/3$의 변수 변환에 의해 $y^3 + ay + b = 0$ 꼴이 되고 다시 $y = u + v$를 대입하면

$$y^3 + ay + b = u^3 + v^3 + b + (u + v)(3uv + a)$$

이 되어 두 곡선

$$u^3 + v^3 = -b, \quad uv = -a/3$$

의 교점을 구하는 문제가 된다. 근과 계수의 관계에 의해 u^3, v^3은 2차 방정식 $t^2 + bt - a^3/27 = 0$의 두 근이 되고, 이를 통해 u, v를 찾고 $y = u + v$를 구할 수 있다.

을 푸는 것은 동차화하여

$$x^4 + 2ax^3y + bx^2y^2 + 2cxy^3 + dy^4 \tag{2.5}$$

을 일차식의 곱으로 인수분해하는 것과 같다. 이제 $x^2 = u$, $xy = v$, $y^2 = w$라 두면 4차 방정식 (2.5)를 푸는 것은 2차 연립 방정식

$$u^2 + 2auv + bv^2 + 2cvw + dw^2 = 0, \quad uw = v^2$$

을 푸는 것과 같다. 이는 다시 임의의 $t \in \mathbf{k}$에 대해 연립 방정식

$$u^2 + 2auv + bv^2 + 2cvw + dw^2 - t(uw - v^2) = 0, \quad uw = v^2 \tag{2.6}$$

을 푸는 것과 같다. 이제 t에 관한 3차 방정식

$$\det \begin{pmatrix} 1 & a & -t/2 \\ a & b+t & c \\ -t/2 & c & d \end{pmatrix} = 0$$

을 풀어 근을 찾자. 한 근 t에 대해 (2.6)의 첫 방정식은 계수 2 이하이므로 일차식의 곱으로 인수분해된다. 그 1차 방정식과 2차 방정식 $uw = v^2$을 연립하여 풀어서 (2.4)의 근을 찾을 수 있다.

2.2 베주 정리와 변곡점

사영 평면상의 3 이상의 차수를 갖는 곡선은 어떠한가? 3차 곡선에 대한 탐구의 출발점은 변곡점(inflection point, flex point)을 찾는 데서 시작한다. 곡선의 한 점에서 접선을 그으면 원래 곡선의 방정식과 접선의 방정식은 그 점에서 테일러 전개가 일차항까지 일치한다.

정의 2.6

평면 곡선의 **변곡점**이란 그 점 주위에서, 곡선의 방정식의 테일러 전개가 2차항들까지 접선을 따라 0인 매끈한 점을 말한다.

예를 들어 곡선 $y = x^3 + xy$를 생각하면 원점에서의 테일러 전개의 2차항이 xy인데 원점에서의 접선 $y = 0$을 따라서는 0이 되므로 원점이 이 곡선의 변곡점이다.

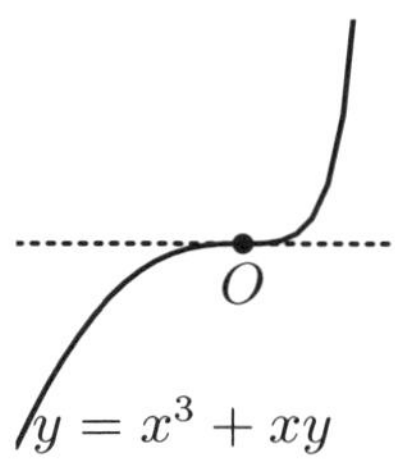

그림 2.1: 곡선 $y = x^3 + xy$

$d \geq 3$차의 동차 다항식 $f(x_0, x_1, x_2) \in \mathbf{k}[x_0, x_1, x_2]_d$가 정의하는 매끈한 평면 곡선 C의 변곡점은 **헤시안**(Hessian)

$$H_f = \det \begin{pmatrix} \frac{\partial^2 f}{\partial x_0^2} & \frac{\partial^2 f}{\partial x_0 \partial x_1} & \frac{\partial^2 f}{\partial x_0 \partial x_2} \\ \frac{\partial^2 f}{\partial x_1 \partial x_0} & \frac{\partial^2 f}{\partial x_1^2} & \frac{\partial^2 f}{\partial x_1 \partial x_2} \\ \frac{\partial^2 f}{\partial x_2 \partial x_0} & \frac{\partial^2 f}{\partial x_2 \partial x_1} & \frac{\partial^2 f}{\partial x_2^2} \end{pmatrix}$$

가 0이 되는 C 상의 점이다. 이를 확인하기 위하여 그러한 점 p가 $[0, 0, 1]$이고 그 점에서 C에의 접선이 $x_1 = 0$이도록 좌표계를 잡자.

연습문제 2.7 사영 평면상의 임의의 한 점 p와 p를 지나는 직선 ℓ에 대해 p를 $[0, 0, 1]$로, ℓ을 $\mathbf{V}(x_1)$으로 보내는 사영 변환 $g \in \mathrm{PGL}_3(\mathbf{k})$가 존재함을 보이시오.

점 p 근방에서 일어나는 일을 보는 것이므로 아핀 평면

$$\mathbb{A}^2 = \{[x, y, 1] \,|\, (x, y) \in \mathbf{k}^2\}$$

에서만 살피면 된다. 아핀 평면의 곡선 $C \cap \mathbb{A}^2$는 역동차화 $g(x, y) = f(x, y, 1)$에 의해 정의되고, 원점 $(0, 0)$을 지나며 원점에서 접선이 $y = 0$이므로

$$\begin{aligned} &g(x, y) = ay + h(x, y) + r(x, y), \\ &a \in \mathbf{k}^*, \;\; h(x, y) \in \mathbf{k}[x, y]_2, \;\; r(x, y) \in \mathbf{k}[x, y]_{\geq 3} \end{aligned}$$

꼴로 쓰여진다. 다시 동차화해보면 x_2에 관한 내림차순 정리

$$f(x_0, x_1, x_2) = ax_1x_2^{d-1} + h(x_0, x_1)x_2^{d-2} + R(x_0, x_1, x_2),$$

$$R(x_0, x_1, x_2) = x_2^d \; r\left(\frac{x_0}{x_2}, \frac{x_1}{x_2}\right)$$

를 얻고 점 p에서 헤시안은

$$\begin{aligned} H_f(0, 0, 1) &= \det \begin{pmatrix} \frac{\partial^2 h}{\partial x_0^2} & \frac{\partial^2 h}{\partial x_0 \partial x_1} & 0 \\ \frac{\partial^2 h}{\partial x_1 \partial x_0} & \frac{\partial^2 h}{\partial x_1^2} & (d-1)a \\ 0 & (d-1)a & 0 \end{pmatrix} \\ &= -(d-1)^2 a^2 \frac{\partial^2 h}{\partial x_0^2} \end{aligned}$$

이다. 그런데 C가 매끈하므로 $a \neq 0$이다. 따라서 $H_f(0, 0, 1) = 0$일 필요충분조건은 $h(x, y) = y(bx + cy)$ 꼴로 쓰이는 것, 즉 2차항 $h(x, y)$가 접선 $y = 0$을 따라 항등적으로 0이 되는 것이다.

특별히 $d = 3$이라면 $r(x, y)$는 3차 동차 다항식이고 $h(x_0, x_1) = x_1(bx_0 + cx_1)$, $R(x_0, x_1, x_2) = r(x_0, x_1)$이다. 따라서 $f(x_0, 0, x_2) = r(x_0, 0) = c'x_0^3$이므로 접선 $x_1 = 0$과 3차 곡선 C는 한 개의 점 $[0, 0, 1]$에서만 만남을 알 수 있다. 즉 3차 곡선 C의 변곡점 p에서

접선을 그으면 p 이외의 어떤 점에서도 만나지 않는다.(또는 p에서 3중으로 만난다.)

$d \geq 3$에 대해 평면상의 임의의 d차 매끈한 곡선은 반드시 변곡점을 갖는다. 헤시안의 정의에 의해 d차 다항식 f가 정의하는 d차 곡선 $C = \mathbf{V}(f)$의 헤시안은 $3(d-2)$차 동차 다항식이다. 따라서 변곡점은 d차 곡선 $C = \mathbf{V}(f)$와 $3(d-2)$차 곡선 $\mathbf{V}(H_f)$의 교점과 같다. 이제 변곡점의 존재성은 다음의 베주(Bézout) 정리[5]로부터 얻어진다.

정리 2.8 (베주 정리)

자연수 m, n에 대해 사영 평면 $\mathbb{P}^2$ 상의 m차 곡선과 n차 곡선은 반드시 만난다. m차 곡선과 n차 곡선이 유한 개의 점에서 만나면 그 교점의 수는 mn개 이하다. 일반적인 m차 곡선과 n차 곡선은 정확히 mn개의 점에서 만난다.

증명을 위해 종결식(resultant)이라는 도구를 사용하자. 종결식은 다음 질문에 답하기 위한 도구이다.

질문

일변수 다항식 $f(z), g(z) \in \mathbf{k}[z]$가 주어졌을 때 공통근을 가지는지 이들의 계수만 보고 판별할 수 있겠는가?

인수정리에 의해 $f(z)$와 $g(z)$가 공통근을 가질 필요충분조건은 이들의 최소 공배 다항식(least common multiple)의 차수가 $\deg f + \deg g$보다 작은 것이다. 최소 공배 다항식을 $f(z)\mu(z) = -g(z)\nu(z)$

5 이 정리는 뉴턴의 책 "자연철학의 수학적 원리"(1687년)에 증명 없이 적혀 있다. 베주의 책 "대수방정식론"(1779년)에 증명이 수록되었다.

라 두어, 이는 다시 0이 아닌 μ, ν에 대해

$$f(z)\mu(z) + g(z)\nu(z) = 0, \quad \deg\mu < \deg g, \quad \deg\nu < \deg f \tag{2.7}$$

가 성립함과 동치이다. 이제 $\deg f = m$, $\deg g = n$,

$$\begin{aligned} f(z) &= a_0 z^m + a_1 z^{m-1} + \cdots + a_{m-1} z + a_m, \\ g(z) &= b_0 z^n + b_1 z^{n-1} + \cdots + b_{n-1} z + b_n, \\ \mu(z) &= c_0 z^{n-1} + c_1 z^{n-2} + \cdots + c_{n-1}, \\ \nu(z) &= c_n z^{m-1} + c_{n+1} z^{m-2} + \cdots + c_{n+m-1} \end{aligned} \tag{2.8}$$

이라 두고, 두 다항식 f와 g의 **실베스터 행렬**(Sylvester matrix)을 $(m+n)\times(m+n)$ 행렬

$$S_{f,g} = \begin{pmatrix} a_0 & a_1 & a_2 & \cdots & a_m & 0 & 0 & 0 \\ 0 & a_0 & a_1 & \cdots & a_{m-1} & a_m & 0 & 0 \\ \cdots & \cdots & \cdots & \cdots & \cdots & \cdots & \cdots & \cdots \\ 0 & 0 & \cdots & 0 & a_0 & \cdots & a_{m-1} & a_m \\ b_0 & b_1 & b_2 & \cdots & b_n & 0 & 0 & 0 \\ 0 & b_0 & b_1 & \cdots & b_{n-1} & b_n & 0 & 0 \\ \cdots & \cdots & \cdots & \cdots & \cdots & \cdots & \cdots & \cdots \\ 0 & 0 & \cdots & 0 & b_0 & \cdots & b_{n-1} & b_n \end{pmatrix} \tag{2.9}$$

로 정의하자.[6] 그러면 $f\mu + g\nu$의 계수들은

$$\begin{pmatrix} c_0 & c_1 & \cdots & c_{n+m-1} \end{pmatrix} S_{f,g} \tag{2.10}$$

의 성분들로 주어진다. 따라서 (2.7)을 만족시키는 0이 아닌 다항

---

6 a_i들을 포함하는 행이 n개이며 b_j들을 포함하는 행이 m개이다. 예제 2.11의 o4를 참고하라.

식 μ, ν가 존재할 필요충분조건은 (2.10)이 0이 되는 0이 아닌 벡터 $(c_0, c_1, \ldots, c_{n+m-1})$이 존재함이고, 이는 다시 행렬 $S_{f,g}$의 행렬식의 값이 0인 것이다. 이 행렬식

$$R_z(f,g) = \det S_{f,g} \tag{2.11}$$

을 f와 g의 **종결식**(resultant)이라고 부른다.

위의 논의로부터 다음을 얻는다.

보조정리 2.9

일변수 다항식 $f(z), g(z) \in \mathbf{k}[z]$가 공통근을 가질 필요충분조건은 $R_z(f,g) = 0$인 것이다.

종결식 $R_z(f,g)$의 아래 첨자 z는 두 다항식을 z에 대한 다항식으로 보고 종결식을 구한다는 의미이며 변수가 명백한 경우에는 생략하고 쓴다. 2변수 동차 다항식에 대해서도 같은 방법으로 종결식을 정의한다. 즉 동차 다항식 $f(x_0, x_1) = \sum_{i=0}^{m} a_i x_0^{m-i} x_1^i$와 $g(x_0, x_1) = \sum_{j=0}^{n} b_j x_0^{n-j} x_1^j$의 종결식 $R_{x_0,x_1}(f,g)$를 (2.9)와 (2.11)로 정의한다.

연습문제 2.10 동차 다항식 $f(x_0, x_1), g(x_0, x_1) \in \mathbf{k}[x_0, x_1]$이 서로소가 아닐 필요충분조건은 $R_{x_0,x_1}(f,g) = 0$임을 보이시오.

예제 2.11 매개변수로 표현된 곡선이 한 개의 다항식으로 정의된다면 종결식을 이용하여 그 다항식을 찾을 수 있다. 예를 들어 평면 위의 곡선

$$C = \{(t^2 - 1, t^3 - t) \in \mathbb{C}^2 \mid t \in \mathbb{C}\}$$

를 생각해 보자. 아래 연습문제 2.12에 의해 이 곡선은 다음 절에서

공부할 3차 평면 곡선 중의 하나이다. 이 곡선을 정의하는 다항식은

$$R_t(t^2 - 1 - x, t^3 - t - y)$$

로 주어진다. Macaulay2를 이용하여 실베스터 행렬과 종결식을 구하면 다음과 같다.

```
i1 : R = QQ[x,y][t]
```

o1 = R

o1 : PolynomialRing

```
i2 : f = t^2-1-x
```

o2 = $t^2 - x - 1$

o2 : R

```
i3 : g = t^3-t-y
```

o3 = $t^3 - t - y$

o3 : R

```
i4 : sylvesterMatrix(f,g,t)
```

o4 = $\begin{pmatrix} 1 & 0 & -x-1 & 0 & 0 \\ 0 & 1 & 0 & -x-1 & 0 \\ 0 & 0 & 1 & 0 & -x-1 \\ 1 & 0 & -1 & -y & 0 \\ 0 & 1 & 0 & -1 & -y \end{pmatrix}$

o4 : Matrix$(\mathbb{Q}[x..y])^5 \longleftarrow (\mathbb{Q}[x..y])^5$

```
i5 : resultant(f,g,t)
```

o5 = $-x^3 - x^2 + y^2$

o5 : $\mathbb{Q}[x..y]$

따라서 곡선 C를 정의하는 다항식은 $y^2-x^3-x^2$이고 $C=V(y^2-x^3-x^2)$이다.

연습문제 2.12 다항식 $f(t), g(t) \in \mathbf{k}[t]$에 대해, 아핀 평면 $\mathbb{A}^2$ 위의 곡선

$$C = \{(f(t), g(t)) \mid t \in \mathbf{k}\}$$

를 생각하면

$$C = V(R_t(f(t)-x, g(t)-y))$$

임을 보이시오.

이제 정리 2.8을 증명하자.

증명 **(정리 2.8)** 먼저 교점이 반드시 존재함을 증명하자. $f, g \in \mathbf{k}[x,y,z]$에 대해 m차 곡선 $C=\mathbf{V}(f)$와 n차 곡선 $D=\mathbf{V}(g)$가 만남을 보이자. f와 g를 (2.8)과 같이 z에 대해 내림차순 정리했을 때 ($a_i, b_i \in \mathbf{k}[x,y]_i$) 둘 다 z에 대해 0차 다항식이 아니라고 해도 된다.[7] 이제 종결식 $R_z(f,g)$를 계산해 보면 x, y에 관한 mn차 동차 다항식이 된다.[8] 예를 들어 (2.9)의 대각선에 나오는 항들의 곱은 $a_0^n b_n^m \in \mathbf{k}[x,y]_{mn}$이다. $R_z(f,g)$에 $x=1$을 넣어서 상수가 아닌 y의 다항식이면 그 근 중 하나를 β라 두자. $x=1$, $y=\beta$를 대입하면 f, g는 z에 관한 일변

7 만약 f나 g 중 하나가 z에 대해 0차 다항식이면 역할을 바꾸어 대신 x나 y에 대한 내림차순 정리를 하자. x, y, z 어느 것으로 내림차순 정리를 해도 둘 중 하나가 0차 다항식이 된다면, f와 g의 형태가 x^m, $g(y,z)$처럼 변수가 분리되는 꼴이고 이 경우 교점이 존재함은 대수학의 기본 정리로부터 자명하다.

8 $R_z(f,g)$가 항등적으로 0이면, 예를 들어 $x=1, y=0$으로 두어, $[1,0,\alpha] \in C \cap D$인 $\alpha \in \mathbf{k}$가 존재한다.

수 다항식으로서 공통근을 갖는다. 이를 γ라 하면 $[1, \beta, \gamma]$는 $C \cap D$에 속한다. 만약 $R_z(f, g)$에 $x = 1$을 넣었을 때 0이 아닌 상수라면 대신 $y = 1$을 넣으면 0이 아닌 상수일 수 없다. 같은 이유로 $C \cap D$에 속하는 점이 존재한다.

유한 개의 점에서 C, D가 만난다면 이 교점들을 포함하지 않은 직선을 하나 생각하고 이 직선을 무한대 직선 $\mathbf{V}(z)$로 보내는 사영 변환을 취하여 모든 교점은 아핀 평면

$$\mathbb{A}^2 = \{[x, y, 1] \,|\, x, y \in \mathbf{k}\}$$

에 존재한다고 해도 된다. 유한 개의 점들을 잇는 직선들은 유한 개뿐이므로, 다시 사영 변환을 작용하여 (좌표축을 회전시켜) 이 교점들의 x좌표가 모두 다르다고 해도 된다. 이제 $f(x, y, 1)$과 $g(x, y, 1)$을 y에 관해 내림차순 정리하여 종결식

$$R_y(f(x, y, 1), g(x, y, 1)) \in \mathbf{k}[x]$$

를 계산하면 x에 관한 mn차 다항식이 된다. 대수학의 기본 정리에 의해 $R_y(f(x, y, 1), g(x, y, 1))$은 mn개 이하의 근을 갖고, 가정에 의해 각각의 근 x마다 $f(x, y, 1) = 0 = g(x, y, 1)$의 근 y가 유일하게 존재하므로 교점의 수는 mn개 이하이다. 또 교점의 수가 mn이면 종결식은 중근을 가질 수 없다.

교점의 수가 정확히 mn개인 m차 곡선 C와 n차 곡선 D가 존재하므로,[9] 일반적인 f, g에 대해서 종결식이 중근을 갖지 않고, 따라서 일반적인 C와 D에 대해 $C \cap D$는 정확히 mn개

9 예를 들어 서로 다른 $a_i, b_j \in \mathbf{k}$를 고르고, m개의 직선으로 이루어진 m차 곡선 $\mathbf{V}(\prod_{i=1}^m (x - a_i z))$와 n개의 직선으로 이루어진 n차 곡선 $\mathbf{V}(\prod_{j=1}^n (y - b_j z))$를 생각하면 이들은 정확히 mn개의 점들 $[a_i, b_j, 1]$에서 만난다.

의 서로 다른 점을 포함한다. □

따름정리 2.13

차수가 $d \geq 3$인 매끈한 평면 곡선은 변곡점을 갖는다.

증명 d차 곡선 $C = \mathbf{V}(f)$에 대해 f의 헤시안 H_f가 $3(d-2)$차 동차 다항식이므로 d차 곡선 C와 $3(d-2)$차 곡선 $\mathbf{V}(H_f)$는 반드시 만난다. □

베주 정리의 응용으로 힐버트의 16번째 문제에 대해 알아보자. 힐버트는 1900년 프랑스 파리에서 열린 세계 수학자 대회에서 20세기 수학의 방향을 결정한 23개의 문제를 제시했는데 그중 13번부터 16번까지가 대수기하에 관련된 문제들이다.

우리는 항상 복소수와 같이 대수적으로 닫힌 체 위에서 대수기하학을 생각한다고 했는데, 잠시만 예외적으로 실수 위에서의 대수기하학을 생각해보자. 원 S^1과 위상동형(homeomorphic)인 미분 다양체를 고리(oval, loop, circuit)라고 부르자. 연결된(connected) 1차원 콤팩트 미분다양체는 고리뿐임이 잘 알려져 있다. 실수 계수 동차 다항식

$$f(x_0, x_1, x_2) \in \mathbb{R}[x_0, x_1, x_2]_d$$

가 정의하는 매끈한 곡선

$$C(\mathbb{R}) = \{[a_0, a_1, a_2] \in \mathbb{P}^2 \mid f(a_0, a_1, a_2) = 0, \quad a_i \in \mathbb{R}\}$$

은 유한 개의 고리 – 연결 성분(connected component) – 로 이루어져 있다. 예를 들어 실수 위에서 매끈한 2차 곡선은 타원처럼 1개의

고리로 이루어졌다. 쌍곡선과 포물선은 무한대 직선에 속하는 두 점 또는 한 점을 각각 추가하여 실 사영 공간(real projective space)

$$\begin{aligned}\mathbb{RP}^2 &= \{[a_0, a_1, a_2]\,|(a_0, a_1, a_2) \in \mathbb{R}^3 - \{0\}\} \\ &= \mathbb{R}^3 - \{0\}/\mathbb{R}^* = S^2/\{\pm 1\}\end{aligned}$$

에서는 1개의 고리만을 포함한다. 3차 곡선

$$\mathbf{V}(y^2 z - x(x^2 + tz^2)) \cap \mathbb{RP}^2$$

는 $t > 0$이면 1개의 고리, $t < 0$이면 2개의 고리로 이루어져 있다.

정리 2.14 (하르나크, Harnack)

실 사영 평면 $\mathbb{RP}^2$ 위의 d차 매끈한 평면 곡선 $C(\mathbb{R})$은

$$\frac{(d-1)(d-2)}{2} + 1$$

개 이하의 고리를 갖는다.

증명 실 사영 평면 $\mathbb{RP}^2 = S^2/\{\pm 1\}$에 포함된 고리는 2가지 유형으로 나눌 수 있는데, S^2의 대원(great circle)의 이미지처럼 그 여집합이 연결된 집합인 경우(유형1)와 북극 주변의 작은 원처럼 그 여집합이 2개의 연결 성분을 갖는 경우(유형2)가 있다. 유형1의 곡선은 그 여집합이 원판과 같으므로 그 여집합에 속하는 고리는 유형2의 고리가 된다. 즉 유형1의 고리들은 항상 서로 만나고 따라서 $C(\mathbb{R})$은 최대 1개의 유형1 고리만 가질 수 있다.

이제 $m = \frac{(d-1)(d-2)}{2} + 1$이라 하고 $C(\mathbb{R})$이 고리들

$$C_1, \ldots, C_m, C_{m+1}$$

을 포함한다고 하자. $1 \leq i \leq m$에 대해 C_i는 모두 유형2 고리라 해도 일반성을 잃지 않고, 각각의 i에 대해 한 점 $p_i \in C_i$를 고르자. 또 C_{m+1}에서 $d-3$개의 점 $q_1, q_2, \ldots, q_{d-3}$를 고르자. $1 \leq i \leq m$에 대해 $\mathbb{RP}^2 - C_i$는 내부와 외부, 2개의 연결 성분을 가지므로 C_i와 만나는 고리 D는 2개 이상의 점에서 만난다. 그런데

$$\dim_{\mathbb{R}} \mathbb{R}[x_0, x_1, x_2]_{d-2} = \frac{d(d-1)}{2} > m + d - 3$$

이므로 $p_1, \ldots, p_m, q_1, \ldots, q_{d-3}$를 모두 지나는 $d-2$차 곡선 D가 존재한다. $D \cap C_i$에는 2개 이상의 점이 존재하므로

$$|D \cap C(\mathbb{R})| \geq 2m + d - 3 > d(d-2)$$

이다. 이는 베주의 정리에 의해 얻는 부등식

$$|D \cap C(\mathbb{R})| \leq d(d-2)$$

에 모순이다. □

힐버트의 16번째 문제는 d차 평면 곡선이 최대의 고리 수를 가질 때, 특히 6차 평면 곡선이 11개를 가질 때 그 고리들의 상대적 위치를 알아내라는 것이다. $d = 6$의 경우 이 문제는 1969년 굳코프(Gudkov)가 그림 2.2의 3가지뿐임을 보여 해결하였고, 이후 실수 위에서의 대수적 곡선과 곡면에 대한 연구가 꾸준히 이루어지고 있다.

참고로 복소수 위에서 매끈한 d차 평면 곡선은 항상 구멍의 수 - 이를 **종수**(genus)라고 부른다 - 가

$$g = \frac{(d-1)(d-2)}{2}$$

인 곡면이다. 그림 2.3은 종수가 3인 곡면을 나타낸다.

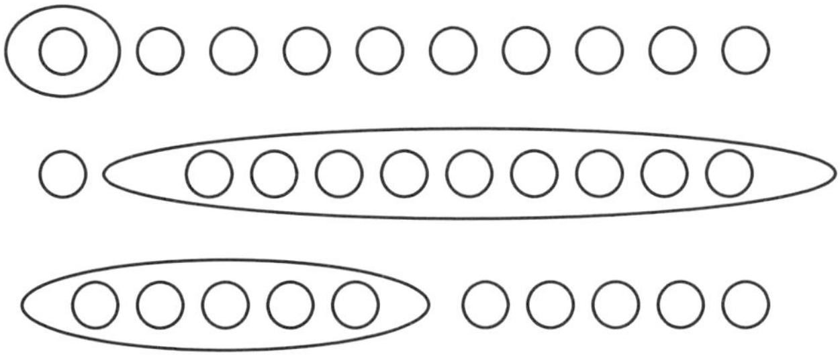

그림 2.2: 6차 평면 곡선의 고리들의 위치

그림 2.3: 종수가 3인 곡면

2.3 3차 평면 곡선

변곡점과 베주 정리를 살펴보았으니 이제 3차 평면 곡선으로 돌아가 보자. 매끈한 3차 곡선 $C = \mathbf{V}(f)$는 반드시 변곡점을 가지므로 하나를 고르고 이를 $[0,1,0]$으로 보내는 사영 변환을 취하자. 즉 임의의 3차 곡선은 $[0,1,0]$을 변곡점으로 갖는 곡선과 사영적으로 동등하고 이 경우만 고찰하면 다른 모든 3차 곡선은 사영 변환을 적용하여 다 얻을 수 있다. 3차 동차 다항식 $f(x,y,z)$에 대해

$$f(0,1,0) = 0, \quad H_f(0,1,0) = 0$$

이 만족될 필요충분조건은

$$f(x,y,z) = y^2(ax+bz) + y(ax+bz)(cx+dz) + g(x,z)$$

꼴임을 직접 계산하여 확인하자. $ax+bz$를 z로 보내는

$$\begin{pmatrix} * & 0 & * \\ 0 & 1 & 0 \\ * & 0 & * \end{pmatrix} \tag{2.12}$$

꼴의 사영 변환을 취하고 y에 대해 완전제곱꼴을 만들면, C가 3차 동차 다항식

$$y^2z = h(x,z)$$

가 정의하는 곡선과 사영적으로 동등함을 알 수 있다. 만약 $h(x,z)$가 z로 나눠지면 양변 모두 z로 나눠지므로 C는 직선 $z=0$과 2차 곡선의 합집합임을 알 수 있다. $h(x,z)$가 z로 나눠지지 않으면 대수학의 기본 정리를 사용하여

$$h(x,z) = a(x-\alpha z)(x-\beta z)(x-\gamma z), \quad a \neq 0$$

로 인수분해할 수 있는데, $x \mapsto a^{-1/3}x$의 변환을 통해 $a=1$이라 해도 된다.

만약 $\alpha=\beta=\gamma$라면 $[\alpha,0,1]$을 $[0,0,1]$로 보내는 (2.12) 꼴의 사영 변환을 $\mathrm{PGL}_3(\mathbf{k})$에서 골라

$$y^2z = x^3 \tag{2.13}$$

이 정의하는 곡선과 C가 사영적으로 동등함을 확인할 수 있다. 미분을 계산해 보면 이 경우 $[0,0,1]$이 유일한 특이점임을 알 수 있고 따라서 이 경우 C는 매끈한 곡선이 아니다.

만약 α,β,γ 중의 2개만 같다면 일반성을 잃지 않고 $\alpha=\beta\neq\gamma$라 가정하고, $[\alpha,0,1]$을 $[0,0,1]$로, $[\gamma,0,1]$을 $[-1,0,1]$로 보내는 (2.12)

꼴의 사영 변환을 $\mathrm{PGL}_3(\mathbf{k})$에서 골라

$$y^2z = x^2(x+z) \tag{2.14}$$

가 정의하는 곡선과 C가 사영적으로 동등함을 알 수 있다. 이 또한 $[0,0,1]$을 특이점으로 갖고 C는 매끈한 곡선이 아니다.

마지막으로 α,β,γ가 서로 다르다면, $[\alpha,0,1]$을 $[0,0,1]$로, $[\beta,0,1]$을 $[1,0,1]$로 보내는 (2.12) 꼴의 사영 변환을 $\mathrm{PGL}_3(\mathbf{k})$에서 고르고, 이 사영 변환에 의하여 $[\gamma,0,1]$이 $[\lambda,0,1]$로 보내진다고 하자. 그러면 이 사영 변환에 의하여

$$y^2z = x(x-z)(x-\lambda z), \quad \lambda \neq 1,0,\infty \tag{2.15}$$

가 정의하는 곡선과 C가 사영적으로 동등함을 안다. 미분 계산을 통해 (2.15)가 정의하는 곡선은 항상 매끈함을 알 수 있다.

위의 계산을 통해 모든 매끈한 3차 곡선은 (2.15)가 정의하는 곡선과 사영적으로 동등하다. 그렇다면 특이점을 갖는 3차 평면 곡선은 어떠한가? 직선을 포함하지 않는다면 이들은 (2.13) 또는 (2.14)가 정의하는 곡선과 사영적으로 동등하다. 이를 확인하기 위해 기약 다항식 $f \in \mathbf{k}[x,y,z]_3$에 대해 $\mathbf{V}(f)$가 $[0,0,1]$을 특이점으로 갖는다고 하자. 그러면

$$f(x,y,1) = g_2(x,y) + g_3(x,y), \quad g_i(x,y) \in \mathbf{k}[x,y]_i$$

로 쓸 수 있다. $g_2 = 0$이면 $f(x,y,z) = g_3(x,y)$가 인수분해되므로 기약 가정에 모순이다. 2차 형식 g_2의 계수(rank)가 1이면 선형 변환을 통해 $g_2(x,y) = y^2$으로 잡을 수 있고 약간의 계산을 통해 $\mathbf{V}(f)$는 (2.13)이 정의하는 3차 곡선과 사영적으로 동등함을 확인할 수 있다. 유사하게 2차 형식 g_2의 계수가 2이면 선형 변환을 통해 $g_2(x,y) =$

$y^2 - x^2$으로 잡을 수 있고 $\mathbf{V}(f)$는 (2.14)가 정의하는 3차 곡선과 사영적으로 동등함을 확인할 수 있다. 이상을 정리하면 다음과 같은 기약 3차 평면 곡선의 분류를 얻는다.

정리 2.15 (3차 곡선의 표준형)

기약 다항식 $f \in \mathbf{k}[x_0, x_1, x_2]_3$가 정의하는 3차 곡선 - 즉 직선을 포함하지 않는 3차 곡선 - 은 (2.13), (2.14), (2.15) 중의 하나가 정의하는 곡선과 사영적으로 동등하다.

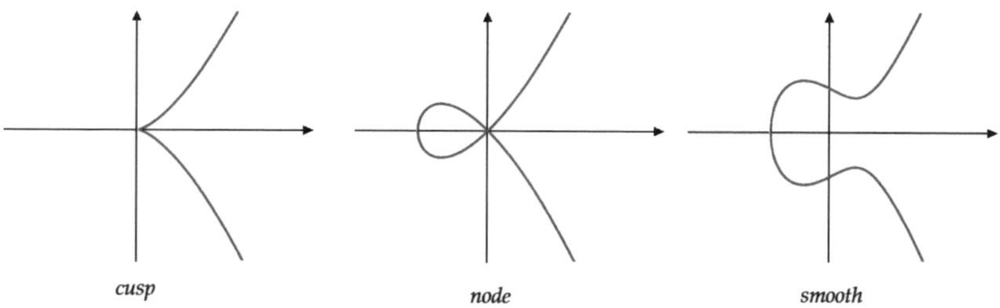

그림 2.4: 3차 곡선

그림 2.4는 왼쪽에서부터 각각 (2.13), (2.14), (2.15)가 정의하는 곡선을 그린 것이다. 그림에서 보이듯이 (2.15)가 정의하는 곡선은 **매끈한**(smooth) 곡선이다. (2.14)가 정의하는 곡선은 원점에서 2개의 접선을 갖는데 이러한 특이점을 **노드**(node)라고 부른다. (2.13)이 정의하는 곡선은 원점에서 접선이 정의되지 않는데 (또는 접선이 무한히 많은데) 이러한 특이점을 **커스프**(cusp)라고 부른다.

(2.13)이 정의하는 3차 곡선은 사상

$$\mathbb{P}^1 \longrightarrow \mathbb{P}^2, \quad [t_0, t_1] \mapsto [t_0^2 t_1, t_0^3, t_1^3] \tag{2.16}$$

의 이미지와 같다.(왜?) 또한 (2.14)가 정의하는 3차 곡선은 사상

$$\mathbb{P}^1 \longrightarrow \mathbb{P}^2, \quad [t_0, t_1] \mapsto [t_1(t_0^2 - t_1^2), t_0(t_0^2 - t_1^2), t_1^3] \tag{2.17}$$

의 이미지와 같다. 앞에서 살펴본 예제 2.11은 이 사상을 아핀 공간 $(t_1 = 1)$로 제한하여 쓴 것이다.

공통 인자를 갖지 않는 동차 다항식들

$$f_0, f_1, \ldots, f_n \in \mathbf{k}[x_0, x_1]_d$$

가 정의하는 함수

$$\begin{aligned} f : \mathbb{P}^1 &\longrightarrow \mathbb{P}^n, \\ [x_0, x_1] &\mapsto [f_0(x_0, x_1), f_1(x_0, x_1), \ldots, f_n(x_0, x_1)] \end{aligned} \tag{2.18}$$

의 이미지로 주어지는 곡선을 d차 **유리 곡선**(rational curve)이라고 부른다. (2.3), (2.16)과 (2.17)에 의해, 직선을 포함하지 않고 매끈하지 않은 3차 평면 곡선과 매끈한 2차 평면 곡선은 모두 유리 곡선이다. 한편 2차 유리 곡선은 2차 다항식

$$f_0, \ldots, f_n \in \mathbf{k}[x_0, x_1]_2$$

에 의해 주어지는데 $\dim \mathbf{k}[x_0, x_1]_2 = 3$이므로 임의의 2차 유리 곡선 C는 평면 곡선임, 즉 C를 포함하는 평면이 존재함을 알 수 있다. 같은 이유에서 $\dim \mathbf{k}[x_0, x_1]_d = d + 1$이므로 임의의 d차 유리 곡선은 d-평면에 포함된다.

예제 2.16 사상 (2.16), (2.17)의 이미지는 Macaulay2에서 다음과 같이 확인해 볼 수 있다.

```
i1 = R = QQ[x_0..x_2]
o1 = R
o1 : PolynomialRing
i2 : S = QQ[t_0, t_1]
o2 = S
o2 : PolynomialRing
i3 : m1 = matrix({{t_0^2*t_1, t_0^3, t_1^3}})
o3 = ( t_0^2 t_1   t_0^3   t_1^3 )
o3 : Matrix  S^1 <--- S^3
i4 : f1 = map(S, R, m1)
o4 = map(S, R, {t_0^2 t_1, t_0^3, t_1^3})
o4 : RingMap S <--- R
i5 : ker f1
o5 = ideal (x_0^3 - x_1^2 x_2^2)
o5 : Ideal of R
```

(2.16)의 각 성분을 $x_0 = t_0^2 t_1, x_1 = t_0^3, x_2 = t_1^3$로 두고 이를 다항식 환 사이의 사상

$$\mathbf{k}[x_0, x_1, x_2] \longrightarrow \mathbf{k}[t_0, t_1], \quad x_0 \mapsto t_0^2 t_1, x_1 \mapsto t_0^3, x_2 \mapsto t_1^3$$

으로 이해하여 커널을 구하면 (2.16)의 이미지를 정의하는 식을 얻는다. 같은 방법으로 (2.17)의 이미지를 계산하면 다음과 같다.

```
i6 : m2 = matrix({{t_1*(t_0^2 - t_1^2),
     t_0*(t_0^2 - t_1^2), t_1^3}})
```

o6 = $\begin{pmatrix} t_0^2t_1 - t_1^3 & t_0^3 - t_0t_1^2 & t_1^3 \end{pmatrix}$

o6 : Matrix $S^1 \longleftarrow S^3$

i7 : f2 = map(S, R, m2)

o7 = map$(S, R, \{t_0^2t_1 - t_1^3, t_0^3 - t_0t_1^2, t_1^3\})$

o7 : RingMap $S \longleftarrow R$

i8 : ker f2

o18 = ideal$(x_0^3 + x_0^2x_2 - x_1^2x_2)$

o8 : Ideal of R

유리 곡선은 다항식을 성분으로 갖는 함수에 의해 주어지므로 그림을 그리기 쉽다. 특히 컴퓨터를 통해 효율적으로 그림을 그릴 수 있어서 매우 유용하다.

유리 곡선이 아닌 곡선이 존재하는가?

정리 2.17

매끈한 3차 평면 곡선은 유리 곡선이 아니다.

증명 매끈한 3차 평면 곡선 $\mathbf{V}(y^2z - x(x-z)(x-\lambda z))$ $(\lambda \neq 0, 1)$ 이

$$\phi : \mathbb{P}^1 \longrightarrow \mathbb{P}^2, \quad [x_0, x_1] \mapsto [f(x_0, x_1), g(x_0, x_1), h(x_0, x_1)]$$

의 이미지로 주어진다고 하자. 여기서 $f, g, h \in \mathbf{k}[x_0, x_1]_d$는 공통 인자를 갖지 않는, 즉 $\gcd(f, g, h) = 1$인 동차 다항식들이다.

$$g^2h = f(f-h)(f-\lambda h) \tag{2.19}$$

로부터 $\gcd(g, h) = 1$임은 자명하다. $\gcd(f, h) = v$라 두면 (2.19)로부터 v^3은 h를 나눠야 한다. $h = v^3h'$, $f = vw$라고 두면

$$g^2h' = w(w - v^2h')(w - \lambda v^2h'),$$
$$\gcd(h', w) = 1, \quad \gcd(v, w) = 1$$

을 얻는다. 만약 h'이 상수가 아니라면 $\gcd(h', w) = 1$이므로 h'이 우변을 나눌 수 없다. 따라서 h'은 상수이고 v를 $(h')^{1/3}v$로 대체하여,

$$h = v^3, \quad f = vw, \quad \gcd(v, w) = 1$$

이라고 쓸 수 있다. 다시 (2.19)에 이를 대입하여

$$g^2 = w(w - v^2)(w - \lambda v^2)$$

이 되고 다시 $w = u^2$ 꼴이 됨을 확인하자. 따라서

$$g^2 = u^2(u^2 - v^2)(u^2 - \lambda v^2)$$

이고 $g = uq$ 꼴로 인수분해된다. 그러므로

$$q^2 = (u^2 - v^2)(u^2 - \lambda v^2), \quad \gcd(u, v) = 1$$

이 성립한다. $\lambda \neq 1$이므로 $\gcd(u^2 - v^2, u^2 - \lambda v^2) = 1$이어서

$$u^2, \quad v^2, \quad u^2 - v^2, \quad u^2 - \lambda v^2$$

은 모두 제곱인 다항식들이다. 다음의 보조정리로부터 u, v는 상수이고 따라서 f, g, h도 상수이다. 그러므로 매끈한 3차 곡선은 유리 곡선일 수 없다. □

보조정리 2.18

서로 소인 두 다항식 $f, g \in \mathbf{k}[t]$의 서로 다른 4개의 일차 결합이 모두 제곱이면 f, g는 상수이다.

증명 f, g를 이들의 일차 결합으로 대치하여 $c \neq 0, 1$인 상수 c에 대하여

$$f = u^2, \quad g = v^2, \quad f - g = u^2 - v^2, \quad f - cg = u^2 - cv^2$$

이 모두 제곱이라고 해도 된다. 그러면 $\gcd(u, v) = 1$이고

$$u + v, \quad u - v, \quad u + \sqrt{c}v, \quad u - \sqrt{c}v$$

도 모두 제곱이다. 또, u, v가 상수라면 f, g도 상수이다.

f, g가 상수가 아니라면 u, v는 차수가 f, g보다 작으므로 차수에 관한 귀납법을 써서 증명이 끝난다. □

3차 평면 곡선에 관한 몇 가지 사실들을 언급해 두자.

(1) $\mathbf{k} = \mathbb{C}$일 때, 매끈한 3차 평면 곡선 $C = \mathbf{V}(f)$는 허수부(imaginary part)가 양수인 복소수 τ가 존재하여 함수

$$E_\tau = \mathbb{C}/(\mathbb{Z} + \mathbb{Z}\tau) \longrightarrow \mathbb{P}^2, \quad z \mapsto [\mathcal{P}_\tau(z), \mathcal{P}'_\tau(z), 4],$$

$$\mathcal{P}_\tau(z) = \frac{1}{z^2} + \sum_{(m,n) \in \mathbb{Z}^2 - 0} \left(\frac{1}{(z + m + \tau n)^2} - \frac{1}{(m + \tau n)^2} \right)$$

의 이미지와 사영적으로 동등하다. 따라서 매끈한 3차 평면 곡선은 토러스(그림 1.1)와 위상동형이다. 복소수 집합 $\mathbb{C}$의 덧셈은 $\mathbb{C}/(\mathbb{Z} + \mathbb{Z}\tau)$의 덧셈을 주는데 이를 (2.15) 꼴의 매끈한 3차

평면 곡선에 대해 기하학적으로 해석하면

$$P + Q + R = O \quad \Longleftrightarrow \quad P, Q, R\text{이 동일 직선상}$$

으로부터 얻는 연산과 같다. 여기서 항등원은 $O = [0, 1, 0]$이다. 이 덧셈 규칙은 $\mathbb{C}$의 부분체 F에서 성분을 갖는 C 위의 점들의 집합 $C(F)$에도 가환 군의 구조를 준다.

(2) 모델-웨이유 정리(Mordell-Weil theorem)는 정수 계수 3차 다항식 $f(x_0, x_1, x_2)$가 정의하는 매끈한 3차 평면 곡선의 유리수점(rational point)들의 집합

$$C(\mathbb{Q}) = \{[a_0, a_1, a_2] \,|\, f(a_0, a_1, a_2) = 0, \quad a_i \in \mathbb{Q}\}$$

는 유한 생성 군임을 알려준다. 원소의 수가 q인 유한 체 $\mathbb{F}_q$ 상의 점들의 집합

$$C(\mathbb{F}_q) = \{[a_0, a_1, a_2] \,|\, f(a_0, a_1, a_2) = 0, \quad a_i \in \mathbb{F}_q\}$$

는 자명히 유한 집합이다. $C(\mathbb{F}_q)$의 원소의 수를 통해 모델-웨이유군 $C(\mathbb{Q})$의 계수(rank)를 알아낼 수 있다는 버츠(Birch)와 스위너톤-다이어(Swinnerton-Dyer)의 추측은 클레이 연구소가 제시한 백만 달러의 상금이 걸린 밀레니엄 문제 중 하나이다.

(3) 3차 평면 곡선을 사용하여 페르마의 마지막 정리(Fermat's last theorem)가 증명되었다. 페르마 방정식

$$a^n + b^n = c^n, \quad n \geq 3$$

을 만족하는 자명하지 않은 정수해가 존재하면 이로부터 얻는 프라이 곡선(Frey curve)

$$y^2 = x(x - a^n)(x + b^n)$$

은 보형 형식(modular form)일 수 없는 L-함수를 갖는다. 하지만 최근 증명된 타니야마-시무라(Taniyama-Shimura) 추측에 따르면 이는 사실이 아니다. 이로부터 페르마의 마지막 정리가 증명되었다.

연습문제 2.19 원소의 개수가 q인 체 $\mathbb{F}_q$상에서 정의된 사영 평면

$$\mathbb{F}_q\mathbb{P}^2 = (\mathbb{F}_q^3 - \{0\})/\mathbb{F}_q^*$$

의 원소의 개수를 구하시오. 또 $\mathbb{F}_q$에서 성분을 갖는 2×2 행렬들이 이루는 군들

$$\mathrm{GL}_2(\mathbb{F}_q), \quad \mathrm{SL}_2(\mathbb{F}_q)$$

의 원소의 개수를 구하시오.

매끈한 3차 평면 곡선 C와 C 위의 한 점 $p \in C$의 쌍 (C, p)를 **타원 곡선**(elliptic curve)이라고 부른다.

2.4 뒤틀린 3차 곡선과 유리 정규 곡선

앞 절에서 3차 평면 곡선들에 대해 살펴보았는데 이제는 평면에 포함되지 않는 공간상의 3차 곡선에 대해 살펴보자. 사상

$$\nu_3 : \mathbb{P}^1 \longrightarrow \mathbb{P}^3, \quad [x_0, x_1] \mapsto [x_0^3, x_0^2 x_1, x_0 x_1^2, x_1^3] \tag{2.20}$$

을 생각하자. 이 사상의 이미지(image)에서 좌표들은

$$z_0 = x_0^3, \quad z_1 = x_0^2 x_1, \quad z_2 = x_0 x_1^2, \quad z_3 = x_1^3$$

이 되므로 $\nu_3(\mathbb{P}^1)$은 $\mathbb{P}^3$의 곡선

$$C_3 = \mathbf{V}(z_0 z_2 - z_1^2, z_1 z_3 - z_2^2, z_0 z_3 - z_1 z_2) \tag{2.21}$$

이다.(왜?) 아핀 공간

$$\mathbb{A}^3 = U_0 = \{[1, x, y, z]\} \subset \mathbb{P}^3$$

에서 보면 $\nu_3(\mathbb{P}^1)$은

$$\{(t, t^2, t^3) \mid t \in \mathbf{k}\}$$

이며, 그림 2.5와 같은 곡선이다.

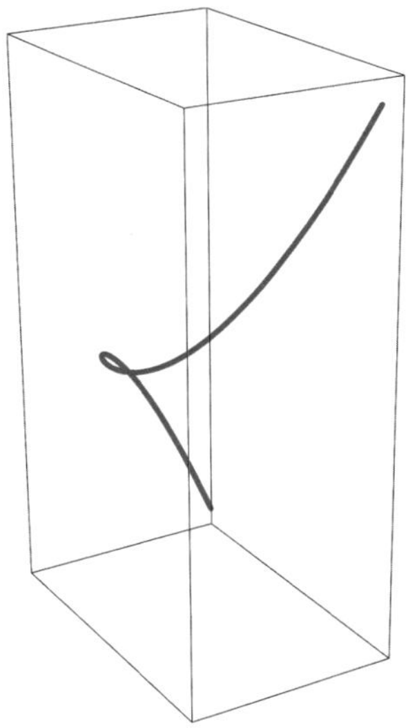

그림 2.5: 뒤틀린 3차 곡선

정의 2.20

곡선 (2.21)과 사영적으로 동등한 사영 다양체를 **뒤틀린 3차 곡선**(twisted cubic curve)이라고 부른다.

즉, $\mathbf{k}[x_0, x_1]_3$의 기저

$$\{A_0, A_1, A_2, A_3\} \subset \mathbf{k}[x_0, x_1]_3$$

에 대해

$$[x_0, x_1] \mapsto [A_0(x_0, x_1), A_1(x_0, x_1), A_2(x_0, x_1), A_3(x_0, x_1)]$$

의 이미지로 주어지는 곡선들이 모든 뒤틀린 3차 곡선들이다.(왜?)

연습문제 2.21 뒤틀린 3차 곡선의 서로 다른 네 점은 $\mathbb{P}^3$를 생성함[10]을 보이시오.

(2.3)과 (2.20)을 확장하여 $d \geq 2$에 대해 사상

$$\begin{aligned} \nu_d : \mathbb{P}^1 &\longrightarrow \mathbb{P}^d, \\ [x_0, x_1] &\mapsto [x_0^d, x_0^{d-1}x_1, x_0^{d-2}x_1^2, \ldots, x_0 x_1^{d-1}, x_1^d] \end{aligned} \tag{2.22}$$

을 생각하자.

연습문제 2.22

(1) 사상 (2.22)의 이미지 C_d는

$$\begin{aligned} &\mathbf{V}(\{z_i z_j - z_{i-1} z_{j+1}\}_{1 \leq i \leq j \leq d-1}) \\ &= \mathbf{V}(\{z_0 z_d - z_1 z_{d-1}, z_i^2 - z_{i-1} z_{i+1}\}_{1 \leq i \leq d-1}) \end{aligned}$$

임을 보이시오. 이는 또한 $1 \leq k \leq d-1$에 대해

$$\{[z_0, \ldots, z_d] \mid \operatorname{rank} \begin{pmatrix} z_0 & z_1 & z_2 & \cdots & z_k \\ z_1 & z_2 & z_3 & \cdots & z_{k+1} \\ \cdots & \cdots & \cdots & \cdots & \cdots \\ z_{d-k} & z_{d-k+1} & z_{d-k+2} & \cdots & z_d \end{pmatrix} \leq 1\}$$

과 같음을 보이시오.

(2) C_d의 서로 다른 $(d+1)$개의 점들은 $\mathbb{P}^d$를 생성함을 보이시오.

---

10 이 네 점을 포함하는 가장 작은 선형 다양체는 $\mathbb{P}^3$라는 말이다.

정의 2.23

$C_d = \nu_d(\mathbb{P}^1)$과 사영적으로 동등한 사영 다양체를 d차 **유리 정규 곡선**(rational normal curve)이라고 부른다.

정의에 의해 $\mathbf{k}[x_0, x_1]_d$의 기저 $\{A_i\}_{0 \le i \le d}$에 대해 사상

$$\nu_{\{A_i\}} : [x_0, x_1] \mapsto [A_0(x_0, x_1), A_1(x_0, x_1), \ldots, A_d(x_0, x_1)] \tag{2.23}$$

의 이미지가 d차 유리 정규 곡선이고 이들뿐이다.(왜?)

서로 다른 $(d+1)$개의 점들 $p_i = [\mu_i, \nu_i] \in \mathbb{P}^1$ $(0 \le i \le d)$에 대해

$$\begin{aligned} A_j &= \prod_{0 \le i \ne j \le d} (\mu_i x_0 - \nu_i x_1) \\ &= \frac{\prod_{i=0}^{d} (\mu_i x_0 - \nu_i x_1)}{(\mu_j x_0 - \nu_j x_1)} \quad \in \mathbf{k}[x_0, x_1]_d \end{aligned} \tag{2.24}$$

라 두면 이들은 일차 독립인 $(d+1)$개의 d차 다항식이므로 (2.23)은 유리 정규 곡선을 정의한다.(왜?)

다음의 정리로 이 장을 매듭짓자. 이 정리에서 $\mathbb{P}^d$ 위의 $r(\ge d+1)$개의 점들이 일반적이라 함은 임의의 $(d+1)$개의 점을 골라도 $\mathbb{P}^d$를 생성함을, 즉 일차 독립임을 말한다. 예를 들어

$$\begin{gathered} [1, 0, \ldots, 0], [0, 1, 0, \ldots, 0], \ldots, [0, \ldots, 0, 1], \\ [1, 1, \ldots, 1], [1, 2, \ldots, d+1] \end{gathered}$$

는 $\mathbb{P}^d$ 위의 일반적인 $(d+3)$개의 점들이다.

정리 2.24

$\mathbb{P}^d$ 위의 일반적인 $(d+3)$개의 점을 지나는 유리 정규 곡선이 유일하게 존재한다.

증명 일반적인 $(d+3)$개의 점을 $p_0, \dots, p_d, p_{d+1}, p_{d+2}$라 두자. 사영변환을 통하여

$$p_0 = [e_0], \dots, p_d = [e_d]$$

라 둘 수 있다. 여기서 e_i는 i번째 성분만 1이고 나머지는 0인 표준 기저 벡터이다. 이제 나머지 두 점 p_{d+1}, p_{d+2}는 일반성 가정에 의하여 어느 좌표도 영이 되지 않는 점들이다. 이를

$$p_{d+1} = [\mu_0^{-1}, \dots, \mu_d^{-1}], \ p_{d+2} = [\nu_0^{-1}, \dots, \nu_d^{-1}]$$

로 두자. 이제 (2.24)에 의해 정의된 다항식들을 생각하면 사상 (2.23)에 의해

$$\begin{aligned} [\nu_i, \mu_i] &\mapsto \qquad [e_i] \qquad = p_i \\ [1, 0] &\mapsto [\mu_0^{-1}, \dots, \mu_d^{-1}] = p_{d+1} \\ [0, 1] &\mapsto [\nu_0^{-1}, \dots, \nu_d^{-1}] = p_{d+2} \end{aligned}$$

이다. 따라서 이 점들을 모두 지나는 유리 정규 곡선이 존재한다.

역으로 (2.23)의 이미지 $\nu_{\{A_i\}}(\mathbb{P}^1)$이 $[e_0], \dots, [e_d]$를 지나면

$$\nu_{\{A_i\}}^{-1}[e_i] = [\nu_i, \mu_i]$$

라 둘 때, 다항식 $\{A_j\}$는 상수배 범위 내에서 유일하게 (2.24) 꼴로 주어지고(왜?), 나머지 두 점을 지난다는 조건이 이 사상 (2.23)을 유일하게 결정한다.(힌트: 사영변환 $g \in \mathrm{PGL}_2(\mathbf{k})$를 $\tilde{\nu} = \nu \circ g$가 $\tilde{\nu}^{-1}(p_{d+1}) = [1, 0]$, $\tilde{\nu}^{-1}(p_{d+2}) = [0, 1]$을 만족시키도록 고르자. ν를 $\tilde{\nu}$로 대체하여 다시 생각해보면 (2.24)가 유일한 ν임을 알 수 있다.) □

연습문제 2.25 $\mathbb{P}^d$ 위의 일반적인 $(d+3)$개의 점들의 순서쌍들 $\Lambda = \{p_i\}_{0\le i\le d+2}$와 $\Gamma = \{p'_j\}_{0\le j\le d+2}$에 대해 이들을 각각 지나는 d차 유리 정규 곡선들 $\nu(\mathbb{P}^1)$, $\nu'(\mathbb{P}^1)$을 생각하자. Λ와 Γ가 사영적으로 동등할 필요충분조건은 순서쌍 $\{\nu^{-1}(p_i)\}$와 $\{\nu'^{-1}(p'_j)\}$들이 $\mathbb{P}^1$에서 사영적으로 동등한 것임을 보이시오.

$\mathbb{P}^1$의 점들의 순서쌍들 $\{q_i\}, \{q'_i\} \subset \mathbb{P}^1$이 사영적으로 동등함은 비조화비(cross ratio)를 써서

$$\lambda(q_0, q_1, q_2, q_i) = \lambda(q'_0, q'_1, q'_2, q'_i), \quad \forall i \ge 3$$

를 확인하면 알 수 있다.

연습문제 1.13 (2)에 의하여 $\mathbb{P}^d$ 위의 일반적인 $(d+2)$개의 점들 $p_0, \ldots, p_{d+1}$에 대해

$$g(p_0) = [e_0], \quad g(p_1) = [e_1], \quad \ldots, \quad g(p_d) = [e_d],$$
$$g(p_{d+1}) = [1, 1, \ldots, 1]$$

을 만족하는 사영 변환 $g \in \mathrm{PGL}_{d+1}(\mathbf{k})$가 유일하게 존재한다. 여기서 $e_0, \ldots, e_d$는 $\mathbf{k}^{d+1}$의 표준 기저 벡터들이다. 따라서 $\mathbb{P}^d$ 위의 일반적인 $(d+3)$개의 점들은

$$[e_0], [e_1], \ldots, [e_d], [e_0 + \cdots + e_d], [z_0, z_1, \ldots, z_d],$$

$$\prod_{i=0}^{d} z_i \prod_{i<j} (z_i - z_j) \neq 0$$

과 사영적으로 동등하다. 정리 2.24와 연습문제 2.25로부터 일대일

대응

$$\left((\mathbb{P}^1)^{d+3} - \Delta\right)/\mathrm{PGL}_2(\mathbf{k}) \quad \longleftrightarrow \quad \mathbb{P}^d - \mathbf{V}\left(\prod_{i=0}^{d} z_i \prod_{i<j}(z_i - z_j)\right)$$

를 얻는다. 여기서 Δ는 (1.7)에서와 같이

$$\Delta = \bigcup_{i<j} \Delta_{ij}, \quad \Delta_{ij} = \{(p_1, \ldots, p_{d+3}) \in (\mathbb{P}^n)^{d+3} \,|\, p_i = p_j\}$$

로 주어진다. 따라서 $\mathbb{P}^1$의 서로 다른 $(d+3)$개의 점들로 이루어진 순서쌍들의 사영 동등류들의 집합

$$\begin{aligned} M_{0,d+3} &= \left((\mathbb{P}^1)^{d+3} - \Delta\right)/\mathrm{PGL}_2(\mathbf{k}) \\ &\cong \mathbb{P}^d - \mathbf{V}\left(\prod_{i=0}^{d} z_i \prod_{i<j}(z_i - z_j)\right) \end{aligned}$$

는 $\mathbb{P}^d$에 의해 콤팩트화된다.[11]

11 이를 뻥튀기하여(5.4절 참조) 1장 끝에서 언급한 들리뉴와 멈포드의 모듈라이 공간 $\overline{M}_{0,d+3}$를 얻을 수 있다.

CHAPTER

3

힐버트 영점 정리와 대수적 사상

이 장에서는 힐버트 영점 정리와 기약 분해에 대해 알아본다.
또 보통함수(regular function)와 대수적 사상(algebraic morphism)을
정의하고 중요한 예들을 살펴본다.

3.1 힐버트 영점 정리

아핀 다양체 $X \subset \mathbb{A}^n$의 아이디얼, 또는 X를 정의하는 아이디얼은

$$I(X) = \{f \in \mathbf{k}[x_1, \ldots, x_n] \mid f|_X = 0\}, \tag{3.1}$$

즉 X의 모든 점에서 0이 되는 다항식들이 이루는 아이디얼을 말한다. (1.1)에 의하여 $\mathbf{k}[x_1, \ldots, x_n]$의 아이디얼 J에 대해 아핀 다양체 $V(J) \subset \mathbb{A}^n$이 대응되고, (3.1)에 의하여 $\mathbb{A}^n$ 상의 아핀 다양체 X에 대하여 아이디얼 $I(X) \subset \mathbf{k}[x_1, \ldots, x_n]$이 대응된다.

$$\{\text{아핀 다양체 } X \subset \mathbb{A}^n\} \underset{V}{\overset{I}{\rightleftarrows}} \{\text{아이디얼 } J \subset \mathbf{k}[x_1, \ldots, x_n]\}$$

함수 I와 V는 일대일 대응인가? 아이디얼 $J \subset \mathbf{k}[x_1, \ldots, x_n]$의 **라디칼**(radical)을

$$\sqrt{J} = \{f \in \mathbf{k}[x_1, \ldots, x_n] \mid f^m \in J, \exists m > 0\}$$

로 정의하면 $\sqrt{J}$도 다항식 환 $\mathbf{k}[x_1, \ldots, x_n]$의 아이디얼이다. 예를 들어

$$J = \langle x^3yz^5 \rangle \subset \mathbf{k}[x, y, z]$$

이면 $\sqrt{J} = \langle xyz \rangle$이다. 자명하게 $V(J) = V(\sqrt{J})$이므로 V는 단사일 수 없다.

$\sqrt{J} = J$가 성립하는 아이디얼을 **라디칼 아이디얼**(radical ideal)이라고 부른다. 예를 들어 프라임 아이디얼(prime ideal)은 라디칼 아이디얼이고 프라임 아이디얼들의 교집합도 라디칼 아이디얼이다. 역으로 임의의 라디칼 아이디얼은 그것을 포함하는 프라임 아이디얼들의 교집합이다(정리 3.6). 또한 $\sqrt{(\sqrt{J})} = \sqrt{J}$이므로 $\sqrt{J}$는 라디칼 아이디얼이다.

연습문제 3.1 아핀 다양체 $X \subset \mathbb{A}^n$에 대해 $I(X)$는 라디칼 아이디얼임과

$$V(I(X)) = X \tag{3.2}$$

임을 보이시오. 또한 임의의 아이디얼 $J \subset \mathbf{k}[x_1, \ldots, x_n]$에 대해

$$I(V(J)) \supset \sqrt{J}$$

임을 보이시오.

위 연습문제에 의해 함수 V와 I를 라디칼 아이디얼들의 집합으로 제한하여 함수들

$$\{\text{아핀 다양체 } X \subset \mathbb{A}^n\} \underset{V}{\overset{I}{\rightleftarrows}} \{\text{라디칼 아이디얼 } J \subset \mathbf{k}[x_1, \ldots, x_n]\}$$

을 생각할 수 있다. 힐버트 영점 정리와 (3.2)에 의해 V와 I가 아핀 다양체들과 라디칼 아이디얼들 사이의 일대일 대응을 준다.

정리 3.2 (힐버트 영점 정리, Hilbert's Nullstellensatz)

$\mathbf{k}[x_1, \ldots, x_n]$의 아이디얼 J에 대해

$$I(V(J)) = \sqrt{J} \tag{3.3}$$

가 성립한다. 특히 $J = \sqrt{J}$이면 $I(V(J)) = J$이다.

별다른 언급이 없으면 $\mathbf{k}$는 대수적으로 닫힌 체임을 기억하자. 정리 3.2의 증명을 위해 약간의 가환대수학을 살펴보자.[1]

1 대부분의 대학원 대수학 교과서에 증명이 실려 있다. 대학원 수준의 대수학을 공부한 적이 없는 독자는 일단 3.2절로 넘어가고 나중에 다시 읽을 때 더 자세히 공부하는 것도 좋다.

주의

앞으로 이 책에서 환(ring)은 항상 곱셈에 대한 항등원 1을 포함하는 가환 환(commutative ring)을 말한다.

어떤 환 R이 **뇌터적**(Noetherian) 또는 R이 **뇌터 환**(Noetherian ring)이라 함은 그 환의 임의의 아이디얼이 유한 생성이라는 말이다. 환 R에 대해 R-모듈[2](module) A가 **뇌터적** 또는 **뇌터 모듈**이라 함은 임의의 부분모듈(submodule)이 R-모듈로서 유한 생성이라는 말이다. 뇌터 모듈의 부분모듈이나 몫(quotient) 모듈은 자명히 뇌터 모듈이다.

어떤 환 R에 대해 R-대수(algebra)란 R-모듈이면서 환의 구조를 갖는데 모듈의 스칼라 곱과 환의 곱이 잘 어울린다는 말이다. n개의 원소가 생성하는 R-대수는 다항식 환 $R[x_1, \ldots, x_n]$의 몫 대수(quotient algebra) $R[x_1, \ldots, x_n]/I$ 꼴로 주어진다.

정리 3.3 (힐버트 기저 정리)

뇌터 환 R에 대해 유한 생성 R-대수는 뇌터 환이다.

증명 뇌터 환의 몫 환(quotient ring)은 뇌터 환이므로 다항식 환 $R[x_1, \ldots, x_n]$이 뇌터 환임을 보이면 충분하다. n에 관해 귀납법을 써서 R이 뇌터 환이면 $R[x]$도 뇌터 환임을 보이면 끝난다. $R[x]$의 임의의 아이디얼 J가 유한 생성임을 보이자. J의 원소들의 최고차항 계수들이 생성하는 아이디얼의 유한 생성원 $a_1, \ldots, a_r \in R$을 찾고 이들을 최고차항 계수로 갖는 다항

2 환 R 상의 모듈이란 벡터 공간의 정의에서 체를 환 R로 바꿔서 얻는 대수적 대상이다. 정확한 정의는 대수학 교과서 [1, 10]을 참조하라.

식들 $f_1, \ldots, f_r$을 생각하자. $m = \max\{\deg f_i\}$라 두고 m보다 작은 자연수 k 각각에 대하여 $J \cap R[x]_{\le k}$의 원소들의 최고차항 계수들이 생성하는 아이디얼의 유한 생성원 $\{b_{kj}\}_j$들을 잡고 이들을 최고차항 계수로 갖는 다항식들 $g_{kj} \in J \cap R[x]_{\le k}$를 잡자. 그러면 $\{f_i\}$와 $\{g_{kj}\}_{0 \le k < m}$가 J를 생성한다.(왜?) □

보조정리 3.4

유한 생성인 $\mathbf{k}$-대수 L이 체(field)이면 이는 $\mathbf{k}$의 대수적 확장(algebraic extension)이다.

증명 $\mathbf{k}$-대수로서 L이 $t_1, \ldots, t_m \in L$에 의해 생성된다고 하자. 필요하면 순서를 바꾸어 $t_1, \ldots, t_k$는 $\mathbf{k}$ 상에서 대수적으로 독립이고[3] $t_{k+1}, \ldots, t_m$은 $\mathbf{k}(t_1, \ldots, t_k)$ 위에서 대수적이라고 하자. 이제 $k+1 \le i \le m$에 대해 t_i가 근이 되는 다항식

$$g_i(y) \in \mathbf{k}[t_1, \ldots, t_k][y]$$

를 생각하고 이들의 최고차항 계수들의 곱을 f라고 두면 L은 $\mathbf{k}[t_1, \ldots, t_k, f(t_1, \ldots, t_k)^{-1}]$ 상에서 정수적이다.[4] $k > 0$이면 임의의 기약 다항식 $h \in \mathbf{k}[t_1, \ldots, t_k]$에 대해 $h^{-1} \in L$이므로

$$h^{-r} + a_1 h^{-r+1} + \cdots + a_{r-1} h^{-1} + a_r = 0$$

이 성립하는 $a_i \in \mathbf{k}[t_1, \ldots, t_k, f^{-1}]$가 존재한다. 양변에 h^{r-1}

---

3 $t_1, \ldots, t_k \in L \supset \mathbf{k}$가 $\mathbf{k}$ 상에서 대수적으로 독립이라 함은 임의의 다항식 $g \in \mathbf{k}[y_1, \ldots, y_k]$가 $g(t_1, \ldots, t_k) = 0 \in L$이면 $g = 0$이라는 말이다.

4 가환 환 S가 부분환 R 상에서 정수적(integral)이라 함은 임의의 $t \in S$에 대해 최고차항 계수가 1인 다항식 $f(x) \in R[x]$가 존재하여 $f(t) = 0$이라는 말이다. 정수적 확장(integral extension)에 대해서는 [10]을 참조하라.

을 곱하고 통분하여

$$h^{-1} = w/f^{\ell}, \quad w \in \mathbf{k}[t_1, \ldots, t_k],\ \ell \geq 1$$

꼴로 쓸 수 있다. 따라서 h가 f를 $\mathbf{k}[t_1, \ldots, t_k]$에서 나누어야 한다. 모든 기약 다항식이 나누는 다항식은 0뿐이므로 이는 모순이다. □

한 점 $a = (a_1, \ldots, a_n) \in \mathbb{A}^n$에 대해 $x_1 - a_1,\ x_2 - a_2,\ \ldots,\ x_n - a_n$이 생성하는 아이디얼 $\mathbf{m}$을 생각하면 이는 극대(maximal)[5] 아이디얼이다. 왜냐면 함수

$$ev_a : \mathbf{k}[x_1, \ldots, x_n] \longrightarrow \mathbf{k}, \quad f(x_1, \ldots, x_n) \mapsto f(a_1, \ldots, a_n)$$

이 전사 준동형(surjective homomorphism)이고 커널이 $\mathbf{m}$이기 때문이다. 다음의 약한 영점 정리(weak nullstellensatz)는 모든 극대 아이디얼이 이와 같이 얻어짐을 말한다.

정리 3.5

$\mathbf{k}[x_1, \ldots, x_n]$의 임의의 극대 아이디얼 $\mathbf{m}$에 대해

$$\mathbf{m} = \langle x_1 - a_1, x_2 - a_2, \ldots, x_n - a_n \rangle, \quad V(\mathbf{m}) = \{(a_1, \ldots, a_n)\}$$

이 되도록 하는 한 점 $(a_1, \ldots, a_n) \in \mathbb{A}^n$이 존재한다. $1 \notin J$인 임의의 아이디얼 $J \subset \mathbf{k}[x_1, \ldots, x_n]$에 대해 J를 포함하는 극대 아이디얼 $\mathbf{m}$이 존재하므로 $V(J) \neq \varnothing$이다.

5 이 책에서 극대(maximal)란 이를 더 크게 만들 수 없다는 뜻이다. 가환 환 R의 극대 아이디얼 I는 R이 아니면서, I를 포함하는 아이디얼은 I와 R뿐인 아이디얼을 말한다. 예를 들어 정수들의 환 $\mathbb{Z}$에서 소수 p가 생성하는 아이디얼은 모두 극대 아이디얼이다. 극대인 아이디얼은 유일하지 않으므로 최대라는 말 대신 극대를 쓰기로 한다. 극소(minimal)에 대해서도 마찬가지이다.

증명 $L = \mathbf{k}[x_1, \ldots, x_n]/\mathbf{m}$이라고 두면 이는 $\mathbf{k}$를 포함하는 체이면서 $\mathbf{k}$-대수로서 유한 생성이고, 보조정리 3.4에 의해 $L \geq \mathbf{k}$는 대수적 확장이다. 그런데 $\mathbf{k} = \overline{\mathbf{k}}$는 대수적으로 닫혀 있으므로 $L = \mathbf{k}$이다. 몫 함수

$$\mathbf{k}[x_1, \ldots, x_n] \longrightarrow \mathbf{k}[x_1, \ldots, x_n]/\mathbf{m} = L \cong \mathbf{k}, \quad x_i \mapsto a_i$$

의 커널은 $\{x_i - a_i\}_{1 \leq i \leq n}$이 생성하는 극대 아이디얼을 포함하므로 $\mathbf{m} = \langle x_1 - a_1, \ldots, x_n - a_n \rangle$임을 얻는다. □

증명 (**정리 3.2**) $f \in I(V(J))$라고 하고 J와 $x_{n+1}f - 1$이 생성하는 다항식 환 $\mathbf{k}[x_1, \ldots, x_{n+1}]$의 아이디얼 J'을 생각하자. J에 포함되는 다항식을 모두 0으로 만드는 점들은 f도 0으로 만드므로 $x_{n+1}f - 1$은 0으로 만들 수 없다. 따라서 $V(J') = \varnothing \subset \mathbb{A}^{n+1}$이고 정리 3.5에 의해 $1 \in J'$이므로

$$1 = \sum_i g_i h_i + (x_{n+1}f - 1)h_0, \quad g_i \in J,\ h_i \in \mathbf{k}[x_1, \ldots, x_{n+1}],$$

라고 쓸 수 있다. 이제 $x_{n+1} = f^{-1}$를 대입하고 양변에 충분히 큰 N에 대해 f^N을 곱하면

$$f^N = \sum_i g_i w_i, \quad \exists w_i \in \mathbf{k}[x_1, \ldots, x_n]$$

임을 얻고 따라서 $f \in \sqrt{J}$이다. □

라디칼 아이디얼에 관한 다음의 정리도 유용하다.

정리 3.6

$\mathbf{k}[x_1, \ldots, x_n]$의 라디칼 아이디얼은 유한 개의 프라임 아이디얼들의 교집합이다.

증명 J가 유한 개의 프라임 아이디얼들의 교집합으로 쓸 수 없는 라디칼 아이디얼 중 극대(maximal)인 것이라고 하자.[6] J 자신이 프라임 아이디얼일 수 없으므로 $a, b \notin J$이면서 $ab \in J$인 원소들이 존재한다. 그러면

$$\sqrt{\langle J, a\rangle} \cap \sqrt{\langle J, b\rangle} = J \tag{3.4}$$

가 성립하는데 극대 가정에 의해 좌변의 두 아이디얼들은 이미 유한 개의 프라임 아이디얼들의 교집합이므로 우변도 유한 개의 프라임 아이디얼들의 교집합으로 쓰여서 모순을 얻었다.

이제 (3.4)를 확인하자. $\supset$은 자명하다. $\subset$을 보이기 위해 좌변에 속하는 임의의 f를 생각하면 자연수 m, ℓ이 존재하여 어떤

$$g_1, g_2 \in J, \quad h_1, h_2 \in \mathbf{k}[x_1, \ldots, x_n]$$

에 대하여

$$f^m = g_1 + h_1 a, \quad f^\ell = g_2 + h_2 b$$

이라고 쓸 수 있고 이들을 곱하여 $f^{m+\ell} \in J$임을 얻는다. 따라서 $f \in \sqrt{J} = J$이다. □

약간의 노력(prime avoidance)을 추가하면 임의의 라디칼 아이디얼은 서로를 포함하지 않는 유한 개의 프라임 아이디얼들의 교집합으로 유일한 방법으로 쓸 수 있음을 보일 수 있다.([5] 참조) 이는 아래 나올 기약 분해의 대수적 표현이다.

6 뇌터 환에서는 임의의 아이디얼들의 집합에 극대인 것이 존재한다. 그 이유는 극대인 것이 존재하지 않는 아이디얼의 집합이 있다면 무한히 증가하는 아이디얼의 열(sequence)을 잡을 수 있고 그 열의 합집합이 아이디얼이므로 유한 생성인데 그 유한 개의 생성원을 모두 포함하고 나면 더 이상 증가할 수 없어서 모순을 얻기 때문이다.

힐버트 영점 정리에 의해 아핀 다양체를 말하는 것이나 라디칼 아이디얼을 말하는 것은 완전히 같은 얘기가 되었다. 아핀 다양체에 대한 모든 명제는 라디칼 아이디얼에 대한 명제로 변환되고 그 역도 가능하다.

사영 다양체에 대한 힐버트 영점 정리는 어떠한가? 동차 아이디얼 $J \subset \mathbf{k}[x_0, \ldots, x_n]$은 사영 다양체 $\mathbf{V}(J) \subset \mathbb{P}^n$을 준다. 역으로 사영 다양체 $X \subset \mathbb{P}^n$은 X의 모든 점에서 0이 되는 동차 다항식들이 생성하는 동차 아이디얼 $\mathbf{I}(X)$를 준다.

정리 3.7 (사영적 영점 정리)

$\mathbf{V}(J) \neq \varnothing$인 동차 아이디얼 $J \subset \mathbf{k}[x_0, \ldots, x_n]$에 대해

$$\mathbf{I}(\mathbf{V}(J)) = \sqrt{J}$$

가 성립한다.

증명 J가 정의하는 아핀 다양체 $V(J) \subset \mathbb{A}^{n+1}$을 생각하면 정리 3.2에 의해 $I(V(J)) = \sqrt{J}$이다. 이제 $\mathbf{I}(\mathbf{V}(J)) = I(V(J))$임을 보이면 되는데 거의 자명하므로 연습문제로 남기자. □

3.2 기약 다양체와 기약 분해

자연수를 소수들의 곱으로 분해하는 것처럼 대수적 다양체도 기약 다양체들의 합집합으로 분해할 수 있다.

정의 3.8

위상 공간 X가 **기약**(irreducible)이라 함은 닫힌 부분집합 Y, Z에 대해

$$X = Y \cup Z \implies X = Y \text{ 또는 } X = Z$$

가 성립한다는 말이다. 기약이 아니면 가약(reducible)이라고 부른다.

예를 들어 $V(xy) = V(x) \cup V(y) \subset \mathbb{A}^2$는 가약이지만, $V(y - x^2) \subset \mathbb{A}^2$는 기약이다.

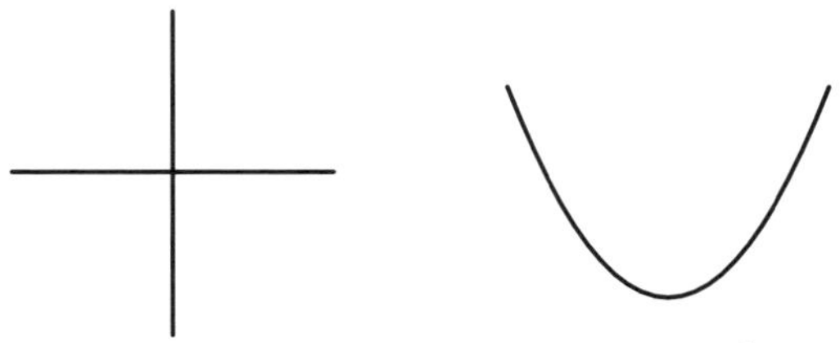

$\mathbf{V}(xy)$ $\mathbf{V}(y - x^2)$

그림 3.1: 가약 다양체와 기약 다양체

연습문제 3.9 다음을 증명하시오.

(1) 기약인 위상 공간의 공집합이 아닌 열린 부분집합은 조밀(dense)하다. 즉 공집합이 아닌 두 열린 부분집합은 반드시 만난다.

(2) 위상 공간 사이의 연속 함수 $F : X \to Y$가 주어졌을 때 X가 기약이면 $F(X)$도 기약이다.

힐버트 영점 정리에 의해 아핀 다양체의 성질은 아이디얼의 성질로 번역될 수 있다고 했는데 기약에 대응되는 아이디얼의 성질은 프라임(prime)이다.

보조정리 3.10

아핀 다양체 $X \subset \mathbb{A}^n$이 기약일 필요충분조건은 $I(X)$가 다항식 환 $\mathbf{k}[x_1, \ldots, x_n]$의 프라임 아이디얼인 것이다.

증명 $J = I(X)$라 두고 $V(J \cup \{f\})$는 간단히 $V(J, f)$라고 쓰자. $f, g \notin J$인데 $fg \in J$라면

$$Y = V(J, f), \quad Z = V(J, g)$$

라고 두자. 그러면

$$Y \cup Z = V(J, fg) = X$$

이고(왜?) 힐버트 영점 정리에 의해

$$Y \neq X, \quad Z \neq X$$

이어서(왜?) X는 기약일 수 없다. 역으로 X와 같지 않은 X의 닫힌 부분집합 Y, Z에 대해 $X = Y \cup Z$라면, $f \in I(Y) - I(X)$와 $g \in I(Z) - I(X)$를 고르자. 그러면 $fg \in I(X)$이므로 $I(X)$는 프라임 아이디얼일 수 없다. □

환 R의 아이디얼 J가 **프라이머리**(primary)라 함은 $fg \in J$이면 $f \in J$ 또는 $g \in \sqrt{J}$가 성립한다는 말이다. 만약 J가 프라이머리 아이디얼이면 $\sqrt{J}$는 프라임 아이디얼이다.(왜?) 힐버트 영점 정리와 위 보조정리에 의해 다음은 자명하다.

따름정리 3.11

프라이머리 아이디얼 $J \subset \mathbf{k}[x_1, \ldots, x_n]$이 정의하는 아핀 다양체 $V(J)$는 기약인 위상 공간이다.

이제 임의의 준사영 다양체가 유한 개의 기약 닫힌 부분집합들의 합집합으로 분해됨을 보이려 하는데 이는 사실 뇌터 위상 공간의 성질이다.

정의 3.12

위상 공간 X가 **뇌터적**(Noetherian), 또는 **뇌터 위상 공간**이라 함은 임의의 감소하는 닫힌 부분집합의 열(sequence)

$$Y_1 \supset Y_2 \supset Y_3 \supset \cdots \tag{3.5}$$

에 대해 자연수 N이 존재하여 $Y_N = Y_{N+1} = \cdots$이 성립함을 말한다.

여집합을 취하여, 위상 공간 X가 뇌터적임은 증가하는 열린 부분집합의 열

$$U_1 \subset U_2 \subset U_3 \subset \cdots$$

에 대해 $U_N = U_{N+1} = \cdots$이 성립하는 자연수 N이 존재함과 동치이다.

보조정리 3.13

뇌터 위상 공간 X는 서로를 포함하지 않는 유한 개의 기약인 닫힌 부분집합들의 합집합

$$X = \bigcup_{1\le i\le m} X_i, \quad X_i \not\subset X_j \quad \forall i \neq j \tag{3.6}$$

로 유일한 방법으로 쓸 수 있다.

증명 위상 공간 X를 유한 개의 기약인 닫힌 부분집합의 합집합으로 쓸 수 없다고 하자. 그러면 X는 기약일 수 없고

$$X = X_1 \cup X_1', \quad X_1 \neq X, \quad X_1' \neq X$$

인 닫힌 부분집합 X_1, X_1'을 찾을 수 있다. X_1, X_1'을 유한 개의 기약인 닫힌 부분집합의 합집합으로 쓸 수 있다면 X도 가능하므로 일반성을 잃지 않고 X_1을 유한 개의 기약인 닫힌 부분집합의 합집합으로 쓸 수 없다고 해도 된다. 같은 이유에 의해

$$X_1 = X_2 \cup X_2', \quad X_2 \neq X_1, \quad X_2' \neq X_1$$

꼴로 닫힌 부분집합의 합집합으로 쓸 수 있고 X_2가 유한 개의 기약인 닫힌 부분집합의 합집합으로 쓸 수 없다고 해도 된다. 이를 반복하면 닫힌 부분집합의 열

$$X \supsetneq X_1 \supsetneq X_2 \supsetneq X_3 \supsetneq \cdots$$

을 얻는데 멈추지 않으므로 X는 뇌터 위상 공간일 수 없다.

만약 X를 2개의 방법 $\cup_i X_i = \cup_j Y_j$로 기약인 닫힌 부분집합의 합집합으로 쓸 수 있다면,

$$X_1 = \cup_j (X_1 \cap Y_j)$$

인데 X_1은 기약이므로 필요하면 순서를 바꿔 $X_1 = X_1 \cap Y_1$, 즉 $X_1 \subset Y_1$이라고 할 수 있다. 같은 이유에서 $Y_1 \subset X_i$인 i가 존재하는데 $i \neq 1$에 대해서는 $X_1 \not\subset X_i$이므로 $i = 1$이어야 하고 $X_1 = Y_1$임을 안다. 유사하게 필요하면 순서를 바꿔 모든 i에 대해 $X_i = Y_i$임을 보일 수 있다. □

이 보조정리에 나오는 X_i들을 X의 **기약 성분**(irreducible component)이라고 부르고 (3.6)을 X의 **기약 분해**(irreducible decomposition)라고 부른다.

정리 3.14

모든 준사영(quasi-projective) 다양체는 자리스키 위상에 대해 뇌터적이다. 따라서 모든 준사영 다양체 X는 (3.6)과 같이 서로를 포함하지 않는 유한 개의 기약인 준사영 다양체들의 합집합으로 유일한 방법으로 쓸 수 있다.

증명 뇌터 위상 공간의 열린 부분공간이 뇌터적임은 자명하다. 따라서 사영 다양체에 대해서만 보이면 된다. 또한 유한 개의 뇌터적 열린 부분집합들의 합집합으로 쓸 수 있는 위상 공간도 뇌터적이다.(왜?) 임의의 사영 다양체는 유한 개의 아핀 다양체들의 합집합이므로, 아핀 다양체에 대해서만 증명하면 충분하다.

감소하는 닫힌 부분집합들의 열

$$V(J_1) \supset V(J_2) \supset V(J_3) \supset \cdots$$

이 주어졌다면 힐버트 영점 정리를 써서 증가하는 아이디얼의 열

$$\sqrt{J_1} \subset \sqrt{J_2} \subset \sqrt{J_3} \subset \cdots$$

을 얻는데 힐버트 기저 정리에 의해 $\mathbf{k}[x_1, \ldots, x_n]$이 뇌터 환이므로 이 열은 유한 번에 멈춘다. 따라서 $\{V(J_i) = V(\sqrt{J_i})\}$도 유한 번에 멈춘다. □

기약 성분이 한 개뿐인 준사영 다양체를 **기약 다양체**(irreducible variety)라고 부른다. 기약이 아니면 가약 다양체라고 부른다.

연습문제 3.15 $\mathbb{A}^n$과 $\mathbb{P}^n$은 기약 다양체임을 보이시오. 기약인 동차 다항식 f가 정의하는 초곡면 $\mathbf{V}(f)$는 기약 다양체임을 보이시오.

기약 다양체의 극한으로 가약 다양체가 얻어질 수도 있다. 예를 들어

$$V(xy-t)\subset \mathbb{A}^2, \quad t\in \mathbf{k}$$

는 $t\neq 0$이면 기약이고 $t=0$이면 가약이다.

다음 예제를 통해 기약 분해를 계산하는 방법을 살펴보자.

예제 3.16 주어진 뇌터 환의 임의의 아이디얼은 유한 개의 프라이머리 아이디얼들의 교집합으로 쓰여지고 이를 프라이머리 분해(primary decomposition)라 부른다.([5, 10] 참조) 따름정리 3.11에 의해, 프라이머리 아이디얼은 기약 다양체를 정의하므로, 프라이머리 분해는 아핀 다양체의 기약 분해를 준다. Macaulay2는 주어진 아이디얼의 프라이머리 분해를 계산해 준다. 예를 들어 아이디얼

$$I=\langle x,yz\rangle\subset \mathbf{k}[x,y,z]$$

의 프라이머리 분해를 구하면 다음과 같다.

```
i1 : R = QQ[x..z]

o1 = R

o1 : PolynomialRing

i2 : I = ideal(x, y*z)
```

```
o2 = ideal(x, yz)
o2 : Ideal of R
i3 : radical I == I
o3 = true
i4 : primaryDecomposition I
o4 = {ideal(y, x), ideal(z, x)}
o4 : List
```

이 계산의 결과로부터

$$I = \langle x, y\rangle \cap \langle x, z\rangle$$

이고 아핀 다양체 $V(I)$는 두 직선의 합집합

$$V(x, y) \cup V(x, z)$$

이다. 일반적으로 프라이머리 분해는 유일하지 않다. 예를 들어

$$J = \langle x^2, xy\rangle \subset \mathbf{k}[x, y]$$

를 생각해 보자.

```
i1 : R = QQ[x,y]
o1 = R
o1 : PolynomialRing
i2 : J = ideal(x^2, x*y)
o2 = ideal(x^2, xy)
o2 : Ideal of R
i3 : primaryDecomposition J
```

```
o3 = {ideal x, ideal (y, x^2)}
o3 : List
i4 : intersect(ideal(x), ideal(x^2, x*y, y^2))
o2 = ideal(xy, x^2)
o4 : Ideal of R
```

이 계산을 통해 두 개의 프라이머리 분해

$$J = \langle x^2, xy \rangle = \langle x \rangle \cap \langle x^2, y \rangle = \langle x \rangle \cap \langle x^2, xy, y^2 \rangle$$

을 얻는다. 집합으로서 아이디얼 $J \subset \mathbf{k}[x, y]$가 정의하는 아핀 다양체는 $V(J) = V(x)$이지만, 아이디얼 J의 프라이머리 분해로부터 알 수 있는 것은 J에 직선 $V(x)$와 함께 이 직선에 "매립된(embedded) 점" $V(x^2, y)$의 정보가 함께 들어 있다는 것이다. $t \in \mathbf{k}$에 대하여 아핀 평면 $\mathbb{A}^2$ 위의 직선 $\{x = 0\}$과 점 $(t, 0)$의 합집합을 정의하는 아이디얼은

$$J_t = \langle x \rangle \cap \langle x - t, y \rangle = \langle x^2 - tx, xy \rangle$$

이다. 따라서 J는 $t \to 0$일 때 J_t의 극한으로 이해할 수 있다. 다양체(variety)에서는 이러한 정보가 지워지는데, 매립된 점에 대한 정보까지 담을 수 있는 기하학적 대상이 바로 스킴(scheme)이다. 다양체의 이론에서는 라디칼 아이디얼들만 기하로 표현할 수 있었다면 스킴의 이론에서는 모든 아이디얼을 기하로 바로 표현할 수 있게 된다. 스킴 이론에 대해서는 [9]를 공부하자.

3.3 대수적 다양체상의 보통 함수

이제 대수적 다양체에서 정의된 함수들을 살펴볼 텐데, 여기서도 우리는 다항식으로부터 얻어지는 함수만을 사용한다. 국소적으로 다항식 또는 유리 함수로 주어지는 함수를 보통 함수라고 부르고 이를 통해 대수적 다양체를 비교한다.

아핀 다양체 $X \subset \mathbb{A}^n$에 정의된 함수 $f : X \to \mathbf{k}$가 **다항식 함수**(polynomial function)라 함은 다항식 $g \in \mathbf{k}[x_1, \ldots, x_n]$이 존재하여

$$f(a_1, \ldots, a_n) = g(a_1, \ldots, a_n), \quad \forall (a_1, \ldots, a_n) \in X$$

가 성립한다는 말이다. X에 정의된 다항식 함수들의 집합 $A(X) = \mathbf{k}[X]$는 함수들의 합과 곱에 의해 $\mathbf{k}$-대수의 구조를 갖고 이를 $X \subset \mathbb{A}^n$의 **아핀 좌표 환**(affine coordinate ring)이라고 부른다. 정의에 의해 $\mathbf{k}$-대수 준동형사상

$$\mathbf{k}[x_1, \ldots, x_n] \longrightarrow A(X), \quad g \mapsto g|_X$$

는 전사이고 커널은 $I(X)$이다. 따라서

$$A(X) = \mathbf{k}[X] \cong \mathbf{k}[x_1, \ldots, x_n]/I(X)$$

가 성립한다. 따라서 아핀 좌표 환 $A(X)$는 유한 생성 $\mathbf{k}$-대수이고, $I(X)$가 라디칼 아이디얼이므로 $A(X)$의 멱영(nilpotent) 아이디얼

$$\sqrt{0} = \{f \in A(X) \mid f^m = 0, \exists m > 0\}$$

는 0만을 원소로 갖는다.

역으로 $\sqrt{0} = \{0\}$인 유한 생성 $\mathbf{k}$-대수 A는

$$\mathbf{k}[x_1, \ldots, x_n]/J, \quad J = \sqrt{J}$$

꼴로 쓸 수 있고, 따라서 A는 아핀 다양체 $V(J) \subset \mathbb{A}^n$의 아핀 좌표 환이다.

연습문제 3.17 아핀 다양체 $X \subset \mathbb{A}^n$이 기약일 필요충분조건은 아핀 좌표 환 $A(X)$가 정역(integral domain)임을 보이시오.

다항식 함수의 개념을 임의의 대수적 다양체로 확장하고자 하면 다음의 정의가 유용하다.

정의 3.18

아핀 다양체 $X \subset \mathbb{A}^n$과 열린 부분집합 $U \subset X$에 대해 함수 $f : U \to \mathbf{k}$가 $p \in U$에서 **보통**(regular)이라 함은 열린 근방(neighborhood) $p \in U' \subset U$와 다항식 $g, h \in \mathbf{k}[x_1, \ldots, x_n]$이 존재하여 U'의 모든 점 a에 대해 $h(a) \neq 0$이고 $f(a) = g(a)/h(a)$가 성립한다는 말이다. 함수 f가 U에서 보통이라 함은 U의 모든 점에서 보통이라는 말이다. U에서 정의된 보통 함수들의 집합을 $\mathcal{O}_X(U)$라고 쓴다.

다른 말이 없는 한 이 책에서 위상은 항상 자리스키 위상을 말하고 열린 부분집합은 자리스키 위상에서 열린 부분집합을 말한다.

정의 3.18로부터 다음은 자명하다.

(1) 임의의 아핀 다양체 $X \subset \mathbb{A}^n$에 대해 다항식 함수 $f : X \to \mathbf{k}$는 모두 보통 함수이다.

(2) 임의의 아핀 다양체 $X \subset \mathbb{A}^n$에 대해 유리식

$$\frac{g}{h} \quad (g, h \in \mathbf{k}[x_1, \ldots, x_n])$$

는 $X_h = X - V(h)$에 정의된 보통 함수를 준다.

연습문제 3.19

(1) 보통 함수 $f : U \to \mathbf{k} = \mathbb{A}^1$은 자리스키 위상에 대해 연속임을 보이시오.

(2) $\mathcal{O}_X(U)$는 환(ring)임과 열린 부분집합 $V \subset U$에 대해 제한(restriction) 함수 $\mathcal{O}_X(U) \to \mathcal{O}_X(V)$, $f \mapsto f|_V$는 환 준동형사상 (ring homomorphism)임을 보이시오.

다항식 함수는 보통 함수이므로 아핀 다양체 $X \subset \mathbb{A}^n$에 대해

$$\mathbf{k}[x_1, \ldots, x_n]/I(X) \cong A(X) \subset \mathcal{O}_X(X) \tag{3.7}$$

인데 다음 정리에 의해 이들은 사실 같은 집합이다. 즉, 아핀 다양체 X 상의 보통 함수들은 다항식 함수들뿐이다.

정리 3.20

아핀 다양체 $X \subset \mathbb{A}^n$에 대해

$$\mathcal{O}_X(X) = A(X)$$

이다. 더 일반적으로 다항식 $f \in \mathbf{k}[x_1, \ldots, x_n]$에 대해

$$\mathcal{O}_X(X_f) \cong A(X)_f = A(X)[\frac{1}{f}]$$

이다. 여기서 $X_f = X - V(f)$를 말한다.

위에서 $A(X)_f$는 g/f^ℓ, $g \in A(X)$ 꼴의 원소들로 이루어진 환이며 환 $A(X)$의 국지화(localization)라 불린다. 국지화에 대해서는 대수학 교과서 [5, 10]를 참조하라.

증명 첫 문장은 $f = 1$인 경우이므로 두 번째 문장을 증명하면 충분하다. $A(X)_f$의 원소 g/f^ℓ은 분모가 X_f에서 0이 아니므로

X_f에서 정의된 보통 함수를 준다. 따라서 환 준동형사상

$$\phi : A(X)_f \longrightarrow \mathcal{O}_X(X_f)$$

를 얻는다. 이 사상이 동형사상임을 보이자. $g/f^\ell = 0 \in \mathcal{O}_X(X_f)$라 하자. g는 X_f에서 0이고 $X = X_f \cup (X \cap V(f))$이므로 $fg = 0 \in A(X)$이다. 따라서 $g/f^\ell = 0 \in A(X)_f$이므로 ϕ는 단사이다.

이제 ϕ가 전사임을 보이기 위해 $g \in \mathcal{O}_X(X_f)$라 하면 유한 개의 $\{f_i\}_{1\le i\le k} \subset \mathbf{k}[x_1, \ldots, x_n]$이 존재하여[7] $X_f = \cup_i(X_f \cap X_{f_i})$이고, $X_f \cap X_{f_i} = X_{ff_i}$에서는

$$g = u_i/v_i, \quad \exists u_i, v_i \in \mathbf{k}[x_1, \ldots, x_n]$$

이고 $V(v_i) \cap X_{ff_i} = \varnothing$이다. 따라서 $X \cap V(v_1, \ldots, v_k) \subset X \cap V(f)$이다. 힐버트 영점 정리(정리 3.2)에 의하여 자연수 m과 $w_i \in \mathbf{k}[x_1, \ldots, x_n]$이 존재하여

$$f^m = v_1w_1 + \cdots + v_kw_k \in A(X)$$

가 성립하고

$$f^m g = gv_1w_1 + \cdots + gv_kw_k = u_1w_1 + \cdots + u_kw_k|_{X_f}$$

인데[8] $\sum_i u_iw_i \in \mathbf{k}[x_1, \ldots, x_n]$이므로 $f^m g \in A(X)$이다. 따

---

7 4.1.3절 참조

8 X가 기약이 아니면 다음과 같이 좀더 섬세한 논증이 필요하다. 기호를 간단히 하기 위해 $h_i = ff_i$라 두면 $V(h_i) \supset V(v_i)$이므로 힐버트 영점정리에 의해 $h_i^n = cv_i$를 만족시키는 자연수 n과 다항식 c가 존재한다. u_i 대신 cu_i를 쓰고 v_i 대신 cv_i를, h_i 대신 h_i^n을 쓰면 $g|_{X_{v_i}} = u_i/v_i$라 둘 수 있다. 그런데

$$g|_{X_{v_iv_j}} = u_i/v_i = u_j/v_j$$

이므로 $(v_iv_j)(u_iv_j - u_jv_i) = 0$이 모든 i, j에 대해 성립하고 다시 u_i를 u_iv_i로, v_i

라서 $g \in A(X)_f$임을 알 수 있다. □

이제 임의의 준사영 다양체에서 정의된 보통 함수를 살펴보자.

정의 3.21

준사영 다양체 $X \subset \mathbb{P}^n$의 열린 부분집합 U에서 정의된 함수 $f : U \to \mathbf{k}$가 한 점 $p \in U$에서 **보통**(regular)이라 함은 모든 $0 \le i \le n$에 대해 $f|_{U \cap \mathbb{P}^n_{x_i}}$가 p에서 보통 함수임을 말한다. 여기서 $\mathbb{P}^n_{x_i}$는 일대일 대응

$$\mathbb{P}^n_{x_i} = \{[x_0, \ldots, x_n] \,|\, x_i = 1\} \xleftarrow{\varphi_i} \mathbb{A}^n,$$
$$\varphi_i(a_1, \ldots, a_n) = [a_1, \ldots, a_i, 1, a_{i+1}, \ldots, a_n]$$

을 통해 아핀 다양체이고 $U \cap \mathbb{P}^n_{x_i}$는

$$X \cap \mathbb{P}^n_{x_i} \subset \mathbb{P}^n_{x_i} \cong \mathbb{A}^n$$

의 열린 부분집합이다. 함수 $f : U \to \mathbf{k}$가 U에서 보통이라 함은 모든 $p \in U$에서 보통이라는 말이다. U에서 정의된 보통 함수들의 집합을 $\mathcal{O}_X(U)$라고 쓰자.

사영 다양체 $X \subset \mathbb{P}^n$의 **동차 좌표 환**(homogeneous coordinate ring)이란 $S(X) = \mathbf{k}[x_0, \ldots, x_n]/\mathbf{I}(X)$를 말한다.

기약 사영 다양체의 경우 전체 집합에서 정의된 보통 함수는 상수 함수뿐이다. 따름정리 4.10을 보라.

를 v_i^2으로 대체하면 $u_i v_j = u_j v_i$를 얻는다. 각각의 j에 대해

$$f^m g|_{X_{h_j}} = f^m u_j / v_j = \sum_{i=1}^{k} v_i w_i u_j / v_j = \sum_{i=1}^{k} u_i w_i$$

이므로 $f^m g = \sum_{i=1}^{k} u_i w_i \in A(X)$가 성립한다.

3.4 대수적 사상

대수적 다양체를 정의할 때 다항식과 유리 함수만을 사용했는데 대수적 다양체들 사이의 함수를 생각할 때도 다항식과 유리 함수만을 사용한다. 이 절에서는 다양체를 비교할 수 있게 해주는 대수적 사상을 정의하고 예들을 살펴보자.

3.4.1 준아핀 다양체로 가는 대수적 사상

아핀 다양체의 열린 부분집합을 **준아핀**(quasi-affine) 다양체라고 부른다. 먼저 대수적 다양체에서 준아핀 다양체로 가는 사상을 생각해보자.

정의 3.22

대수적 다양체 X와 준아핀 다양체 $Y \subset \mathbb{A}^n$에 대하여 함수

$$F : X \longrightarrow Y$$

가 **대수적 사상**(morphism, regular map)이라 함은

보통 함수들 $f_1, \ldots, f_n \in \mathcal{O}_X(X)$가 존재하여

$$F(p) = (f_1(p), \ldots, f_n(p)) \in Y \subset \mathbb{A}^n, \quad \forall p \in X$$

가 성립함을 말한다. 대수적 사상 $F : X \to Y$들의 집합을 $\mathrm{Mor}(X, Y)$로 쓰자.

Y가 아핀 다양체일 때, 함수 $F = (f_1, \ldots, f_n)$에 대해 $F(X) \subset Y \subset \mathbb{A}^n$이 성립할 필요충분조건은

$$g(f_1, \ldots, f_n) = 0 \in \mathcal{O}_X(X), \quad \forall g \in I(Y) \subset \mathbf{k}[x_1, \ldots, x_n]$$

이 성립하는 것이다. 따라서 F로부터 $\mathbf{k}$-대수 사이의 준동형사상(homomorphism)

$$A(Y) = \mathbf{k}[x_1, \ldots, x_n]/I(Y) \longrightarrow \mathcal{O}_X(X), \quad x_i \mapsto f_i \tag{3.8}$$

를 얻는다.

X와 Y가 준아핀 다양체일 때 대수적 사상 $F : X \to Y$의 역함수 $F^{-1} : Y \to X$가 존재하고 이 또한 대수적 사상이면 F를 **동형사상**(isomorphism)이라 하고, X와 Y가 **동형**(isomorphic)이라 한다. 이제부터는 아핀 다양체와 동형인 다양체도 아핀 다양체라고 부르자. 한편 아핀 다양체를 $X \subset \mathbb{A}^n$이라고 쓰면 주어진 $\mathbb{A}^n$의 닫힌 부분집합 X를 의미한다.

예제 3.23 아핀 다양체 $X \subset \mathbb{A}^n$의 열린 부분집합 $X_f = X - V(f)$에서 정의된 대수적 사상

$$\begin{aligned} X_f &\longrightarrow V(I(X), x_{n+1}f(x_1, \ldots, x_n) - 1) \subset \mathbb{A}^{n+1} \\ (x_1, \ldots, x_n) &\mapsto (x_1, \ldots, x_n, f(x_1, \ldots, x_n)^{-1}) \end{aligned} \tag{3.9}$$

는 동형사상이다. 역사상은

$$(x_1, \ldots, x_n, x_{n+1}) \mapsto (x_1, \ldots, x_n)$$

이다. 따라서 X_f는 아핀 다양체이다.

연습문제 3.24

(1) Y가 아핀 다양체일 때 (3.8)이 일대일 대응

$$\mathrm{Mor}(X, Y) \Longleftrightarrow \mathrm{Hom}_{\mathbf{k}\text{-대수}}(A(Y), \mathcal{O}_X(X)) \tag{3.10}$$

를 줌을 보이시오.

(2) 아핀 다양체 X, Y가 동형일 필요충분조건은 $\mathbf{k}$-대수로서 $A(X)$

와 $A(Y)$가 동형임을 보이시오.

(3) 준아핀 다양체로 가는 대수적 사상은 자리스키 위상에 대해 연속임을 보이시오.

연습문제 3.25 임의의 준사영 다양체는 유한 개의 아핀 다양체의 합집합으로 쓰여짐을 보이시오.

임의의 준사영 다양체 X와 $f \in \mathcal{O}_X(X)$에 대해 정리 3.20의 증명에서와 같이 환 준동형사상

$$\phi : \mathcal{O}_X(X)_f \longrightarrow \mathcal{O}_X(X_f), \quad g/f^\ell \mapsto (g/f^\ell)|_{X_f}$$

는 단사이다. 여기서 $X_f = \{p \in X \mid f(p) \neq 0\}$이다. ϕ가 전사임을 보이자. X를 유한 개의 아핀 열린 부분집합들의 합집합 $X = \cup_{1 \leq i \leq m} X_i$로 쓰자. 정리 3.20에 의해 임의의 $g \in \mathcal{O}_X(X_f)$에 대해 자연수 ℓ과 $h_i \in \mathcal{O}_X(X_i)$가 존재하여

$$h_i|_{X_i \cap X_f} = g f^\ell|_{X_i \cap X_f}$$

가 성립한다. 따라서

$$f h_i|_{X_i \cap X_j} = f h_j|_{X_i \cap X_j}, \quad \forall i, j$$

임을 얻고

$$\tilde{g}|_{X_i} = f h_i, \quad \forall i$$

가 정의하는 $\tilde{g} \in \mathcal{O}_X(X)$를 얻는다. 이제 $\tilde{g}/f^{\ell+1} \in \mathcal{O}_X(X)_f$는

$$\phi(\tilde{g}/f^{\ell+1}) = g$$

를 만족한다. 그러므로 ϕ는 동형사상이고 $\mathcal{O}_X(X)_f \cong \mathcal{O}_X(X_f)$임을 알 수 있다.

3.4.2 준사영 다양체로 가는 대수적 사상

이제 준사영, 즉 대수적 다양체 $Y \subset \mathbb{P}^n$으로 가는 대수적 사상을 사영 공간 $\mathbb{P}^n$의 열린 부분집합들

$$\mathbb{P}^n_{x_i} = \{[a_0, \ldots, a_n] \in \mathbb{P}^n \mid a_i \neq 0\} \cong \{(a_0/a_i, \ldots, a_n/a_i)\} = \mathbb{A}^n$$

을 사용해 정의할 수 있다. 각각의 i에 대해 $Y \cap \mathbb{P}^n_{x_i}$는 준아핀 다양체이므로 정의 3.22를 쓸 수 있다.

정의 3.26

대수적 다양체 X, Y에 대해 함수

$$F : X \longrightarrow Y \subset \mathbb{P}^n$$

이 **대수적 사상**(morphism, regular map)이라 함은 각각의 $0 \leq i \leq n$에 대해

$$F|_{F^{-1}(Y \cap \mathbb{P}^n_{x_i})} : F^{-1}(Y \cap \mathbb{P}^n_{x_i}) \longrightarrow Y \cap \mathbb{P}^n_{x_i}$$

가 대수적 사상임을 말한다.

연속은 국소적 성질이므로, 연습문제 3.24 (3)에 의해 임의의 대수적 사상은 연속이다. 준사영 다양체 X, Y에 대해 대수적 사상 $F : X \to Y$가 역함수를 갖고 이 또한 대수적 사상이면 F를 **동형사상**(isomorphism)이라 하고, X와 Y가 **동형**(isomorphic)이라 한다. 특히 자기 자신으로 가는 동형사상 $F : X \to X$를 **자기동형사상**(automorphism)이라고 부른다.

연습문제 3.27

(1) 대수적 사상의 합성은 대수적 사상이 됨을 보이시오.

(2) 자기동형사상들의 집합 $\mathrm{Aut}(X) = \{F : X \xrightarrow{\cong} X\}$은 합성을 연산으로 삼아 군(group)을 이룸을 보이시오.

(3) 사영 변환 $g \in \mathrm{PGL}_{n+1}(\mathbf{k})$에 대해 사상

$$\mathbb{P}^n \longrightarrow \mathbb{P}^n, \quad [v] \mapsto g \cdot [v]$$

는 자기동형사상임을 보이시오.[9]

정의에 의하여 보통 함수 $f : X \to \mathbb{A}^1$은 대수적 사상이다. 연습문제 3.27 (1)에 의하여 보통함수 $f : Y \to \mathbb{A}^1$과 대수적 사상 $F : X \to Y$를 합성하면 보통함수 $f \circ F : X \to \mathbb{A}^1$을 얻는다. 역으로 합성을 통해 보통함수를 보통함수로 보내는 사상이 대수적 사상이다.(왜?)

예제 3.28 사영 다양체 $X \subset \mathbb{P}^m$에 대해

$$F([x_0, \ldots, x_m]) = [f_0(x_0, \ldots, x_m), \ldots, f_n(x_0, \ldots, x_n)],$$

$$\exists f_0, f_1, \ldots, f_n \in \mathbf{k}[x_0, \ldots, x_m]_d, \quad X \cap \mathbf{V}(f_0, \ldots, f_n) = \varnothing$$

으로 정의된 함수 $F : X \to \mathbb{P}^n$은 대수적 사상이다.(왜?) 예를 들어 유리 정규 곡선을 주는 함수들 (2.3), (2.20), (2.22), (2.23)는 모두 대수적 사상이다.

평면상의 2차 곡선 $X = \mathbf{V}(x^2 + y^2 - z^2) \subset \mathbb{P}^2$에서 $\mathbb{P}^1$으로 가는 함수

$$F : X \to \mathbb{P}^1, \quad F[x, y, z] = \begin{cases} [x, z - y], & [x, y, z] \neq [0, 1, 1] \\ [z + y, x], & [x, y, z] \neq [0, -1, 1] \end{cases}$$

은 대수적 사상이고 그 역함수 $[t, s] \mapsto [2ts, t^2 - s^2, t^2 + s^2]$ 도 대수적

9 역으로 사영 공간 $\mathbb{P}^n$의 자기동형사상은 사영 변환뿐이다. 즉 $\mathrm{Aut}(\mathbb{P}^n) = \mathrm{PGL}_{n+1}(\mathbf{k})$이다. 따름정리 8.11을 참조하라.

사상이므로 매끈한 2차 곡선 X와 $\mathbb{P}^1$은 동형이다.

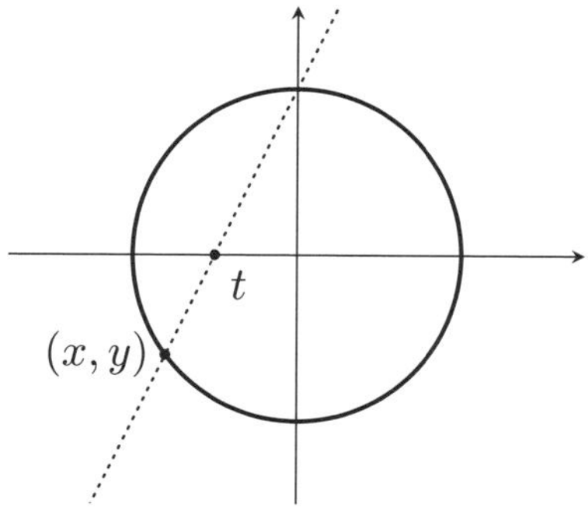

그림 3.2: 2차 곡선 $X = \mathbf{V}(x^2 + y^2 - z^2) \subset \mathbb{P}^2$

연습문제 3.29 d차 유리 정규 곡선 $\nu_d(\mathbb{P}^1) \subset \mathbb{P}^d$는 $\mathbb{P}^1$과 동형임을 보이시오.

대수적 사상을 다항식과 유리식만으로 정의하는 것이 너무 제한적인 것이 아닌가 생각할 수 있겠지만 $\mathbf{k} = \mathbb{C}$인 경우, 사영 다양체 사이의 복소 해석적(holomorphic) 사상은 모두 대수적 사상임이 잘 알려져 있다.

이제는 대수적 사상의 중요한 예들을 살펴보자.

3.4.3 베로네세 사상

유리 정규 곡선을 주는 대수적 사상 (2.22)은 자연스럽게 고차원으로 확장된다. 다중 지표(multi-index) 기호를 사용하면 편리한데, 순서쌍 $\mathbf{i} = (i_0, \ldots, i_n) \in \mathbb{Z}_{\geq 0}^{n+1}$에 대해

$$x^{\mathbf{i}} := x_0^{i_0} x_1^{i_1} \cdots x_n^{i_n}, \quad |\mathbf{i}| := i_0 + i_1 + \cdots + i_n \tag{3.11}$$

이라고 쓰자. 이 기호를 쓰면 d차 단항식들의 집합은

$$\{x^{\mathbf{i}} \mid |\mathbf{i}| = d\} \subset \mathbf{k}[x_0, \ldots, x_n]_d$$

라고 쓸 수 있고 이들의 개수는

$$N + 1 = \binom{n+d}{d}$$

이다. 이제 모든 d차 단항식들을 성분으로 갖는 대수적 사상(예제 3.28)

$$\nu_d : \mathbb{P}^n \longrightarrow \mathbb{P}^N, \quad [x_0, x_1, \ldots, x_n] \mapsto [x^{\mathbf{i}}]_{|\mathbf{i}|=d} \tag{3.12}$$

를 생각하자. 이 대수적 사상을 **베로네세 사상(Veronese map)**이라고 부르고, 그 이미지를 n차원 d차 **베로네세 다양체**라고 부른다. 만약 $x_i \neq 0$이면

$$[x_0 x_i^{d-1}, \ldots, x_{i-1} x_i^{d-1}, x_i^d, x_{i+1} x_i^{d-1}, \ldots, x_n x_i^{d-1}] = [x_0, \ldots, x_n]$$

이므로 ν_d는 단사이다.

1차원 d차 베로네세 다양체는 (2.22)의 이미지이므로 d차 유리 정규 곡선이다. 2차원 2차 베로네세 다양체는 베로네세 곡면이라고 불리는데

$$\nu_2 : \mathbb{P}^2 \longrightarrow \mathbb{P}^5, \quad [x_0, x_1, x_2] \mapsto [x_0^2, x_1^2, x_2^2, x_0 x_1, x_0 x_2, x_1 x_2]$$

의 이미지이다. $\mathbb{P}^5$의 동차 좌표들

$$z_0 = x_0^2, \quad z_1 = x_1^2, \quad z_2 = x_2^2, \quad z_3 = x_0 x_1, \quad z_4 = x_0 x_2, \quad z_5 = x_1 x_2$$

를 써서 ν_2의 이미지를 표현하면 2차 다항식들

$$z_0 z_1 = z_3^2, \quad z_0 z_2 = z_4^2, \quad z_1 z_2 = z_5^2,$$

$$z_0 z_5 = z_3 z_4, \quad z_1 z_4 = z_3 z_5, \quad z_2 z_3 = z_4 z_5$$

이 정의하는 사영 다양체임을 알 수 있다. 즉

$$\{[z_0, \ldots, z_5] \mid \operatorname{rank} \begin{pmatrix} z_0 & z_3 & z_4 \\ z_3 & z_1 & z_5 \\ z_4 & z_5 & z_2 \end{pmatrix} = 1\} \tag{3.13}$$

이다.

일반적으로 2차 베로네세 사상 $\nu_2 : \mathbb{P}^n \to \mathbb{P}^{\frac{n(n+3)}{2}}$의 이미지는 2차 다항식들이 정의하는 사영 다양체이고 이를 $(n+1) \times (n+1)$ 대칭 행렬

$$Z = (z_{ij})_{0 \le i,j \le n}, \quad z_{ij} = x_i x_j$$

가 계수 1을 갖는 자취로 쓸 수 있다.

예제 3.30 베로네세 곡면을 정의하는 다항식들을 Macaulay2를 이용하여 다음과 같이 계산할 수 있다.

```
i1 : R = QQ[z_0..z_5]
o1 = R
o1 : PolynomialRing
i2 : S = QQ[x_0..x_2]
o2 = S
o2 : PolynomialRing
i3 : m = matrix({{x_0^2, x_1^2, x_2^2, x_0*x_1,
     x_0*x_2, x_1*x_2}})
o3 = ( x_0^2  x_1^2  x_2^2  x_0x_1  x_0x_2  x_1x_2 )
o3 : Matrix S^1 <--- S^6
i4 : nu = map(S, R, m)
```

```
o4 = map (S, R, {x_0^2, x_1^2, x_2^2, x_0x_1, x_0x_2, x_1x_2})
o4 : RingMap S <--- R
i5 : ker nu
o5 = ideal (z_3z_4 - z_0z_5, z_1z_4 - z_3z_5, z_2z_3 - z_4z_5, z_1z_2 - z_5^2,
     z_0z_2 - z_4^2, z_0z_1 - z_3^2)
o5 : Ideal of R
```

연습문제 3.31

(1) $X \subset \mathbb{P}^n$이 사영 다양체이면 $\nu_d(X) \subset \mathbb{P}^N$도 사영 다양체임을 보이시오.

(2) $X \subset \mathbb{P}^n$이 사영 다양체이면 대수적 사상 $\nu_d : X \to \nu_d(X) \subset \mathbb{P}^N$은 X와 $\nu_d(X)$ 사이의 동형사상임을 보이시오.

(3) 초평면 $\varnothing \neq \mathbf{V}(f) \subsetneq \mathbb{P}^n$의 여집합 $\mathbb{P}^n - \mathbf{V}(f)$는 아핀 다양체임을 보이시오.

임의의 벡터 공간 $V \cong \mathbf{k}^{n+1}$에 대해 사상

$$V \longrightarrow \mathrm{Sym}^d(V), \quad v \mapsto v^d \tag{3.14}$$

를 생각해보자. V의 기저 $\{v_i\}_{0 \le i \le n}$를 고르고 $v = \sum_{i=0}^n x_i v_i$로 쓰고 (3.11)의 기호를 쓰면, (3.14)는

$$v^d = \left(\sum_{i=0}^n x_i v_i \right)^d = \sum_{|\mathbf{i}|=d} x^{\mathbf{i}} v^{\mathbf{i}}, \quad v^{\mathbf{i}} = \frac{d!}{i_0! i_1! \cdots i_n!} v_0^{i_0} \cdots v_n^{i_n}$$

이 된다. 따라서 (3.14)는 $x^{\mathbf{i}}$들을 성분으로 갖는 사상 (3.12)임을 알 수 있다. 즉, V의 기저를 고르면 (3.14)는 (3.12)와 같다.

3.4.4 세그레 사상

두 사영 다양체의 곱집합이 사영 다양체일까? 이 질문에 답을 주는 사상이 세그레(Segre) 사상이다. $\mathbb{P}^n$의 동차 좌표계 $\{x_i\}_{0\le i\le n}$과 $\mathbb{P}^m$의 동차 좌표계 $\{y_j\}_{0\le j\le m}$을 사용하여 사상

$$\sigma = \sigma_{n,m} : \mathbb{P}^n \times \mathbb{P}^m \longrightarrow \mathbb{P}^{mn+m+n}, \tag{3.15}$$

$$([x_0, \ldots, x_n], [y_0, \ldots, y_m]) \mapsto [x_0y_0, x_0y_1, \ldots, x_ny_{m-1}, x_ny_m]$$

을 정의하자. 이 사상을 **세그레 사상**이라 하고, 그 이미지 $\Sigma_{n,m}$을 **세그레 다양체**라고 부른다. 세그레 사상을 다룰 때는 $\mathbb{P}^{nm+m+n}$의 동차 좌표계 $\{z_{ij}\}_{0\le i\le n, 0\le j\le m}$를 $\sigma_{n,m}$의 성분 x_iy_j에 대응되는 좌표가 z_{ij}가 되도록 잡자.

연습문제 3.32 사상 (3.15)가 $\mathbb{P}^n \times \mathbb{P}^m$의 모든 점에서 잘 정의되고 단사임을 보이시오.

세그레 곡면 $\Sigma_{1,1}$은 사상

$$\sigma_{1,1} : \mathbb{P}^1 \times \mathbb{P}^1 \longrightarrow \mathbb{P}^3$$

$$([x_0, x_1], [y_0, y_1]) \mapsto [x_0y_0, x_0y_1, x_1y_0, x_1y_1]$$

의 이미지인데 $\mathbb{P}^3 = \mathbb{P}M^{2\times 2}$로 생각하면 이는

$$\mathbf{V}(z_0z_3 - z_1z_2) = \{[z_0, z_1, z_2, z_3] \mid \operatorname{rank}\begin{pmatrix} z_0 & z_1 \\ z_2 & z_3 \end{pmatrix} = 1\},$$

즉 계수(rank)가 1 이하인 2×2 행렬의 자취를 사영화한 것이다. 여기서 $M^{m\times n}$은 $m\times n$ 행렬들이 이루는 mn차원 벡터 공간을 말한다. 세그레 곡면을 $\mathbb{R}^3$에서 그려보면 그림 3.3과 같은 모양으로 직선들을 무한히 포함하는 것이 특징이다.

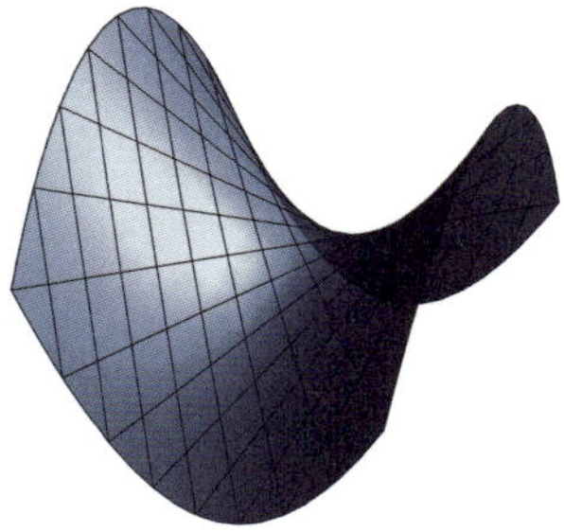

그림 3.3: 세그레 곡면

구체적으로 세그레 곡면 위의 임의의 점

$$[a_0b_0, a_0b_1, a_1b_0, a_1b_1] \in \Sigma_{1,1}$$

에 대하여 이 점을 지나는 두 직선

$$\mathbf{V}(a_1z_0 - a_0z_2, a_1z_1 - a_0z_3), \quad \mathbf{V}(b_1z_0 - b_0z_1, b_1z_2 - b_0z_3)$$

는 세그레 곡면 $\Sigma_{1,1} = \mathbf{V}(z_0z_3 - z_1z_2)$에 포함된다.

모든 세그레 다양체 $\Sigma_{n,m}$은 다항식 환 $\mathbf{k}[z_{ij}]_{0\leq i\leq n, 0\leq j\leq m}$의 2차 다항식들의 집합

$$\{z_{ij}z_{kl} - z_{il}z_{kj} \,|\, 0 \leq i, k \leq n,\ 0 \leq j, l \leq m\} \tag{3.16}$$

이 정의하는 사영 다양체이다. 왜냐면 $\Sigma_{n,m}$은

$$\mathbb{P}M^{(m+1)\times(n+1)} = \mathbb{P}^{mn+m+n}$$

에서 계수 1인 행렬들의 자취이고 (3.16)은 z_{ij}를 i행 j열 성분으로 갖는 $(m+1)\times(n+1)$ 행렬의 2×2 소행렬식(minor determinant) 들의 집합이기 때문이다.

정리 3.33

(1) 사영 다양체 $X \subset \mathbb{P}^n$와 $Y \subset \mathbb{P}^m$에 대해

$$\sigma_{n,m}(X \times Y) \subset \mathbb{P}^{nm+m+n}$$

은 사영 다양체이다.

(2) 벡터 공간 V, W에 대해

$$\sigma : \mathbb{P}V \times \mathbb{P}W \longrightarrow \mathbb{P}(V \otimes W), \quad ([v],[w]) \mapsto [v \otimes w]$$

는 잘 정의된 사상이고, 동형사상들 $V \cong \mathbf{k}^{n+1}$, $W \cong \mathbf{k}^{m+1}$을 고르면 이 사상은 (3.15)와 일치한다.

증명 (1) $\sigma_{n,m}(X \times Y)$는 (3.16)에 X를 정의하는 동차 다항식들 $f(x_0, \ldots, x_n)$마다

$$f(z_{0j}, \ldots, z_{nj}), \quad 0 \leq j \leq m$$

를 추가하고, Y를 정의하는 동차 다항식들 $g(y_0, \ldots, y_m)$마다

$$g(z_{i0}, \ldots, z_{im}), \quad 0 \leq i \leq n$$

을 추가하여 정의되는 사영 다양체이다.(왜?)

(2) 기저를 골라 생각하면 자명하므로 생략한다. □

두 준사영 다양체 X, Y의 곱집합 $X \times Y$는 $\sigma(X \times Y)$와 동일시하여 준사영 다양체가 된다.

연습문제 3.34

(1) 아핀 다양체들의 곱 $\mathbb{A}^n \times \mathbb{A}^m$은 아핀 다양체 $\mathbb{A}^{n+m}$과 동형임을 보이시오.

(2) 준사영 다양체 X, Y에 대해

$$\pi_1 : X \times Y \longrightarrow X, \quad \pi_1(p,q) = p$$

는 대수적 사상임을 보이시오.

이렇게 얻는 $X \times Y$의 준사영 다양체 구조는 대수적 다양체의 범주(category)에서 다음과 같은 의미로 보편적(universal) 또는 범주적(categorical)이다.

정리 3.35

$X \subset \mathbb{P}^n$과 $Y \subset \mathbb{P}^m$이 준사영 다양체라고 하고, 두 사영

$$\pi_X : X \times Y \longrightarrow X, \ \ \pi_X(p,q) = p,$$

$$\pi_Y : X \times Y \longrightarrow Y, \ \ \pi_Y(p,q) = q$$

를 생각하자. 임의의 준사영 다양체 Z와 대수적 사상들 $\alpha : Z \to X$, $\beta : Z \to Y$에 대해 $\pi_X \circ \gamma = \alpha$와 $\pi_Y \circ \gamma = \beta$가 성립하는 대수적 사상 $\gamma : Z \to X \times Y$가 유일하게 존재한다.

증명 $\mathbb{P}^n = \{[x_0, \ldots, x_n]\}$, $\mathbb{P}^m = \{[y_0, \ldots, y_m]\}$에 대해,

$$X_i = X \cap \mathbb{P}^n_{x_i} \subset \mathbb{P}^n_{x_i} \cong \mathbb{A}^n, \quad Y_j = Y \cap \mathbb{P}^m_{y_j} \subset \mathbb{P}^m_{y_j} \cong \mathbb{A}^m$$

이라고 두면 $X = \cup_{0 \le i \le n} X_i$, $Y = \cup_{0 \le j \le m} Y_j$이고

$$X \times Y = \bigcup_{i,j} X_i \times Y_j$$

이다. 대수적 사상의 정의로부터

$$\alpha|_{\alpha^{-1}(X_i)} = [f_0, f_1, \ldots, f_n], \quad f_i \equiv 1$$

$$\beta|_{\beta^{-1}(Y_j)} = [g_0, g_1, \ldots, g_m], \quad g_j \equiv 1$$

이라고 쓸 수 있고 대수적 사상

$$\gamma_{ij} : \alpha^{-1}(X_i) \cap \beta^{-1}(Y_j) \longrightarrow \sigma_{n,m}(X \times Y),$$

$$\gamma_{ij} = [f_0 g_0, f_0 g_1, \ldots, f_n g_m]$$

들이 대수적 사상 $\gamma : Z \to \sigma_{n,m}(X \times Y) \cong X \times Y$를 정의한다.

등식 $\pi_X \circ \gamma = \alpha$와 $\pi_Y \circ \gamma = \beta$, 유일성을 확인하는 것은 연습문제로 남기자. □

이 정리의 조건을 만족하는 대수적 다양체를 곱 다양체 $X \times Y$의 정의로 사용할 수도 있고 유일성을 보장받을 수 있다.

3.4.5 그래프 사상

준사영 다양체 X, Y에 대해 대수적 사상 $F : X \to Y$의 그래프 사상을

$$(\mathrm{id}_X, F) : X \longrightarrow X \times Y, \quad p \mapsto (p, F(p)) \tag{3.17}$$

로 정의한다. 이는 정리 3.35에 의해 $\alpha = \mathrm{id}_X$, $\beta = F$, $Z = X$라 두어 대수적 사상이다. $U \subset X$에서 F의 **그래프**(graph)는 (3.17)에 의한 U의 이미지 $\{(p, F(p)) \mid p \in U\}$로 정의된다. X 전체에서의 F의 그래프를 그저 F의 그래프라고 부르고

$$\mathrm{graph}(F) = \{(p, q) \mid q = F(p)\} \subset X \times Y$$

라고 쓰자.

만약 $F = \mathrm{id}_Y : Y \to Y$가 항등사상이면 그 그래프는 대각(diagonal) 다양체

$$\Delta_Y = \mathrm{graph}(\mathrm{id}_Y) = \{(q, q) \mid q \in Y\} \subset Y \times Y$$

가 된다. 특히 $Y = \mathbb{A}^n$이면

$$\Delta_{\mathbb{A}^n} = V(x_1 - y_1, \ldots, x_n - y_n) \subset \mathbb{A}^n \times \mathbb{A}^n = \mathbb{A}^{2n}$$

이어서 닫힌 부분집합이다. 여기서 $(x_1, \ldots, x_n, y_1, \ldots, y_n)$은 $\mathbb{A}^{2n}$의 좌표계이다. 임의의 아핀 다양체 $Y \subset \mathbb{A}^n$에 대해

$$\Delta_Y = (Y \times Y) \cap \Delta_{\mathbb{A}^n}$$

이므로 Δ_Y는 $Y \times Y$의 닫힌 부분집합이다. 임의의 준사영 다양체 Y에 대해 Δ_Y는 $\{z_{ij} = z_{ji}\}$가 결정하므로

$$\Delta_Y \subset Y \times Y$$

는 닫힌 부분집합이다.

임의의 대수적 사상 $F : X \to Y$의 그래프는

$$\text{graph}(F) = (\pi_2, F \circ \pi_1)^{-1}(\Delta_Y), \quad (\pi_2, F \circ \pi_1) : X \times Y \longrightarrow Y \times Y$$

이고 연습문제 3.34 (2)에 의해 π_1, π_2는 대수적 사상이므로 연속이어서, graph(F)는 $X \times Y$의 닫힌 부분집합이다. 따라서 graph(F)는 준사영 다양체이다.

다음 연습문제는 앞으로 우리가 자주 사용하게 될 것이다.

연습문제 3.36 (3.17)로 주어진 사상 $X \to \text{graph}(F)$가 동형사상임을 보이시오.

연습문제 3.37 대수적 사상 $F : X \to Y$, $F' : X' \to Y'$에 대해

$$F \times F' : X \times X' \longrightarrow Y \times Y', \quad (p, p') \mapsto (F(p), F'(p'))$$

이 대수적 사상임을 보이시오.

CHAPTER

4

사영과 그라스만 다양체

이 장에서는 사영기하학의 강력한 도구인 사영(projection), 무리(family)와 그라스만 다양체(Grassmannian)에 대해 알아본다.

4.1 뿔과 사영

사영 다양체를 탐구하는 데 빼놓을 수 없는 도구가 사영 공간의 한 점 또는 한 선형 다양체로부터의 사영이다. 이 절에서는 뿔과 사영에 대해 살펴보고 사영 다양체에서 정의된 대수적 사상은 닫힌 사상임을 보인다. 아울러 임의의 대수적 사상의 이미지는 구성가능 집합임을 보인다.

4.1.1 뿔

사영 다양체 $X \subset \mathbb{P}^{n-1} \subset \mathbb{P}^n$과 점 $p \in \mathbb{P}^n - \mathbb{P}^{n-1}$에 대해, X의 한 점 q와 점 p를 잇는 직선 $\overline{qp}$들의 합집합

$$\overline{Xp} = \bigcup_{q \in X} \overline{qp} \subset \mathbb{P}^n$$

을 점 p를 꼭지점으로 하는 X 상의 **뿔**(cone)이라고 부른다. $\mathbb{P}^n$의 좌표계를 $p = [0, \ldots, 0, 1]$이고 $\mathbb{P}^{n-1} = \mathbf{V}(x_n)$이 되도록 잡으면

$$J \subset \mathbf{k}[x_0, \ldots, x_{n-1}] \subset \mathbf{k}[x_0, x_1, \ldots, x_n]$$

에 대해 $X = \mathbf{V}_{\mathbb{P}^{n-1}}(J) \subset \mathbb{P}^{n-1}$이라면 $\overline{Xp} = \mathbf{V}_{\mathbb{P}^n}(J) \subset \mathbb{P}^n$이므로(왜?) 뿔 $\overline{Xp}$도 사영 다양체임을 알 수 있다. 여기서 $\mathbf{V}_{\mathbb{P}^{n-1}}(J)$는 $J \subset \mathbf{k}[x_0, \ldots, x_{n-1}]$이 정의하는 $\mathbb{P}^{n-1}$의 닫힌 부분집합을, $\mathbf{V}_{\mathbb{P}^n}(J)$는 같은 J를 $\mathbf{k}[x_0, \ldots, x_n]$의 부분집합으로 보아 J가 정의하는 $\mathbb{P}^n$의 닫힌 부분집합을 말한다.[1] 예를 들어 $[0, 0, 0, 1]$을 꼭지점으로 하는

$$\mathbf{V}_{\mathbb{P}^2}(x_2) \subset \mathbb{P}^2 \subset \mathbb{P}^3$$

1 즉, 뿔 $\overline{Xp}$를 정의하는 아이디얼은 J가 생성하는 $\mathbf{k}[x_0, \ldots, x_n]$의 아이디얼이다.

상의 뿔은 평면 $\mathbf{V}_{\mathbb{P}^3}(x_2) \subset \mathbb{P}^3$이고, $\mathbf{V}_{\mathbb{P}^2}(x_0^2 - x_1^2 - x_2^2)$ 상의 뿔은 $\mathbf{V}_{\mathbb{P}^3}(x_0^2 - x_1^2 - x_2^2)$이다.(그림 4.2)

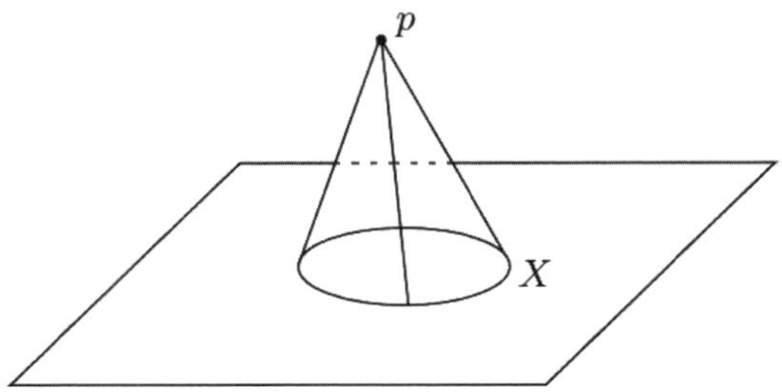

그림 4.1: 뿔

더 일반적으로 k-평면 $\mathbb{P}^k \cong \Lambda \subset \mathbb{P}^n$과 $(n-k-1)$-평면 $\mathbb{P}^{n-k-1} \cong \Pi \subset \mathbb{P}^n$이 $\Lambda \cap \Pi = \varnothing$을 만족한다고 하자. 선형 다양체 Λ를 꼭지점으로 하는 사영 다양체 $X \subset \Pi$ 상의 **뿔**(cone)은

$$\overline{X\Lambda} = \bigcup_{q \in X} \overline{q\Lambda}$$

로 정의한다. 여기서 $\overline{q\Lambda}$는 q와 Λ가 생성하는 $(k+1)$-평면, 즉 q와 Λ를 포함하는 최소의 선형 다양체를 말한다. $\Lambda = \{p\}$인 경우와 마찬가지로 $X = \mathbf{V}_{\mathbb{P}^{n-k-1}}(J)$가 사영 다양체라면 $\overline{X\Lambda} = \mathbf{V}_{\mathbb{P}^n}(J)$로 쓰여지고, 따라서 이 뿔도 사영 다양체이다.

$\Lambda \cap \Pi = \varnothing$을 만족하는 k-평면 $\Lambda \subset \mathbb{P}^n$과 $(n-k-1)$-평면 $\Pi \subset \mathbb{P}^n$이 주어졌다면, 사영 다양체 $Y \subset \Lambda$와 $X \subset \Pi$의 **이음**(join)은

$$J(Y, X) = \bigcup_{p \in Y, q \in X} \overline{pq}$$

로 정의된다. 좌표계를 잡아서 생각하면 Y를 정의하는 아이디얼

$$\mathbf{I}(Y) \subset \mathbf{k}[x_0, \ldots, x_k] \subset \mathbf{k}[x_0, \ldots, x_n]$$

과 X를 정의하는 아이디얼

$$\mathbf{I}(X) \subset \mathbf{k}[x_{k+1}, \ldots, x_n] \subset \mathbf{k}[x_0, \ldots, x_n]$$

의 합집합이 $J(X, Y)$를 정의하므로(왜?) $J(X, Y)$는 사영 다영체임을 알 수 있다. 만약 $Y = \Lambda$이면 $\bigcup_{p \in Y} \overline{pq} = \overline{q\Lambda}$이므로 Λ와 X의 이음 $J(\Lambda, X)$는 Λ를 꼭지점으로 하는 X 상의 뿔 $\overline{X\Lambda}$임을 알 수 있다.

뿔을 통해 모든 2차 초곡면을 표현할 수 있다.

예제 4.1 임의의 2차 동차 다항식 $f \in \mathbf{k}[x_0, \ldots, x_n]_2$는 대칭적 이중선형 함수(symmetric bilinear form)

$$f_0(v, w) = \frac{1}{4} f(v + w) - \frac{1}{4} f(v - w), \quad v, w \in \mathbf{k}^{n+1}$$

을 정의한다. 그 계수(rank)를 $(k+1)$이라고 하자.[2] 그리고 $f(v_0) = 1$인 $v_0 \in \mathbf{k}^{n+1}$을 고르고 귀납적으로 각각의 $2 \leq i \leq k$에 대하여 $f(v_i) = 1$인 $v_i \in \{v_0, \ldots, v_{i-1}\}^{\perp}$을 고르자.[3] 여기에 $\ker(f_0) = \{v_0, \ldots, v_k\}^{\perp}$의 기저를 추가하여 $\mathbf{k}^{n+1}$의 기저 $\{v_0, \ldots, v_n\}$을 만들자. 그러면 이 기저에 대해

$$f(\sum_i x_i v_i) = f_0(\sum_i x_i v_i, \sum_j x_j v_j) = \sum_{0 \leq i \leq k} x_i^2$$

이므로 $\mathbf{V}(f)$는

$$Z = \mathbf{V}_{\mathbb{P}^n}(x_0^2 + x_1^2 + \cdots + x_k^2) \subset \mathbb{P}^n$$

---

2 대칭적 이중선형 함수 f_0는 대칭행렬 A에 대하여 $f_0(v, w) = v^t A w$로 쓸 수 있다. f_0의 계수는 행렬 A의 계수로 정의한다. f가 2차 동차 다항식이므로 f_0의 계수는 1 이상이다.

3 $\mathbf{k}^{n+1}$의 부분집합 S에 대해

$$S^{\perp} = \{v \in \mathbf{k}^{n+1} \mid f_0(v, w) = 0, \forall w \in S\}$$

이다.

과 사영적으로 동등하다. 이제

$$X = \mathbf{V}_{\mathbb{P}^k}(x_0^2 + x_1^2 + \cdots + x_k^2) \subset \mathbb{P}^k$$

라고 두면 이는 매끈한 2차 초곡면이다. 여기서

$$\Lambda = \mathbf{V}_{\mathbb{P}^n}(x_0, \ldots, x_k)$$

라 두면 $Z = \mathbf{V}(f)$는 $\Lambda \cong \mathbb{P}^{n-k-1}$을 꼭지점으로 하는 X 상의 뿔

$$J(\Lambda, X) = \overline{\Lambda X}$$

임을 알 수 있다. 따라서 임의의 2차 초곡면은 매끈한 초곡면상의 뿔이다. 그림 4.2는 $\mathbb{P}^3$ 안의 2차 초곡면 $X = \mathbf{V}_{\mathbb{P}^3}(x_0^2 - x_1^2 - x_2^2)$을 그린 것이다.

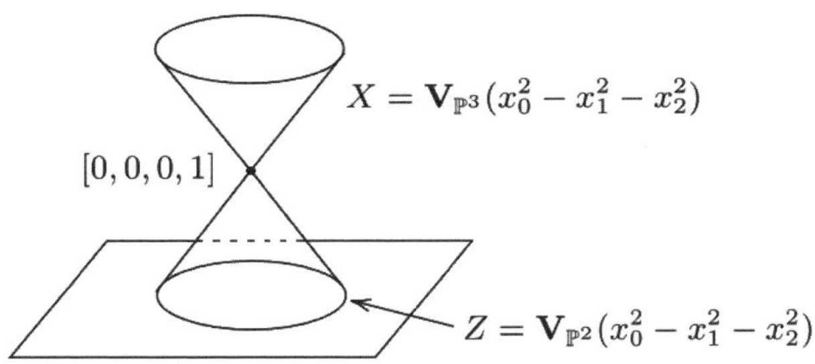

그림 4.2: 2차 곡면 $\mathbf{V}_{\mathbb{P}^3}(x_0^2 - x_1^2 - x_2^2)$

4.1.2 사영

앞 장에서 대수적 사상의 예로 베로네세 사상 (3.12)와 그래프 사상 (3.17)을 살펴보았는데 대수적 사상의 또다른 중요한 예는 사영으로부터 얻어진다.

정의 4.2

한 점 $p \in \mathbb{P}^n$으로부터 이 점을 지나지 않는 초평면 $\mathbb{P}^{n-1} \cong \Lambda \subset \mathbb{P}^n$으로의 **사영**(projection)

$$\pi_p : \mathbb{P}^n - \{p\} \longrightarrow \mathbb{P}^{n-1}$$

은 대수적 사상

$$\pi_p(q) = \overline{pq} \cap \Lambda, \quad \forall q \in \mathbb{P}^n - \{p\}$$

로 정의된다.

$p = [1, 0, \ldots, 0] \in \mathbb{P}^n$이고 $\Lambda = \mathbf{V}(x_0) \cong \mathbb{P}^{n-1} = \{[a_1, \ldots, a_n]\}$이도록 좌표계를 선택하면

$$\pi_p : \mathbb{P}^n - \{p\} \longrightarrow \mathbb{P}^{n-1}, \quad [a_0, a_1, \ldots, a_n] \mapsto [a_1, \ldots, a_n]$$

이다.(왜?) 따라서 π_p는 대수적 사상이다.

사영 다양체 $W \subset \mathbb{P}^{n-1}$에 대해 $\pi_p^{-1}(W) \cup \{p\}$는 정의에 의해 뿔 $\overline{Wp}$가 된다. 한 점으로부터의 사영은 그 점을 지나지 않는 사영 다양체를 사영 다양체로 보낸다.

정리 4.3

점 p를 지나지 않는 사영 다양체 $X \subset \mathbb{P}^n$과 초평면 $\mathbb{P}^{n-1} \cong \Lambda \subset \mathbb{P}^n$에 대해 $\pi_p(X) \subset \Lambda \cong \mathbb{P}^{n-1}$은 사영 다양체이다.

증명 2장에서 배운 종결식(resultant)을 사용하자. 먼저 위에서와 같이 $p = [1, 0, \ldots, 0]$이고 $\Lambda = \mathbf{V}(x_0)$이도록 좌표계를 잡자. $q = [y_1, \ldots, y_n] \in \mathbb{P}^{n-1}$에 대해, 임의의 동차 다항식

$f, g \in \mathbf{I}(X)$를 직선

$$\{[t, y_1, \ldots, y_n] \mid t \in \mathbf{k}\} \subset \overline{pq} = \ell$$

로 제한하고 f, g를 $\mathbf{k}[y_1, \ldots, y_n]$에서 계수를 갖는 t에 대한 다항식으로 생각하여 정의한 종결식을 $R_t(f, g)$로 쓰자. 정의에 의해 $R_t(f, g)$는 $\{y_i\}$에 관한 동차 다항식이다.

이제 $\pi_p(X)$는 임의의 동차 다항식 $f, g \in \mathbf{I}(X)$로부터 얻어지는 동차 다항식 $R_t(f, g)$들이 정의하는 사영 다양체임을 증명하자. 먼저 $q \in \pi_p(X)$라 가정하면 이는 $\ell \cap X \neq \varnothing$임과 동치이므로 임의의 동차 다항식 $f, g \in \mathbf{I}(X)$에 대하여 $R_t(f, g)$가 q에서 0임을 알 수 있다.

역으로 $q \notin \pi_p(X)$, 즉 $\ell \cap X = \varnothing$이라 가정하자. 필요하면 좌표계를 바꾸어 $q = [0, 1, 0, \ldots, 0]$이라 할 수 있고,

$$\ell = \{[t, s, 0, \ldots, 0] \mid (t, s) \in \mathbf{k}^2 - \{(0, 0)\}\}$$

이다. 그러면 $\ell_{x_0} = \ell - \Lambda$와 $X_{x_0} = X - \Lambda$는 서로 만나지 않는 아핀 다양체이므로, ℓ_{x_0}에서 0이 되지 않는 다항식 $\hat{f} \in I(X_{x_0})$를 찾을 수 있고[4] 이를 동차화하면 $f|_\ell$이 q에서만 0이 될 수 있는 동차 다항식 $f \in \mathbf{I}(X)$를 얻는다. 같은 논리를 ℓ_{x_1}과 X_{x_1}에 반복하면 $g|_\ell$이 p에서만 0이 될 수 있는 동차 다항식 $g \in \mathbf{I}(X)$를 얻고, 이렇게 찾은 f, g에 대해 ℓ에서 공통근이 존재하지 않으므로 $R_t(f, g)$는 q에서 0일 수 없다.

그러므로 $\pi_p(X)$는 임의의 동차 다항식 $f, g \in \mathbf{I}(X)$로부터

---

4 $V(I) \cap V(J) = \varnothing \subset \mathbb{A}^n$이면 $V(I + J) = V(1)$이므로 $1 \in I + J$이어서 $f + g = 1$을 만족하는 $f \in I$, $g \in J$를 고를 수 있다. 그러면 $1 \in I + \langle g \rangle$이므로 $V(I) \cap V(g) = \varnothing$이다. 즉 g는 $V(I)$의 어떤 점에서도 0이 될 수 없다.

얻는 $R_t(f,g)$들이 정의하는 사영 다양체이다. □

연습문제 4.4 한 점 $p \in \mathbb{P}^n$으로부터 이 점을 지나지 않는 초평면 $\Lambda \subset \mathbb{P}^n$으로의 사영 $\pi_p : \mathbb{P}^n - \{p\} \longrightarrow \Lambda \cong \mathbb{P}^{n-1}$을 생각하자. 대수적 다양체 Y와 닫힌 부분집합 $X \subset Y \times \mathbb{P}^n$이 $X \cap (Y \times \{p\}) = \varnothing$일 때,

$$\mathrm{id}_Y \times \pi_p : Y \times (\mathbb{P}^n - \{p\}) \longrightarrow Y \times \mathbb{P}^{n-1}, \quad (q, p') \mapsto (q, \pi_p(p'))$$

에 의한 X의 이미지 $(\mathrm{id}_Y \times \pi_p)(X)$는 $Y \times \mathbb{P}^{n-1}$의 닫힌 부분집합임을 보이시오.

정리 4.3의 증명은 사영에 의한 이미지를 종결식을 통해 구하는 방법까지 알려준다.

예제 4.5 X가 뒤틀린 3차 곡선

$$\mathbf{V}(z_0z_2 - z_1^2, z_1z_3 - z_2^2, z_0z_3 - z_1z_2) \subset \mathbb{P}^3$$

이고 $p = [0,1,0,0]$, $q = [y_0, y_2, y_3] \in \mathbb{P}^2 \cong \mathbf{V}(x_1)$이라 두면

$$\overline{pq} - \{p\} = \{[y_0, t, y_2, y_3] \,|\, t \in \mathbf{k}\}$$

이므로 $y_0y_2 - t^2$, $ty_3 - y_2^2$, $y_0y_3 - ty_2$의 종결식을 계산하여

$$y_0y_3^2 = y_2^3$$

을 얻는다. 따라서 $\pi_p(X)$는 커스프(cusp) 특이점을 갖는 평면 3차 곡선이다.(그림 4.3 참조)

더 일반적으로 서로 만나지 않는 k-평면 $\Lambda \subset \mathbb{P}^n$과 $(n-k-1)$-

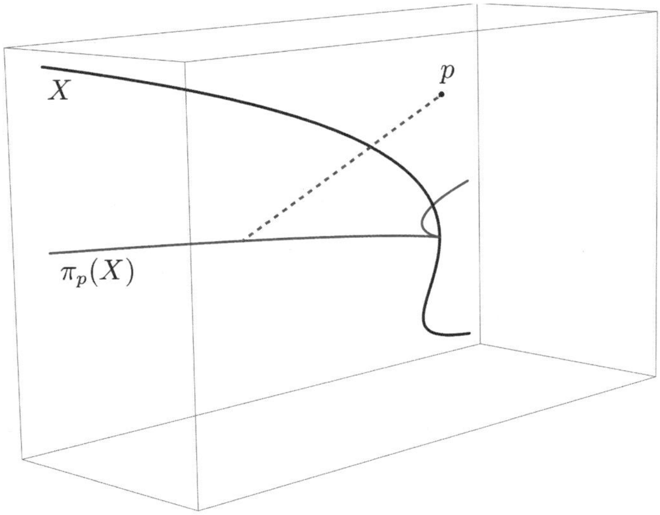

그림 4.3: 뒤틀린 3차 곡선과 사영

평면 $\Pi \subset \mathbb{P}^n$에 대하여 Λ로부터 Π로의 **사영**은 사상

$$\pi_\Lambda : \mathbb{P}^n - \Lambda \longrightarrow \Pi \cong \mathbb{P}^{n-k-1}, \quad \pi_\Lambda(q) = \overline{\Lambda q} \cap \Pi$$

로 정의된다. 좌표계를 골라

$$\Lambda = \mathbf{V}(x_{k+1}, \ldots, x_n), \quad \Pi = \mathbf{V}(x_0, \ldots, x_k)$$

라고 쓰면

$$\pi_\Lambda[x_0, x_1, \ldots, x_n] = [x_{k+1}, \ldots, x_n]$$

이므로(왜?) π_Λ는 대수적 사상이다.

연습문제 4.6 k-평면 Λ를 생성하는 점들 $p_0, \ldots, p_k \in \Lambda$에 대해

$$\pi_\Lambda = \pi_{p_k} \circ \pi_{p_{k-1}} \circ \cdots \circ \pi_{p_1} \circ \pi_{p_0} \tag{4.1}$$

임을 보이시오.

(4.1)과 정리 4.3에 의해 다음을 얻는다.

따름정리 4.7

임의의 선형 다양체 Λ와 사영 다양체 $X \subset \mathbb{P}^n - \Lambda$에 대해 $\pi_\Lambda(X)$는 사영 다양체이다.

선형 다양체로부터의 사영에 의해 사영 다양체는 사영 다양체로 보내진다고 했는데 다음 절에서 사실 이는 모든 대수적 사상에 대해 성립함을 보일 것이다.

4.1.3 닫힌 사상

위상수학이나 미분기하학, 해석학을 통해 콤팩트(compact)임이 매우 중요한 성질임을 알고 있다. 그러면 대수적 다양체에 대해 콤팩트임은 어떻게 정의할까? 준사영 다양체 $X \subset \mathbb{P}^n$의 임의의 열린 덮개(open cover)는 유한한 부분덮개(subcover)를 갖는다. 그 이유는

$$X = \bigcup_{a \in A}(X - \mathbf{V}(I_a)) = X - \bigcap_{a \in A} \mathbf{V}(I_a) = X - \mathbf{V}(\sum_{a \in A} I_a),$$

$$I_a \subset \mathbf{k}[x_0, \ldots, x_n]$$

인데 아이디얼 $\sum_a I_a$가 유한 생성이므로(힐버트 기저 정리) A에서 유한 개의 원소 $a_1, \ldots, a_m$을 골라

$$X = X - \mathbf{V}(\sum_{a \in A} I_a) = X - \bigcap_{i=1}^{m} \mathbf{V}(I_{a_i}) = \bigcup_{i=1}^{m}(X - \mathbf{V}(I_{a_i}))$$

로 쓸 수 있기 때문이다. 한편, 위상수학에서 콤팩트 공간 X와 하우스도르프(Hausdorff) 공간 Y에 대하여 연속 함수 $f : X \to Y$는 닫힌 부분집합을 닫힌 부분집합으로 보냄을 잘 알고 있을 것이다. 대

수기하에서는 대수적 사상이 닫힌 부분집합을 닫힌 부분집합으로 보내는 것을 콤팩트의 정의로 사용한다.

정리 4.8

준사영 다양체 Y에 대해 대수적 사상

$$\pi : Y \times \mathbb{P}^n \longrightarrow Y, \quad (p, q) \mapsto p$$

는 임의의 닫힌 부분집합 $X \subset Y \times \mathbb{P}^n$을 닫힌 부분집합 $\pi(X) \subset Y$로 보낸다.

증명 n에 대한 귀납법을 사용하자. $n = 0$일 때는 자명하다. 한 점 $p \in \mathbb{P}^n$에 대해 대수적 사상

$$X \cap (Y \times \{p\}) \subset Y \times \{p\} \xrightarrow{\cong} Y$$

의 이미지는 Y의 닫힌 부분집합이 되고 이를 W라 쓰면 자명하게 $W \subset \pi(X)$이다. 이제 $Y' = Y - W$라 두고

$$X \cap (Y' \times \mathbb{P}^n) \subset Y' \times (\mathbb{P}^n - \{p\})$$

의 사상

$$\pi' : Y' \times (\mathbb{P}^n - \{p\}) \xrightarrow{\text{id} \times \pi_p} Y' \times \mathbb{P}^{n-1} \xrightarrow{\pi_1} Y'$$

에 의한 이미지가 닫힌 부분집합임을 보이면 증명이 끝난다. 그런데 첫 번째 사상은 정리 4.3의 증명에 의해, 두 번째 사상은 귀납법의 가정에 의해 닫힌 부분집합을 닫힌 부분집합으로 보내므로 증명이 끝났다. □

사영 다양체에서 정의된 대수적 사상은 닫힌 부분집합을 닫힌 부분집합으로 보낸다.

정리 4.9

$X \subset \mathbb{P}^n$이 사영 다양체이고 $F : X \to Y \subset \mathbb{P}^m$이 대수적 사상이면 $F(X)$는 사영 다양체이다.

증명 F는 그래프 함수와 사영을 써서

$$X \xrightarrow{\mathrm{id} \times F} X \times \mathbb{P}^m \subset \mathbb{P}^n \times \mathbb{P}^m \xrightarrow{\pi_2} \mathbb{P}^m$$

으로 분해되는데 정리 4.8에 의해 두 번째 사상은 닫힌 부분집합을 닫힌 부분집합으로 보낸다. $(\mathrm{id} \times F)(X)$가 $X \times \mathbb{P}^m$의 닫힌 부분집합임은 열린 아핀 부분집합[5]들을 살펴 알 수 있는데 연습문제로 남기자. □

따름정리 4.10

X가 기약 사영 다양체이고 f가 X 전체에서 정의된 보통 함수이면 f는 상수 함수이다.

증명 정리 4.9에 의해 $f : X \to \mathbb{A}^1 \subset \mathbb{P}^1$의 이미지는 사영 다양체이므로 유한 개의 점으로 이루어질 수밖에 없는데 X가 기약이므로 f는 상수 함수이다. □

따름정리 4.11

$X \subset \mathbb{P}^n$이 기약인 사영 다양체이고 X는 한 점이 아니라 하자. 임의의 초곡면 $Y \subset \mathbb{P}^n$에 대해 $X \cap Y \neq \varnothing$이다.

5 열린 아핀 부분집합은 아핀 다양체이면서 열린 부분집합을 말한다.

증명 $Y = \mathbf{V}(f)$, $f \in \mathbf{k}[x_0, \ldots, x_n]_d$이고 $X \cap Y = \varnothing$이라 하자. 임의의 $g \in \mathbf{k}[x_0, \ldots, x_n]_d$에 대해 g/f는 X에서 정의된 보통 함수이므로 상수 함수이다. 그런데 X가 서로 다른 두 점 p_1, p_2를 갖는다면 다항식 $g \in \mathbf{k}[x_0, \ldots, x_n]_d$가 존재하여 $g(p_1) = 0$, $g(p_2) \neq 0$이도록 할 수 있다. 이는 g/f가 상수라는 사실에 모순이다. □

4.1.4 구성가능 집합

사영 다양체의 대수적 사상에 의한 이미지는 사영 다양체라고 알게 되었다. 더 일반적으로 준사영 다양체의 대수적 사상에 의한 이미지는 어떠한가? 일반적으로 이는 준사영 다양체가 아니다.

예제 4.12 대수적 사상

$$F : \mathbb{A}^2 \to \mathbb{A}^2, \quad (x, y) \mapsto (x, xy)$$

의 이미지는 $\mathbb{A}^2 - \{(0, y) \,|\, y \neq 0\}$이어서 준사영 다양체가 아니다.

정의 4.13

(1) **국소적으로 닫힌**(locally closed) 집합은 열린 집합과 닫힌 집합의 교집합을 말한다.

(2) 사영 공간 $\mathbb{P}^n$의 부분집합 Z가 **구성가능**(constructible)이라 함은 유한 개의 서로 만나지 않는 국소적으로 닫힌 부분집합들의 합집합으로 쓸 수 있다는 말이다.

모든 준사영 다양체 $X \subset \mathbb{P}^n$은 $\mathbb{P}^n$의 국소적으로 닫힌 부분집합이므로 구성가능이다. $\mathbb{P}^n$에 속하는 구성가능 집합의 모임은 열린 부분집합들을 포함하면서 여집합과 교집합을 취하는 작용에 닫혀있는 최소한의 모임이다. 예를 들어 예제 4.12의 이미지는

$$\mathbb{A}^2 - \{(0,y) \,|\, y \neq 0\} = (\mathbb{A}^2 - V(x)) \cup \{(0,0)\}$$

이므로 구성가능이다.

다음의 정리는 준사영 다양체의 이미지가 반드시 구성가능 집합임을 말한다.

정리 4.14

준사영 다양체 $X \subset \mathbb{P}^n$과 대수적 사상 $F : X \to \mathbb{P}^m$에 대해 $U \subset X$가 구성가능이면 $F(U) \subset \mathbb{P}^m$도 구성가능이다.

이 정리의 증명은 다음의 보조정리와 뇌터 성질을 통해 얻어진다.

보조정리 4.15

임의의 구성가능 집합 $U \neq \varnothing$에 대해 $F(U)$가 $\overline{F(U)}$의 열린 부분집합 $V \neq \varnothing$를 포함한다.

증명 U가 기약이고 국소적으로 닫힌 경우만 생각하면 된다. 왜냐면, 기약 분해(정리 3.14)에 의해 먼저 U를 유한 개의 기약인 국소적으로 닫힌 부분집합들 U_i의 합집합으로 쓸 수 있고

$$\overline{F(U)} = \cup_i \overline{F(U_i)}$$

인데 $\overline{F(U_i)}$ 중에서 극대(maximal)인 것을 고르면 $F(U_i)$에 포함되는 $\overline{F(U_i)}$의 열린 부분집합 V_i에서 $\cup_{j \neq i} \overline{F(U_j)}$를 빼주어

원하는 V가 얻어지기 때문이다.

X와 $\mathrm{graph}(F)$는 $\mathrm{id} \times F$에 의해 동형이고

$$F = \pi_{\mathbb{P}^m} \circ (\mathrm{id} \times F)$$

이므로, $\pi_{\mathbb{P}^m} : \mathbb{P}^n \times \mathbb{P}^m \to \mathbb{P}^m$인 경우만 보이면 충분하다. 이 사영을 $\mathbb{P}^m$의 열린 부분집합 $\mathbb{A}^m$으로 제한하고 정리 4.8을 사용하면

$$\pi_{\mathbb{A}^m} : \mathbb{A}^{n+m} = \mathbb{A}^n \times \mathbb{A}^m \longrightarrow \mathbb{A}^m$$

인 경우만 보이면 충분함을 알 수 있다. 이는 다시 성분을 하나씩 잊어버리는 사영들의 합성

$$\mathbb{A}^{n+m} \longrightarrow \mathbb{A}^{n+m-1} \longrightarrow \cdots \longrightarrow \mathbb{A}^{m+1} \longrightarrow \mathbb{A}^m$$

이므로 임의의 자연수 n에 대해

$$\pi : \mathbb{A}^n \to \mathbb{A}^{n-1}, \quad (a_1, a_2, \ldots, a_n) \mapsto (a_1, \ldots, a_{n-1})$$

인 경우만 보이면 증명이 끝난다. 왜냐면 U가 기약인 국소적으로 닫힌 부분집합일 때 $V \subset \pi(U)$도 국소적으로 닫힌 기약 부분집합이고 다시 다음 단계의 사영을 적용할 수 있기 때문이다.

이제 기약이고 국소적으로 닫힌 $U \subset \mathbb{A}^n$에 대하여, $\mathbb{A}^{n-1}$을 $Y = \overline{\pi(U)}$로 대체하여, U가 $Y \times \mathbb{A}^1$에서 국소적으로 닫혀 있고

$$U \subset Y \times \mathbb{A}^1 \xrightarrow{\pi} Y, \quad \pi(U) \subset Y\text{는 조밀}$$

일 때만 생각하면 된다. 이제 $X = \overline{U} \subset Y \times \mathbb{P}^1$이라고 두면 $Y \times \mathbb{A}^1$의 열린 부분집합 V가 존재하여 $U = X \cap V$이다.

만약 $X = Y \times \mathbb{P}^1$이면 $U = V$이므로 $\pi(U)$는 Y의 열린 부분집합을 포함한다.($U \supset (Y \times \mathbb{A}^1)_f$, $\exists f \in A(Y)[t]$인데 f의 계수가 모두는 0이 되지 않는 열린 부분집합은 $\pi(U)$에 포함된다.)

이제 $X \subsetneq Y \times \mathbb{P}^1$이라 하자. $\pi(X) \subset Y$는 조밀한 닫힌 부분집합이므로 $\pi(X) = Y$이다. 따라서 $T = Y \times \mathbb{P}^1 - V$라 둘 때 $\pi(X \cap T) \neq Y$임을 보이면 증명이 끝난다. $X \neq Y \times \mathbb{P}^1$이므로

$$f \in \mathbf{I}(X) \subset A(Y)[z_0, z_1] - A(Y)$$

를 잡을 수 있다. 만약 f를 나누는 어떤

$$h \in A(Y)[z_0, z_1] - A(Y)$$

가 모든 $g \in \mathbf{I}(T)$를 나눈다면, $\langle h \rangle \supset \mathbf{I}(T)$이므로

$$\mathbf{V}(h) \subset \mathbf{V}(\mathbf{I}(T)) = T$$

이고 따라서 h는 U의 어떤 점에서도 0이 될 수 없고 f/h는 U에서 0이다. 그런데 $X = \overline{U}$이므로 $f/h \in \mathbf{I}(X)$이다. 이와 같이 계속하다 보면 서로 소인 $f \in \mathbf{I}(X)$와 $g \in \mathbf{I}(T)$를 찾을 수 있으므로

$$\pi(X \cap T) \subset \mathrm{zero}(R_{z_0,z_1}(f,g)) \subset Y$$

가 성립한다. f와 g가 서로 소이므로 0이 아닌 $\alpha, \beta \in \mathbf{k}(Y)[z]$가 존재하여 $\alpha f + \beta g = 1$을 만족시킨다. 따라서 일반적인 y에 대하여 $f(y,z) = 0 = g(y,z)$가 성립하는 z가 존재하지 않는다. 그러므로 $\pi(X \cap T) \neq Y$이다. □

증명 (**정리 4.14**) $F(U)$가 구성가능이 아니라고 하자. 보조정리 4.15의 V를 사용하여 구성가능 집합 $U_1 = U \cap (X - F^{-1}(V))$를 얻는다. $F(U_1)$이 구성가능이면 $F(U) = V \cup F(U_1)$도 구성가능이다. U를 U_1으로 대체하여 $U_2 = U_1 \cap (X - F^{-1}(V_1))$을 얻고 반복하여 U의 닫힌 부분집합의 감소하는 열

$$U_1 \supsetneq U_2 \supsetneq U_3 \supsetneq \cdots$$

을 얻는다. 이는 자리스키 위상은 뇌터적이라는 사실에 모순이다. □

4.2 무리와 매개변수 공간

대수적 다양체 B가 매개화하는 $\mathbb{P}^n$ 상의 사영 다양체의 **무리**(family)란 $B \times \mathbb{P}^n$의 닫힌 부분집합 Z를 말한다. 이때 B를 이 무리의 **매개변수 공간**(parameter space)이라고 부르고 $b \in B$에 대해

$$Z_b = Z \cap (\{b\} \times \mathbb{P}^n)$$

을 이 무리의 **구성원**(member)이라고 부른다.[6]

사영 다양체들의 무리 $Z \subset B \times \mathbb{P}^n$과 사영 다양체 $X \subset \mathbb{P}^n$에 대해

$$(B \times X) \cap Z \subset B \times \mathbb{P}^n$$

6 이렇게만 정의하면 Z_b가 급격히 변할 수 있어 무리의 통일성 있는 행동을 기대하기 어렵다. 그래서 종종 연속성에 관한 조건을 추가하게 되는데, 대수기하학에서 가장 선호하는 조건은 6.3절 정리 6.30에 나오는 힐버트 다항식이 모든 구성원 Z_b에 대해 일정할 것을 요구하는 것이다. 이때 무리 Z가 B 상에서 **평탄**(flat)하다고 말한다.

은 무리 $\{X \cap Z_b \,|\, b \in B\}$를 정의한다. 정리 4.8에 의해 X와 만나는 구성원들의 집합

$$\{b \in B \,|\, X \cap Z_b \neq \varnothing\}$$

은 닫힌 부분집합이다. 같은 이유에서 두 사영 다양체의 무리 $Z, W \subset B \times \mathbb{P}^n$에 대해

$$\{b \in B \,|\, Z_b \cap W_b = Z \cap W \cap (\{b\} \times \mathbb{P}^n) \neq \varnothing\}$$

은 닫힌 부분집합이다.

사영 다양체 $X \subset \mathbb{P}^n$과 무리 $Z \subset B \times \mathbb{P}^n$에 대해 X를 포함하는 구성원들의 집합

$$\{b \in B \,|\, X \subset Z_b\} = \bigcap_{p \in X} \{b \in B \,|\, \{p\} \cap Z_b \neq \varnothing\}$$

은 닫힌 부분집합이다.

무리의 예로서 초평면의 무리에 대해 생각해보자. $\mathbb{P}^n$의 모든 초평면들의 집합은 쌍대 사영 공간 $(\mathbb{P}^n)^\vee$과 같음을 알고 있다. 먼저 초평면의 보편적인(universal) 무리가 존재하는데

$$\Gamma = \{(H, p) \,|\, p \in H\} \subset (\mathbb{P}^n)^\vee \times \mathbb{P}^n \tag{4.2}$$

은 다항식 $\sum_{i=0}^n w_i z_i = 0$이 정의한다.[7] 여기서 z_i와 w_j는 서로 쌍대

---

7 벡터 공간 V의 기저 $\{e_i\}_{0 \le i \le n}$와 쌍대 공간 $V^\vee$의 쌍대 기저 $\{f_j\}_{0 \le j \le n}$(즉 $f_j(e_i) = \delta_{ij}$)에 대해

$$\mathbb{P}V = \{[\sum_i z_i e_i]\} \cong \{[z_0, \ldots, z_n]\}, \quad \mathbb{P}V^\vee = \{[\sum_j w_j f_j]\} = \{[w_0, \ldots, w_n]\}$$

으로 쓰면

$$f(v) = \sum_i z_i w_i, \quad \forall\, v = \sum_i z_i e_i,\ f = \sum_j w_j f_j$$

로 쓰여지므로 $\sum_i z_i w_i = 0$이 $[w_0, \ldots, w_n]$이 표현하는 초평면의 방정식이다.

인 $\mathbb{P}^n$과 $(\mathbb{P}^n)^\vee$의 동차 좌표계이다. 보편적이라 함은 모든 초평면 Π에 대해 $b \in (\mathbb{P}^n)^\vee$이 유일하게 존재하여 $\Gamma_b = \Pi$라는 말이다.

이제 사영 다양체 $X \subset \mathbb{P}^n$에 대해 초평면과의 교집합들 $X \cap \Gamma_b$의 무리를 생각해보자. $(\mathbb{P}^n)^\vee \times \mathbb{P}^n$에서 $(\mathbb{P}^n)^\vee$과 $\mathbb{P}^n$으로 가는 사영을 각각 π_1과 π_2라고 부르면, (4.2)를 사용해 X와 초평면들의 교집합의 무리

$$\Psi_X = ((\mathbb{P}^n)^\vee \times X) \cap \Gamma = \{(H, p) \,|\, p \in H \cap X\} \subset (\mathbb{P}^n)^\vee \times \mathbb{P}^n$$

을 얻는다.

정리 4.16

기약 사영 다양체 $X \subset \mathbb{P}^n$에 대하여

$$\Psi_X = \{(H, p) \,|\, p \in H \cap X\} \subset (\mathbb{P}^n)^\vee \times X$$

는 기약이다.

증명 Ψ_X에서 $(\mathbb{P}^n)^\vee$과 X로 가는 두 사영을 각각 π_1, π_2라고 표시하자. 임의의 $p \in X$에 대해 $\pi_2^{-1}(p) = \{H \,|\, p \in H\} \cong \mathbb{P}^{n-1}$이므로 기약이다. Ψ_X의 기약 분해

$$\Psi_X = \Psi_1 \cup \cdots \cup \Psi_k$$

를 생각하면 임의의 $p \in X$에 대해 $\pi_2^{-1}(p)$를 포함하는 기약 성분 Ψ_i가 존재한다. 이제

$$X_i = \{p \in X \,|\, \pi_2^{-1}(p) \subset \Psi_i\}$$

라 두면 $X = \cup_i X_i$이다. 각각의 i에 대해 X_i가 X의 닫힌 부분집합임을 보이자.

$U_0 = X \cap \mathbb{P}^n_{x_0}$는 X의 열린 부분집합이고 대수적 사상

$$F : \mathbb{P}^{n-1} \times U_0 \longrightarrow \pi_2^{-1}(U_0) \subset \Psi_X,$$

$$\begin{aligned}&([y_1, \ldots, y_n], [1, x_1, \ldots, x_n]) \\ &\qquad \mapsto \left([-\sum_{i=1}^{n} y_i x_i, y_1, \ldots, y_n], [1, x_1, \ldots, x_n]\right)\end{aligned}$$

은 역사상(inverse morphism)

$$\begin{aligned}&([y_0, y_1, \ldots, y_n], [1, x_1, \ldots, x_n]) \\ &\qquad \mapsto ([y_1, \ldots, y_n], [1, x_1, \ldots, x_n])\end{aligned}$$

을 가지므로 동형사상이고, $\pi_{U_0} : \mathbb{P}^{n-1} \times U_0 \to U_0$를 U_0로의 사영이라 할 때, $\pi_2 \circ F = \pi_{U_0}$가 성립한다. 따라서 $F^{-1}(\Psi_i \cap \pi_2^{-1}(U_0))$는 $\mathbb{P}^{n-1} \times U_0$의 닫힌 부분집합이고, 정리 4.8에 의하여 각각의 $[y] = [y_1, \ldots, y_n] \in \mathbb{P}^{n-1}$에 대해,

$$\pi_{U_0}\left(F^{-1}(\Psi_i \cap \pi_2^{-1}(U_0)) \cap [y] \times U_0\right) = \pi_2(\Psi_i \cap F([y] \times U_0))$$

는 U_0의 닫힌 부분집합이다. 그런데

$$X_i \cap U_0 = \bigcap_{[y] \in \mathbb{P}^{n-1}} \pi_2\left(\Psi_i \cap F([y] \times U_0)\right)$$

이므로 $X_i \cap U_0$는 U_0의 닫힌 부분집합이다. 같은 이유에서 $U_j = X \cap \mathbb{P}^n_{x_j}$이라 두면, $X_i \cap U_j$는 U_j의 닫힌 부분집합이다. $\{U_j\}$는 X의 열린 덮개이므로 X_i는 X의 닫힌 부분집합이다.

X가 기약이므로 $X = X_i$를 만족하는 i가 존재하고 따라서 $\Psi_X = \Psi_i$이어서 기약이다. □

더 일반적으로 초곡면들의 무리에 대해 생각해 보자. $\mathbb{P}^n$ 위의 d차 초곡면들의 집합은 사영 공간

$$\mathbb{P}\mathbf{k}[x_0, \ldots, x_n]_d \cong \mathbb{P}^{\binom{n+d}{d}-1}$$

이 매개화한다. 예를 들어 평면 위의 2차 곡선들의 무리는 $\mathbb{P}^5$가 매개화하며, $\mathbb{P}^5 \times \mathbb{P}^2$의 좌표를 $([a_0, \ldots, a_5], [x_0, x_1, x_2]) \in \mathbb{P}^5 \times \mathbb{P}^2$로 쓸 때,

$$a_0x_0^2 + a_1x_1^2 + a_2x_2^2 + 2a_3x_0x_1 + 2a_4x_0x_2 + 2a_5x_1x_2 = 0$$

이 정의하는 닫힌 부분집합이다.

$\mathbf{V}(x_0^2)$과 같이 2차 다항식이 일차 다항식의 제곱으로 주어져서 한 개의 직선으로 이루어진 2차 곡선, 즉 2중 직선(double line)은 등식

$$\begin{aligned}
&(b_0x_0 + b_1x_1 + b_2x_2)^2 \\
&\quad = b_0^2x_0^2 + b_1^2x_1^2 + b_2^2x_2^2 + 2b_0b_1x_0x_1 + 2b_0b_2x_0x_2 + 2b_1b_2x_1x_2
\end{aligned}$$

로부터 베로네세 사상

$$\nu_2 : \mathbb{P}^2 \longrightarrow \mathbb{P}^5, \quad [b_0, b_1, b_2] \mapsto [b_0^2, b_1^2, b_2^2, b_0b_1, b_0b_2, b_1b_2]$$

의 이미지에 속한다. 따라서 2차 곡선들의 매개변수 공간에서 2중 직선의 자취는 베로네세 곡면 $\nu_2(\mathbb{P}^2) \subset \mathbb{P}^5$이다.

$\mathbf{V}(x_0x_1)$과 같이 2차 다항식이 일차 다항식의 곱으로 분해되어, 두 직선의 합집합으로 주어지는 2차 곡선들은 등식

$$\begin{aligned}
&(b_0x_0 + b_1x_1 + b_2x_2)(c_0x_0 + c_1x_1 + c_2x_2) \\
&\quad = b_0c_0x_0^2 + b_1c_1x_1^2 + b_2c_2x_2^2 + (b_0c_1 + b_1c_0)x_0x_1 \\
&\quad\quad + (b_0c_2 + b_2c_0)x_0x_2 + (b_1c_2 + b_2c_1)x_1x_2
\end{aligned}$$

로부터 $[b_0, b_1, b_2], [c_0, c_1, c_2] \in \mathbb{P}^2$에 대하여

$$\left[b_0c_0, b_1c_1, b_2c_2, \frac{b_0c_1 + b_1c_0}{2}, \frac{b_0c_2 + b_2c_0}{2}, \frac{b_1c_2 + b_2c_1}{2}\right]$$

들의 부분집합에 의해 매개화된다. 이 부분집합은 세그레 사상을 사용하여

$$\mathbb{P}^2 \times \mathbb{P}^2 \xrightarrow{\sigma_{2,2}} \mathbb{P}(\mathbf{k}^3 \otimes \mathbf{k}^3) - \mathbb{P}(\wedge^2\mathbf{k}^3) \longrightarrow \mathbb{P}\mathrm{Sym}^2(\mathbf{k}^3) = \mathbb{P}^5$$

의 이미지로 주어진다. 여기서 두 번째 함수는 전사 준동형사상

$$\begin{aligned} \mathbf{k}^3 \otimes \mathbf{k}^3 &\longrightarrow \mathrm{Sym}^2(\mathbf{k}^3), \\ v \otimes w &\mapsto \frac{1}{2}(v \otimes w + w \otimes v) \end{aligned}$$

에 의해 주어지는 사영이다. 유사하게 기약이 아닌 $d \geq 2$차 초곡면들의 집합은 세그레 사상을 통해 얻어진다.

4.3 그라스만 다양체

$k \leq n$인 두 자연수 k와 n을 고정하자. n차원 벡터 공간 $\mathbf{k}^n$의 k차원 부분공간들의 집합을 $G(k, n)$이라 쓰고 **그라스만 다양체(Grassmannian)**라고 부른다. 예를 들어 $k = 1$이면 $G(1, n) = \mathbb{P}^{n-1}$이다. $\mathbf{k}^n$의 k차원 부분공간은 사영화하여 $\mathbb{P}^{n-1}$의 $(k-1)$-평면을 결정하고 역도 성립하므로 $G(k, n)$은 $\mathbb{P}^{n-1}$의 $(k-1)$-평면들의 집합과 같다. 따라서 $G(k, n) = \mathbf{G}(k-1, n-1)$로 쓰기도 한다.

집합 $G(k, n)$에 사영 다양체의 구조를 안겨주려면 이를 먼저 사영 공간의 부분집합으로 생각해야 하는데 이를 제공해 주는 것이 바로 프뤼커(Plücker) 사상이다. 먼저 일차 독립인 k개의 벡터들의 순

서쌍들의 집합

$$\mathfrak{F}_{k,n} = \{(v_1, \ldots, v_k) \,|\, v_1, \ldots, v_k\text{는 일차 독립}\} \subset (\mathbf{k}^n)^k = M^{k\times n}$$

을 생각하자. 각각의 v_i들을 $v_i = (v_{i1}, \ldots, v_{in}) \in \mathbf{k}^n$이라고 적고, $w_j = (v_{1j}, \ldots, v_{kj})$라 두자. 즉 $v_1, \ldots, v_k$를 행벡터로 갖는 $k \times n$ 행렬의 j번째 열이 w_j이다. 이제 $\mathfrak{F}_{k,n}$은 계수가 k인 $k \times n$ 행렬들의 집합으로 생각할 수 있다.

이제 k개의 자연수 쌍 $\mathbf{i} = (1 \le i_1 < i_2 < \cdots < i_k \le n)$마다 $\psi_{\mathbf{i}} = \det(w_{i_1}, \ldots, w_{i_k})$라고 두어 대수적 사상

$$\begin{aligned} \tilde{\psi} : \mathfrak{F}_{k,n} &\longrightarrow \mathbb{P}^{\binom{n}{k}-1}, \\ (v_1, \ldots, v_k) &\mapsto [\psi_{\mathbf{i}}]_{\mathbf{i}} \end{aligned} \tag{4.3}$$

를 정의하자. 이는 $\mathbb{A}^{kn} = (\mathbf{k}^n)^k = M^{k\times n}$의 열린 부분집합 $\mathfrak{F}_{k,n}$에서 사영 공간으로 가는 잘 정의된 대수적 사상이다. 예를 들어 $n = 4$, $k = 2$이면

$$\tilde{\psi}\begin{pmatrix} a_0 & a_1 & a_2 & a_3 \\ b_0 & b_1 & b_2 & b_3 \end{pmatrix} = \begin{matrix} [a_0b_1 - a_1b_0, & a_0b_2 - a_2b_0, & a_0b_3 - a_3b_0, \\ a_1b_2 - a_2b_1, & a_1b_3 - a_3b_1, & a_2b_3 - a_3b_2] \end{matrix}$$

로 주어진다.

자명하게 $\mathfrak{F}_{k,n}$의 원소 $(v_1, \ldots, v_k)$는 $G(k,n)$의 원소를 결정한다. 또한 $\mathfrak{F}_{k,n}$의 서로 다른 두 원소 $(v_1, \ldots, v_k)$와 $(v'_1, \ldots, v'_k)$이 같은 $G(k,n)$의 원소를 결정할 필요충분조건은 $\mathrm{GL}_k(\mathbf{k})$의 원소 $g = (g_{ij})$가 존재하여 각각의 i에 대해 $v'_i = \sum_j g_{ij}v_j$를 만족하는 것이다.[8] 즉

8 k차원 벡터 공간의 서로 다른 두 기저는 $\mathrm{GL}_k(\mathbf{k})$의 원소에 의해 하나가 다른 하나로 보내진다.

$G(k,n)$은 $\mathfrak{F}_{k,n}$의 $\mathrm{GL}_k(\mathbf{k})$-궤도(orbit)들의[9] 집합

$$G(k,n) = \mathfrak{F}_{k,n}/\mathrm{GL}_k(\mathbf{k})$$

라는 말이다. $(v_1,\ldots,v_k)$에 $g \in \mathrm{GL}_k(\mathbf{k})$를 작용하면 $k \times k$ 행렬

$$w_{\mathbf{i}} = (w_{i_1},\ldots,w_{i_k})$$

는 행렬의 곱 $gw_{\mathbf{i}}$로 보내지고 따라서 $\psi_{\mathbf{i}} = \det w_{\mathbf{i}}$는 모든 $\mathbf{i}$에 대해

$$\det gw_{\mathbf{i}} = \det(g)\det w_{\mathbf{i}} = \det(g)\,\psi_{\mathbf{i}}$$

로 변하므로 $[\psi_{\mathbf{i}}]_{\mathbf{i}} \in \mathbb{P}^{\binom{n}{k}-1}$은 변하지 않는다. 따라서 $\tilde{\psi}$는 단사 함수

$$\begin{aligned} \psi : G(k,n) = \mathfrak{F}_{k,n}/\mathrm{GL}_k(\mathbf{k}) &\longrightarrow \mathbb{P}^{\binom{n}{k}-1}, \\ \mathrm{GL}_k(\mathbf{k})\cdot(v_1,\ldots,v_k) &\mapsto [\psi_{\mathbf{i}}]_{\mathbf{i}} \end{aligned} \tag{4.4}$$

를 유도한다. 이를 **프뤼커(Plücker) 사상**이라고 부르고 그 성분들 $\psi_{\mathbf{i}}$를 **프뤼커 좌표들**이라고 부른다.

연습문제 4.17 ψ가 단사임을 보이시오.

좌표 선택 없이 ψ를 표현하고 싶다면, n차원 벡터 공간의 k차원 부분공간들의 집합을 $G(k,V)$라고 표시하고 프뤼커 사상을

$$\begin{aligned} \psi = \psi_V : G(k,V) &\longrightarrow \mathbb{P}(\wedge^k V), \\ \mathrm{span}(v_1,\ldots,v_k) &\mapsto [v_1\wedge\cdots\wedge v_k] \end{aligned} \tag{4.5}$$

로 정의하자.[10] V의 기저를 골라 동형사상 $V \cong \mathbf{k}^n$을 고정하면 (4.4)와 (4.5)가 동등함을 금방 확인할 수 있다.

---

9 궤도의 정의는 정의 9.7을 참조하라.

10 $v_1\wedge\cdots\wedge v_k$에서 $\wedge$는 외부곱(exterior product, wedge product)이다. 선형대수학 책이나 대수학 책 [10]을 참조하라.

$G(k,V)$가 $\psi(G(k,V))$와 일대일 대응이므로

$$\psi(G(k,V)) \subset \mathbb{P}(\wedge^k V)$$

가 닫힌 부분집합임을 보이면, ψ를 통해 $G(k,V)$가 사영 다양체의 구조를 얻는다.

정리 4.18

$\psi(G(k,V))$는 $\mathbb{P}(\wedge^k V)$의 닫힌 부분집합이다. 즉 그라스만 다양체는 사영 다양체이다.

증명 정의에 의해 $[\omega] \in \mathbb{P}(\wedge^k V)$가 프뤼커 사상의 이미지에 들어갈 필요충분조건은

$$\omega = v_1 \wedge \cdots \wedge v_k \in \wedge^k V, \quad \exists v_1, \ldots, v_k \in V$$

인 것이다. 이런 ω를 완전 분해가능(totally decomposable) 벡터라고 부른다. 먼저 $v \in V$에 대해

$$\omega = v \wedge \eta, \quad \exists \eta \in \wedge^{k-1} V \quad \Longleftrightarrow \quad v \wedge \omega = 0$$

임을 확인하자.(v를 포함하는 기저 $v_1 = v, v_2, \ldots, v_n$을 골라서 써보라.) 더 일반적으로 $\omega \in \wedge^k V$가 완전 분해가능일 필요충분조건은

$$\dim\{v \in V \,|\, v \wedge \omega = 0\} \geq k$$

이다.(왜?) 선형대수의 차원 정리에 의해 이는

$$\operatorname{rank}\left(V \xrightarrow{\wedge\omega} \wedge^{k+1} V\right) \leq n - k \tag{4.6}$$

와 동치이다. V의 기저를 골라 $\wedge\omega$를 $\binom{n}{k+1} \times n$ 행렬로 보면 (4.6)은 이 행렬의 $(n-k+1) \times (n-k+1)$ 소행렬식(minor determinant)들이 모두 0인 것과 동치이다. 이제 ω를 움직여 보면 선형 함수

$$\wedge^k V \longrightarrow \mathrm{Hom}(V, \wedge^{k+1} V), \quad \omega \mapsto (-) \wedge \omega$$

가 주어지고, (4.6)의 성분들은 이제 $\wedge^k V$의 좌표들의 일차 결합이다. 따라서 $[\omega]$가 프뤼커 사상의 이미지에 들어갈 필요 충분조건은 $\wedge^k V$의 좌표들에 관한 다항식들에 의해 주어진다. □

$k = 2$인 경우 그라스만 다양체를 정의하는 다항식들을 좀 더 구체적으로 살펴보자.

정리 4.19

$\psi(G(2,n)) \subset \mathbb{P}^{\binom{n}{2}-1}$은 2차 다항식들이 정의하는 사영 다양체이다. $n = 4$이면 $\psi(G(2,4)) \subset \mathbb{P}^5$는 2차 초곡면 $\mathbf{V}(x_0x_5 - x_1x_4 + x_2x_3)$이다.

증명 $V = \mathbf{k}^n$이라 두면 $\omega \in \wedge^2 V$에 대해

$$[\omega] \in \psi(G(2,n)) \quad \Longleftrightarrow \quad \omega \wedge \omega = 0 \in \wedge^4 V$$

임을 확인하면 우변의 성분들이 모두 프뤼커 좌표에 관한 2차식으로 주어지므로 증명이 끝난다.

$(\Rightarrow)$은 완전 분해가능 벡터에 대해 자명하다. $(\Leftarrow)$를 보이기 위해서 V의 기저 $v_1, \ldots, v_n$을 잡아,

$$\omega = \sum_{i<j} a_{ij} v_i \wedge v_j$$

로 쓰자. 필요하면 기저의 순서를 바꾸고 상수를 곱하여 $a_{12} =$

1이라 해도 된다.

$$\omega \wedge \omega = \sum_{i<j<k<l} (a_{ij}a_{kl} - a_{ik}a_{jl} + a_{il}a_{jk}) v_i \wedge v_j \wedge v_k \wedge v_l = 0$$

이므로

$$a_{ij} = a_{1i}a_{2j} - a_{1j}a_{2i} \quad \forall 3 \le i < j \le n$$

이다. 이제

$$(v_1 - a_{23}v_3 - \cdots - a_{2n}v_n) \wedge (v_2 + a_{13}v_3 + \cdots + a_{1n}v_n) = \omega$$

임을 직접 전개하여 각자 확인해 보자. 따라서 ω는 완전 분해 가능이다.

특히 $n = 4$이면 $\omega \wedge \omega = 0$은 $a_{12}a_{34} - a_{13}a_{24} + a_{14}a_{23} = 0$와 같고,

$$x_0 = a_{12}, x_1 = a_{13}, x_2 = a_{14}, x_3 = a_{23}, x_4 = a_{24}, x_5 = a_{34}$$

라 두어, $\psi(G(2,4)) = \mathbf{V}(x_0x_5 - x_1x_4 + x_2x_3)$임을 얻는다. □

예제 4.20 Macaulay2에서 그라스만 다양체를 정의하는 아이디얼을 구할 수 있다. Macaulay2에서는 사영화한 그라스만 다양체 $\mathbf{G}(k,n)$을 사용한다. 정리 4.19의 $\psi(G(2,4))$의 아이디얼과 동차 좌표환을 다음과 같이 구할 수 있다.

```
i1 : J = Grassmannian(1,3, CoefficientRing => QQ)

o1 = ideal (p_{1,2}p_{0,3} - p_{0,2}p_{1,3} + p_{0,1}p_{2,3})

o1 : Ideal of QQ[p_{0,1}..p_{0,2}, p_{1,2}, p_{0,3}, p_{1,3}, p_{2,3}]

i2 : R = quotient J
```

```
o2 = R

o2 : QuotientRing
```

정리 4.16은 다음과 같이 그라스만 다양체로 일반화된다.

정리 4.21

기약 사영 다양체 $X \subset \mathbb{P}^n$에 대하여

$$\Psi_X = \{(\Lambda, p) \,|\, p \in \Lambda \cap X\} \subset \mathbf{G}(k, n) \times X$$

는 기약이다.

벡터 공간 $\mathbf{k}^{n+1}$의 부분공간 Λ의 기저 $\{v_0, \ldots, v_k\}$에 대해

$$v \in \Lambda \quad \Longleftrightarrow \quad v_0 \wedge \cdots \wedge v_k \wedge v = 0$$

임을 이용해

$$\Psi_X = \Psi_{\mathbb{P}^n} \cap (\mathbf{G}(k, n) \times X)$$

가 사영 다양체임을 각자 확인해 보자. 정리 4.21의 증명은 정리 4.16의 증명을 변형하면 되므로 연습문제로 남긴다.

그라스만 다양체에 관한 대부분의 성질은 선형대수학으로부터 얻는다. n차원 벡터 공간 V의 k차원 부분공간 Λ가 있으면 포함관계가 주는 함수 $\imath : \Lambda \to V$의 전치 사상 $\imath^t : V^\vee \to \Lambda^\vee$은 전사 함수이고 그 커널(kernel)은 $V^\vee$의 $(n-k)$차원 부분공간이다. 이를 통해 일대일 대응

$$G(k, n) \cong G(k, V) \longrightarrow G(n-k, V^\vee) \cong G(n-k, n)$$

을 얻는다. 좌표를 도입해 이것이 대수적 사상임을 보이고 동형사상임을 각자 확인해 보자.

벡터 공간 V의 부분공간 W에 대해 자명한 포함관계

$$G(k,W) \subset G(k,V)$$

가 성립한다. 이는 프뤼커 사상과 잘 어울린다. 즉, 다음 다이어그램이 가환이다.

$$\begin{array}{ccc} G(k,W) & \longrightarrow & G(k,V) \\ \downarrow{\scriptstyle \psi_W} & & \downarrow{\scriptstyle \psi_V} \\ \mathbb{P}(\wedge^k W) & \longrightarrow & \mathbb{P}(\wedge^k V). \end{array}$$

$\mathbb{P}^n$의 m-평면 Π에 대해

$$\Sigma_r(\Pi) = \{\Lambda \in \mathbf{G}(k,n) \mid \dim \Lambda \cap \Pi \geq r\}$$

은 닫힌 부분집합인데(왜?) 이 집합들의 교집합들을 **슈베르트 사이클(Schubert cycles)**이라고 부른다. 19세기 후반 슈베르트는 슈베르트 사이클들의 교집합의 원소의 수를 계산하여 많은 셈 기하(enumerative geometry)[11]의 문제들을 해결할 수 있었는데, 이러한 슈베르트의 계산을 엄밀한 수학으로 확립하라는 것이 1900년 힐버트가 제시한 20세기를 위한 23개의 문제 중 15번째 문제이다.([15] 참조) 이는 호몰로지 이론과 교차 이론(intersection theory)의 발달을 이끌었으며 최근에는 모티빅 코호몰로지(motivic cohomology)와 그로모프-위튼 이론(Gromov-Witten theory)에까지 그 영향력을 이어가고

11 주어진 조건을 만족하는 기하학적 대상의 수를 세는 문제를 연구하는 분야를 셈 기하(enumerative geometry)라고 부른다. 예를 들어 "d차원 사영 공간의 일반적인 $2d-2$개의 $d-2$-평면과 모두 만나는 직선은 몇개인가?"와 같은 문제의 답을 찾는 것이다. 이 문제의 답은 카탈란(Catalan) 수, 즉 $\frac{1}{d}\binom{2d-2}{d-1}$이다.

있다.

예제 4.22 $\mathbb{P}^5$의 직선 중에서 2차 초곡면 $G(2,4) = \mathbf{G}(1,3)$에 포함되는 것들은 평면 $H \subset \mathbb{P}^3$와 한 점 $p \in H$가 주는 슈베르트 사이클

$$\Sigma_{p,H} = \{\ell \in \mathbf{G}(1,3) \,|\, p \in \ell \subset H\}$$

뿐이다. 구체적으로 좌표를 잡아서 각자 확인해 보자.

그라스만 다양체 $G(k,n) = \mathbf{G}(k-1,n-1)$은 $\mathbb{P}^{n-1}$의 $(k-1)$-평면들을 매개화하는데 그 무리는

$$\Gamma := \{(\Lambda, p) \,|\, p \in \Lambda\} \subset \mathbf{G}(k-1,n-1) \times \mathbb{P}^{n-1}$$

이다. 정리 4.18의 증명으로부터

$$p = [v] \;\; (v \in \mathbf{k}^n), \quad \Lambda = [\omega] \;\; (\omega \in \wedge^k V)$$

로 쓸 때 Γ는 대수적 방정식 $\omega \wedge v = 0$이 정의하므로 사영 다양체임을 알 수 있다.

정리 4.23

닫힌 부분집합

$$\Psi \subset G(k,n) = \mathbf{G}(k-1,n-1)$$

이 매개화하는 $(k-1)$-평면들의 합집합은 사영 공간 $\mathbb{P}^{n-1}$의 닫힌 부분집합이다.

증명 $\Gamma \subset G(k,n) \times \mathbb{P}^{n-1}$에서 정의된 두 사영을 각각 π_1, π_2라고 쓰면

$$\pi_2(\pi_1^{-1}(\Psi)) = \bigcup_{\Lambda \in \Psi} \Lambda$$

인데, 대수적 사상은 연속이므로 $\pi_1^{-1}(\Psi)$는 Γ의 닫힌 부분집합이고, 정리 4.8에 의해, $\pi_2(\pi_1^{-1}(\Psi))$는 닫힌 부분집합이다. □

그라스만 다양체 $G(k,n)$은 자연스러운 아핀 덮개를 갖는다. (4.4)의 기호를 사용하여 $\mathbf{i} = (1 \le i_1 < i_2 < \cdots < i_k \le n)$마다 프뤼커 좌표 $\psi_{\mathbf{i}} \neq 0$이 정의하는 $G(k,n)$의 열린 부분집합 $U_{\mathbf{i}}$를 생각하면 $w_{\mathbf{i}}$의 역행렬을 왼쪽에 곱해 $w_{\mathbf{i}}$를 항등 행렬로 둘 수 있고, $w_{\mathbf{i}}$를 지운 나머지 $k \times (n-k)$ 행렬을 생각하면,

$$U_{\mathbf{i}} \cong M^{k\times(n-k)} = \mathbb{A}^{k(n-k)}$$

임을 알 수 있다. 특히 $\mathbf{k} = \mathbb{C}$이면 $G(k,n)$은 $k(n-k)$차원 콤팩트 복소 다양체이다. 예를 들어 왼쪽에 $k \times k$ 항등 행렬을 포함하는

$$\begin{pmatrix} 1 & 0 & \cdots & 0 & a_{1,k+1} & \cdots & a_{1,n} \\ 0 & 1 & \cdots & 0 & a_{2,k+1} & \cdots & a_{2,n} \\ \cdots & \cdots & \cdots & \cdots & \cdots & \cdots & \cdots \\ 0 & 0 & \cdots & 1 & a_{k,k+1} & \cdots & a_{k,n} \end{pmatrix} \tag{4.7}$$

꼴의 $k \times n$ 행렬의 행들이 생성하는 부분공간들은 $G(k,n)$의 열린 부분집합 $U_{(1,2,\ldots,k)}$이고 $\mathbb{A}^{k(n-k)}$와 동형이다. 이 열린 부분집합에서 $k(n-k)$개의 성분들 $a_{i,k+j}$는 모두 프뤼커 좌표들이고, 다른 프뤼커 좌표들은 $a_{i,k+j}$들에 관한 다항식들이다.

익숙한 사영 다양체 $X \subset \mathbb{P}^n$으로부터 새로운 다양체를 건설하는 방법의 하나는 X에 포함되는 k-평면들이 이루는 부분집합

$$F_k(X) = \{\Lambda \in \mathbf{G}(k,n) \mid \Lambda \subset X\}$$

를 생각하는 것인데 이를 **파노 다양체**(Fano variety)라고 부른다.

연습문제 4.24 파노 다양체 $F_k(X)$는 사영 다양체임을 보이시오.

예를 들어 $X = \mathbf{V}(x_0x_3 - x_1x_2) \subset \mathbb{P}^3$라면

$$F_1(X) = \mathbb{P}^1 \sqcup \mathbb{P}^1$$

이다.(왜?)

연습문제 4.25 매끈한 3차 곡면

$$X = \mathbf{V}(x_0^3 + x_1^3 + x_2^3 + x_3^3) \subset \mathbb{P}^3$$

에 대해 $F_1(X)$는 27개의 점으로 이루어져 있음을 보이시오.

$\mathbb{P}^3$의 모든 매끈한 3차 곡면에는 정확히 27개의 직선이 포함되어 있다. 이는 1849년 케일리(Cayley)와 새몬(Salmon)이 얻은 결과로 당대 수학자들을 완전히 매료시켜 향후 관련 연구를 이끌어낸 역사적인 성과이다.[12] 증명의 개요는 다음과 같다. 매끈한 3차 곡면들의 집합을 U라 하면 이는 $\mathbb{P}^{19}$의 연결된 열린 부분집합인데, 사상

$$\{(X, \ell) \mid \ell \subset X\} \subset U \times \mathbf{G}(1,3) \xrightarrow{\pi_1} U$$

의 미분을 구해서 국소적 미분동형사상(local diffeomorphism)임을 확인할 수 있다. 따라서 모든 매끈한 3차 곡면에는 같은 개수의 직선이 존재하고 위의 연습문제를 통해 그 수는 정확히 27임을 알 수 있다.

12 이 결과는 도나기(Donagi)의 대수기하학자 판별법을 준다: 깊은 잠에 빠진 사람을 새벽에 갑자기 깨워 "27?"이라고 물었을 때 "3차 곡면에 포함된 직선의 수"라고 바로 답하면 대수기하학자이고 다른 얘기를 하면 아니다.

CHAPTER

5

유리 함수와 유리 사상

이 장에서는 대수적 사상의 일반화된 개념으로 유리 사상을 공부한다. 보통 함수와 대수적 사상이 대수적 다양체를 환(ring)의 관점에서 분석한다면 유리 함수와 유리 사상은 체(field)의 관점에서 분석하는 것이다.

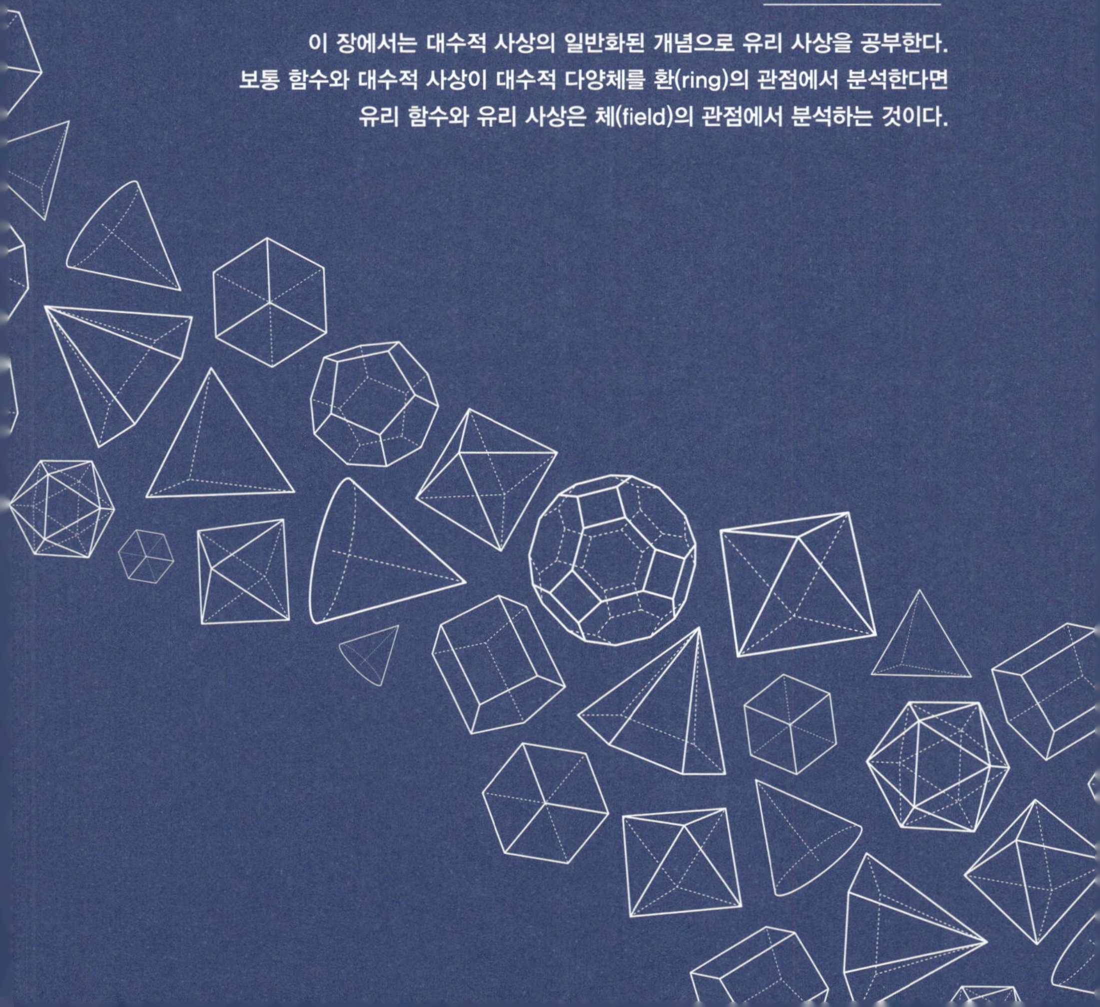

다른 언급이 없으면 이 장에서 나오는 모든 다양체는 **기약**이다.

5.1 유리 함수와 유리 사상

유리 함수는 열린 부분집합에서 정의된 보통 함수를 말하고 이들은 체를 이룬다. 유리 사상은 열린 부분집합에서 정의된 대수적 사상을 말하는데 유리 함수들의 체 사이의 준동형사상을 유도한다.

5.1.1 유리 함수

보조정리 3.10에 의해, 기약인 닫힌 부분집합 $X \subset \mathbb{A}^n$의 아이디얼 $I(X)$는 프라임 아이디얼이므로 **아핀 좌표 환**(affine coordinate ring)

$$A(X) = \mathbf{k}[X] = \mathbf{k}[x_1, \ldots, x_n]/I(X)$$

는 정역(integral domain)이다. $\mathbf{k}[X]$의 분수체(field of fractions)

$$\mathbf{k}(X) = \left\{ \frac{f}{g} \mid f, g \in \mathbf{k}[X],\ \ g \neq 0 \right\}$$

를 **유리 함수 체**(rational function field)라고 부른다. 예를 들어

$$\mathbf{k}(\mathbb{A}^n) = \mathbf{k}(x_1, \ldots, x_n)$$

은 다항식 환 $\mathbf{k}[x_1, \ldots, x_n]$의 분수체, 즉 유리식들의 체이다.

두 기약 아핀 다양체 X, Y가 동형이면 $\mathbf{k}[X] \cong \mathbf{k}[Y]$이므로(연습문제 3.24) $\mathbf{k}(X) \cong \mathbf{k}(Y)$임을 알 수 있다.

열린 부분집합도 같은 유리 함수 체를 갖는다.

연습문제 5.1 기약 아핀 다양체 $X \subset \mathbb{A}^n$과 $0 \neq f \in \mathbf{k}[x_1, \ldots, x_n]$에 대해

$$X_f = \{p \in X \mid f(p) \neq 0\} \cong V(I(X), x_{n+1}f - 1) \subset \mathbb{A}^{n+1}$$

의 유리 함수 체 $\mathbf{k}(X_f)$는 $\mathbf{k}(X)$와 동형임을 보이시오. 더 일반적으로 기약 아핀 다양체 X와 X의 기약 아핀 열린 부분집합 U에 대해 $\mathbf{k}(X) \cong \mathbf{k}(U)$임을 보이시오.

임의의 기약 준사영 다양체 X, 아핀 열린 부분집합 $U, V \subset X$, 아핀 열린 부분집합 $W \subset U \cap V$를 생각하면, 연습문제 5.1에 의해

$$\mathbf{k}(U) \cong \mathbf{k}(W) \cong \mathbf{k}(V)$$

이다. 따라서 기약 준사영 다양체 X의 **유리 함수 체**를 임의의 아핀 열린 부분집합 U에 대해

$$\mathbf{k}(X) = \mathbf{k}(U)$$

라고 정의할 수 있다.

사영 다양체 $X \subset \mathbb{P}^n$의 **동차 좌표 환**(homogeneous coordinate ring)은

$$S(X) = \mathbf{k}[x_0, \ldots, x_n]/\mathbf{I}(X)$$

로 정의되었음을 기억하자. $\mathbf{I}(X)$가 동차 아이디얼이므로 차수에 의한 등급(grading)

$$\mathbf{k}[x_0, \ldots, x_n] = \bigoplus_{d \geq 0} \mathbf{k}[x_0, \ldots, x_n]_d$$

는 $S(X)$의 등급(grading)

$$S(X) = \bigoplus_{d \geq 0} S(X)_d$$

$$S(X)_d = \mathbf{k}[x_0, \ldots, x_n]_d/\mathbf{I}(X) \cap \mathbf{k}[x_0, \ldots, x_n]_d$$

를 준다.

보조정리 5.2

기약 사영 다양체 $X \subset \mathbb{P}^n$의 유리 함수 체는

$$\mathbf{k}(X) \cong \{\frac{\tilde{f}}{\tilde{g}} \,|\, \tilde{f}, \tilde{g} \in S(X)_d,\ \tilde{g} \neq 0, d \geq 0\}$$

을 만족한다.

증명 필요하면 동차 좌표들 $x_0, \ldots, x_n$의 순서를 바꾸어,

$$\varnothing \neq U := X \cap \mathbb{P}^n_{x_0} \subset \mathbb{P}^n_{x_0} \cong \mathbb{A}^n$$

이라 하고 동형사상

$$\mathbf{k}(U) \xrightarrow{\cong} \left\{\frac{\tilde{f}}{\tilde{g}} \,|\, \tilde{f}, \tilde{g} \in S(X)_d,\ \tilde{g} \neq 0, d \geq 0\right\} \tag{5.1}$$

을 만들자.

$$I(U) = \mathbf{I}(X)|_{x_0=1} \subset \mathbf{k}[x_1, \ldots, x_n]$$

이고 $\mathbf{I}(X)$는 $I(U)$의 원소들을 동차화한 다항식들이 생성한다.(왜?) 이제

$$f, g \in \mathbf{k}[U] = \mathbf{k}[x_1, \ldots, x_n]/I(U), \quad g \neq 0$$

이면 f, g를 동차화하여 $\tilde{f}, \tilde{g} \in \mathbf{k}[x_0, \ldots, x_n]$을 얻고 (5.1)을

$$\frac{f}{g} \mapsto \frac{x_0^{\deg \tilde{g}} \tilde{f}}{x_0^{\deg \tilde{f}} \tilde{g}} \tag{5.2}$$

로 정의하자. 역으로 $\tilde{f}, \tilde{g} \in S(X)_d$이면 $x_0 = 1$을 대입하여 $f, g \in \mathbf{k}[U]$를 얻고 (5.1)의 역함수

$$\frac{\tilde{f}}{\tilde{g}} \mapsto \frac{f}{g} \tag{5.3}$$

를 얻는다. □

예를 들어 $\mathbf{k}(\mathbb{P}^1)$은 $\dfrac{x_0^2 - x_1^2}{x_0^2 + x_1^2}$, $\dfrac{x_0^3}{x_0x_1^2 - x_1^3}$과 같이 분자가 분모가 차수가 같은 동차 다항식들인 유리식들로 이루어져 있고

$$\mathbf{k}(\mathbb{P}^1) = \mathbf{k}(\mathbb{A}^1) = \mathbf{k}(x)$$

이다. 또한 $\mathbf{k}(\mathbb{P}^n) = \mathbf{k}(\mathbb{A}^n) = \mathbf{k}(x_1, \ldots, x_n)$이다.

5.1.2 유리 사상

기약 준사영 다양체 X와 임의의 대수적 다양체 Y에 대해 유리 사상 $\varphi : X \dashrightarrow Y$를 정의하자. 열린 부분집합 $U, V \subset X$에 대해 대수적 사상 $F : U \to Y$, $G : V \to Y$가 **동등하다**(equivalent) 함은 $F|_{U\cap V} = G|_{U\cap V}$가 성립한다는 말이다.

연습문제 5.3

(1) X가 기약 다양체이고 대수적 사상 $F, G : X \to Y$가 열린 부분집합 $U \subset X$에서 $F|_U = G|_U$이면 $F = G$임을 보이시오.

(2) 열린 부분집합에서 정의된 대수적 사상들에 대해 위에서 정의한 동등함이 동등 관계(equivalence relation)임을 보이시오.

열린 부분집합 $\varnothing \neq U \subset X$와 대수적 사상 $F : U \to Y$의 동등류(equivalence class)를 X에서 Y로 가는 **유리 사상**(rational map)이라고 부르고 점선 화살표 $X \dashrightarrow Y$로 표기한다.

유리 사상 $\varphi : X \dashrightarrow Y$에 대해 대수적 사상 $\varphi|_U = F : U \to Y$가 정의되는 가장 큰 열린 부분집합 U를 **정의되는 영역**(domain of definition) 또는 **정의역**이라고 부르고, 그 여집합 $X - U$를 **미결정 자취**(indeterminacy locus)라고 부른다.

예를 들어 사영

$$\pi : \mathbb{P}^n \dashrightarrow \mathbb{P}^{n-1}, \quad [a_0, a_1, \ldots, a_n] \mapsto [a_1, \ldots, a_n]$$

은 정의역이 $\mathbb{P}^n - \{[1, 0, \ldots, 0]\}$인 유리 사상이다. 일반적으로 k-평면 Λ로부터의 사영 π_Λ는 정의역이 $\mathbb{P}^n - \Lambda$인 유리 사상이다. 유리 사상

$$\varphi : \mathbb{A}^2 \dashrightarrow \mathbb{P}^1, \quad \varphi(a, b) = [a, b]$$

의 정의역은 $\mathbb{A}^2 - \{(0, 0)\}$이다.

연습문제 5.4 기약 다양체 X에 대해 유리 사상 $\varphi : X \dashrightarrow \mathbb{A}^1 = \mathbf{k}$들의 집합과 유리 함수 체 $\mathbf{k}(X)$가 일치함을 보이시오.

5.1.3 유리 사상의 그래프

준사영 기약 다양체 X와 유리 사상 $\varphi : X \supset U \xrightarrow{F} Y$가 주어졌다면 ($U$는 열린 부분집합, F는 대수적 사상) F의 그래프 $(\mathrm{id} \times F)(U)$는 $U \times Y$의 닫힌 부분집합이다.(왜?) 유리 사상 φ의 **그래프**(graph)를 $(\mathrm{id} \times F)(U)$의 폐포(closure)

$$\mathrm{graph}(\varphi) = \overline{(\mathrm{id} \times F)(U)} \subset X \times Y$$

로 정의하자. $X \times Y$의 두 성분을 각각 잊어버리는 사영 π_1, π_2를 사용하여 대수적 사상들

$$\begin{array}{ccc} & \mathrm{graph}(\varphi) & \\ {}^{\pi_1}\swarrow & & \searrow^{\pi_2} \\ X & & Y \end{array}$$

를 얻는데

$$\operatorname{im}\varphi := \pi_2(\operatorname{graph}(\varphi)) \subset Y \tag{5.4}$$

를 유리 사상 φ의 **이미지**(image)라고 부른다. X가 사영 다양체이면 정리 4.8에 의해 $\operatorname{im}\varphi$는 사영 다양체이다. U가 φ의 정의역이고 $F = \varphi|_U$일 때 일반적으로 $\operatorname{im}\varphi \neq F(U)$임에 주의하자.

예를 들어 유리 사상

$$\varphi : \mathbb{A}^2 \dashrightarrow \mathbb{P}^1, \quad \varphi(a,b) = [a,b]$$

의 그래프와 유리 사상

$$\psi : \mathbb{A}^2 \dashrightarrow \mathbb{A}^2 \times \mathbb{P}^1, \quad \psi(a,b) = ((a,b),[a,b])$$

의 이미지는

$$\operatorname{graph}(\varphi) = \operatorname{im}(\psi) = \{((a,b),[c,d]) \in \mathbb{A}^2 \times \mathbb{P}^1 \mid ad = bc\} =: \mathrm{bl}_0\mathbb{A}^2$$

인데 이는 5.4절에서 배울 $\mathbb{A}^2$를 원점에서 뻥튀기(blowup)한 다양체이다.

임의의 유리 사상에 그 그래프를 대응시키는 함수

$$\{\varphi : X \dashrightarrow Y\} \xrightarrow{\text{graph}} \{X \times Y\text{의 닫힌 부분집합}\}$$

을 생각하면, 이는 단사이고 그 이미지의 원소들은 기약 닫힌 부분집합 $\Gamma \subset X \times Y$인데 열린 부분집합 $U \subset X$가 존재하여

$$\pi_1 : \Gamma \cap (U \times Y) \xrightarrow{\cong} U$$

가 동형사상이 되는 것들이다.(왜?)

5.2 쌍유리 사상

기약 준사영 다양체 X, Y에 대해 유리 사상 $\varphi : X \dashrightarrow Y$가 **지배적**(dominant)이라 함은

$$\overline{\operatorname{im}\varphi} = Y$$

가 성립함을 말한다. 즉 거의 전사 함수라는 말이다. φ가 지배적이면 임의의 유리 사상 $\psi : Y \dashrightarrow Z$에 대해 ψ의 정의역과 $\operatorname{im}\varphi$가 반드시 만나므로 합성

$$\psi \circ \varphi : X \dashrightarrow Y \dashrightarrow Z$$

가 유리 사상이 된다. 특히 $Z = \mathbb{A}^1 = \mathbf{k}$라 두면 Y의 유리 함수 g가 X의 유리 함수 $g \circ \varphi$를 주므로, 연습문제 5.4에 의해 함수

$$\varphi^t : \mathbf{k}(Y) \longrightarrow \mathbf{k}(X), \quad g \mapsto \varphi^t(g) = g \circ \varphi \tag{5.5}$$

를 얻고, 이는 체 사이의 준동형사상(homomorphism)인데 상수를 상수로 보내므로 단사 함수이다.

보조정리 5.5

기약 다양체 X, Y에 대하여 지배적 유리 사상 $\varphi : X \dashrightarrow Y$는 유리 함수 체 사이의 단사 함수 $\varphi^t : \mathbf{k}(Y) \to \mathbf{k}(X)$를 준다. 역으로 유리 함수 체 사이의 단사 준동형사상 $\phi : \mathbf{k}(Y) \to \mathbf{k}(X)$에 대하여 $\varphi^t = \phi$를 만족하는 지배적 유리사상 $\varphi : X \dashrightarrow Y$가 존재한다.

증명 φ에 대하여 단사 함수 φ^t가 주어짐은 위에서 보였다. 역으로 유리 함수 체 사이의 단사 준동형사상 $\phi : \mathbf{k}(Y) \to \mathbf{k}(X)$가

주어졌다고 하자. $Y \subset \mathbb{P}^n$이라 하고 필요하면 동차 좌표들의 순서를 바꾸어

$$\varnothing \neq W = Y \cap \mathbb{P}^n_{x_0}$$

라 두자. 연습문제 5.1에 의하여 $\mathbf{k}(W) \cong \mathbf{k}(Y)$이고 따라서 $\mathbf{k}(Y)$는

$$A(W) = \mathbf{k}[y_1, \ldots, y_n]/I(W)$$

의 분수체이다. 각각의 $i = 1, \ldots, n$에 대하여 $h_i = \phi(y_i)$라 두면 사상

$$\varphi : X \dashrightarrow Y,\ x \mapsto [1, h_1(x), \ldots, h_n(x)]$$

는 $\varphi^t = \phi$를 만족하는 유리 사상이다. φ^t가 단사이므로 $A(W)$의 원소 중 φ의 이미지에서 0이 되는 것은 0뿐이다. 따라서 위에서 정의한 사상 φ는 지배적이다. □

정의 5.6

기약 다양체 사이의 지배적 유리 사상 $\varphi : X \dashrightarrow Y$가 **쌍유리 사상**(birational map) 또는 **쌍유리적**(birational)이라 함은 유리 사상 $\psi : Y \dashrightarrow X$가 존재하여 $\psi \circ \varphi$와 $\varphi \circ \psi$가 유리 사상으로서 각각 id_X, id_Y와 같음을 말한다. 이때 ψ를 φ^{-1}로 쓰고 φ의 역 유리 사상이라 부른다. X와 Y가 **쌍유리적**(birational) 또는 **쌍유리적으로 동등하다**(birationally equivalent)고 함은 쌍유리 사상 $\varphi : X \dashrightarrow Y$가 존재함을 말한다.

예를 들어보자. 유리 사상

$$\psi : \mathbb{A}^2 \dashrightarrow \mathrm{bl}_0\mathbb{A}^2 = \{((a,b),[c,d]) \mid ad = bc\} \subset \mathbb{A}^2 \times \mathbb{P}^1,$$

$$\psi(a,b) = ((a,b),[a,b])$$

와 대수적 사상

$$\pi_1 : \mathrm{bl}_0\mathbb{A}^2 \subset \mathbb{A}^2 \times \mathbb{P}^1 \longrightarrow \mathbb{A}^2,$$

$$\pi_1((a,b),[c,d]) = (a,b)$$

를 생각하면 $\pi_1 \circ \psi$는 $\mathbb{A}^2 - \{(0,0)\}$의 항등사상이고, 또한 $\psi \circ \pi_1$도 항등사상과 동등하므로 π_1과 ψ가 쌍유리 사상이다.

기약 다양체 X에서 자신으로 가는 쌍유리 사상을 **쌍유리 자기동형사상**(birational automorphism)이라고 부른다. 특히 대수적 사상 (morphism, regular map)은 자동으로 유리 사상이므로 자기동형사상은 쌍유리 자기동형사상이다.

쌍유리 자기동형사상들의 집합을 $\mathrm{BirAut}(X)$로 쓴다. 이는 사상들의 합성을 연산으로 하여 군(group)을 이루고, 자기동형사상들이 이루는 군 $\mathrm{Aut}(X)$를 부분군으로 포함한다.

대수적 사상, 즉 $\mathrm{Aut}(X)$의 원소가 아닌 쌍유리 자기동형사상의 예를 들어보자. 유리 사상

$$\varphi : \mathbb{P}^2 \dashrightarrow \mathbb{P}^2, \quad \varphi[x_0,x_1,x_2] = [x_1x_2, x_0x_2, x_0x_1]$$

은 $\varphi \circ \varphi$가 $\mathbb{P}^2 - \mathbf{V}(x_0x_1x_2)$에서 항등함수와 일치하므로 $\mathrm{id}_{\mathbb{P}^2}$와 유리 사상으로서 같다. 따라서 φ는 쌍유리 자기동형사상이다.[1]

---

1 뇌터(Max Noether)와 카스텔누보(Castelnuovo)의 정리에 따르면 $\mathrm{BirAut}(\mathbb{P}^2)$는 $\mathrm{Aut}(\mathbb{P}^2)$와 φ가 생성한다.

정리 5.7

기약 다양체 X, Y에 대하여 다음 명제들은 동치이다.

(1) 쌍유리 사상 $\varphi : X \dashrightarrow Y$가 존재한다.

(2) $\mathbf{k}(X) \cong \mathbf{k}(Y)$.

(3) 열린 부분집합 $U \subset X$, $V \subset Y$가 존재하여 $U \cong V$이다.

증명 (1)⇔(2): 보조정리 5.5에 의해 자명하다.

(1)⇒(3): $\psi \circ \varphi$와 id_X가 유리 사상으로 같으므로 열린 $U' \subset X$가 존재하여 대수적 사상으로서 $\psi \circ \varphi|_{U'} = \mathrm{id}_{U'}$이다. 같은 이유에서 열린 $V' \subset Y$가 존재하여 대수적 사상으로서 $\varphi \circ \psi|_{V'} = \mathrm{id}_{V'}$이다. 이제 $U = U' \cap \varphi^{-1}(V')$, $V = V' \cap \psi^{-1}(U')$이라 두면 $U \cong V$이다.

(3)⇒(1): 정의에 의하여 자명하다. □

$\varphi : \mathbb{P}^1 \dashrightarrow \mathbb{P}^1$이 쌍유리 사상이면 $\varphi^t : \mathbf{k}(x) \xrightarrow{\cong} \mathbf{k}(x)$는 동형사상인데 일변수 유리식들의 체 $\mathbf{k}(x)$의 자기동형사상은

$$x \mapsto \frac{ax+b}{cx+d}, \quad ad - bc \neq 0$$

꼴뿐이므로(왜?) φ는 사영 변환

$$\varphi[x_0, x_1] = [ax_0 + bx_1, cx_0 + dx_1]$$

이다. 따라서

$$\mathrm{BirAut}(\mathbb{P}^1) = \mathrm{Aut}(\mathbb{P}^1) = \mathrm{PGL}_2(\mathbf{k})$$

임을 얻는다.

기약 다양체 X와 유리 사상 $\varphi : X \dashrightarrow Y$에 대해 그 그래프를

$$\widetilde{X} = \mathrm{graph}(\varphi) \subset X \times Y$$

라 두면, $\pi_1 : \widetilde{X} \to X$, $\pi_1(x, y) = x$는 φ의 정의역을 U라 할 때

$$(\mathrm{id}_U \times F)(U) \cong U$$

이므로 쌍유리 사상이다. 사영 $\pi_2 : \widetilde{X} \to Y$, $\pi_2(x, y) = y$를 사용하여 유리 사상 φ를

$$\varphi = \pi_2 \circ \pi_1^{-1} : X \xleftarrow{\pi_1} \widetilde{X} \xrightarrow{\pi_2} Y$$

로 써서 쌍유리 사상 π_1^{-1}와 대수적 사상 π_2의 합성으로 분해할 수 있다.

대수적 다양체 중에서 사영 공간과 쌍유리적인 것들은 특수한 대상들이다.

정의 5.8

(1) 기약 다양체 X가 **유리 다양체**(rational variety) 또는 **유리적**(rational)이라 함은 자연수 n이 존재하여 X와 $\mathbb{P}^n$이 쌍유리적이라는 말이다.

(2) 기약 다양체 X가 **단유리적**(unirational)이라 함은 자연수 n과 지배적 유리 사상 $\mathbb{P}^n \dashrightarrow X$가 존재한다는 말이다.

자명하게 유리적이면 단유리적이다. 정리 5.7로부터, 기약 다양체 X가 유리적일 필요충분조건은 자연수 n이 존재하여

$$\mathbf{k}(X) \cong \mathbf{k}(x_1, \ldots, x_n)$$

인 것이다. 이는 또한 열린 부분집합 $U \subset X$가 존재하여 $\mathbb{A}^n$의 열린

부분집합과 동형이라는 말과 같다. 보조정리 5.5에 의해 기약 다양체 X가 단유리적일 필요충분조건은 자연수 n이 존재하여

$$\mathbf{k}(X) \subset \mathbf{k}(x_1, \ldots, x_n)$$

인 것이다.

유리 다양체는 특별하며 대부분의 다양체는 **비유리적**(irrational)이다. 예를 들어 3 이상의 차수를 갖는 매끈한 평면 곡선은 단유리적이 아니다. 4 이상의 차수를 갖는 $\mathbb{P}^3$의 곡면은 비유리적이다. $\mathbb{P}^4$ 상의 대부분의 3차 초곡면은 단유리적이지만 유리적이 아님이 알려져 있다.

한편 임의의 유리 정규 곡선은 유리적이다.(왜?) 또한 특이점을 갖는 평면 3차 곡선들은 (2.16)와 (2.17)에 의해 유리적이다. 왜냐면

$$[x, y, z] \mapsto [y, x]$$

가 역 유리 사상을 주기 때문이다.

사영 공간과 동형은 아니지만 유리 다양체인 가장 쉬운 예는 세그레 곡면

$$\mathbb{P}^1 \times \mathbb{P}^1 \cong \Sigma = \mathbf{V}(x_0x_3 - x_1x_2) \subset \mathbb{P}^3$$

이다. 유리적임을 보이려면 서로 역 유리 사상인 쌍유리 사상들

$$\varphi : \Sigma \dashrightarrow \mathbb{P}^2, \quad [a_0, a_1, a_2, a_3] \mapsto [a_0, a_1, a_2],$$

$$\psi : \mathbb{P}^2 \dashrightarrow \Sigma, \quad [a_0, a_1, a_2] \mapsto [a_0, a_1, a_2, a_1a_2a_0^{-1}]$$

를 생각하면 충분하다. 한편 Σ에는 만나지 않는 두 직선이 존재하고 φ가 직선을 직선으로 보내므로 $\mathbb{P}^2$와 동형일 수 없다.

더 일반적으로 임의의 2차 초곡면 $X \subset \mathbb{P}^n$은 유리적이다. 실제로

꼭지점이 아닌 한 점 $p \in X$를 잡고 p로부터의 사영 $\pi_p : X - \{p\} \to \mathbb{P}^{n-1}$을 생각하면 이는 쌍유리 사상이다. 왜냐하면 $p = [1, 0, \ldots, 0]$이라 두면

$$X = \mathbf{V}(f), \quad f = x_0 g(x_1, \ldots, x_n) + h(x_1, \ldots, x_n)$$

의 꼴로 쓸 수 있고,

$$[a_1, \ldots, a_n] \mapsto [-h(a_1, \ldots, a_n)/g(a_1, \ldots, a_n), a_1, \ldots, a_n]$$

이 $\pi_p[a_0, a_1, \ldots, a_n] \mapsto [a_1, \ldots, a_n]$의 역 유리 사상을 주기 때문이다.

대수적 다양체를 쌍유리적으로 분류하고자 한다면 초곡면만 생각해도 모두 찾을 수 있다.

정리 5.9

임의의 기약 다양체는 사영 공간의 초곡면과 쌍유리적이다.

증명을 위해서 대수학 교과서에 나오는 다음의 사실을 사용하자.

정리 5.10 ([10, §8.1])

체 L을 포함하는 체 K가 있다면 L 상에서 대수적으로 독립인 극대(maximal)의 부분집합 Γ의 원소 개수는 Γ의 선택에 무관하고 K는 $L(\Gamma)$ 상에서 대수적이다.

여기서 L의 부분집합 Γ가 L 상에서 대수적으로 독립이라 함은 Γ의 원소들 $a_1, \ldots, a_m$을 임의로 잡고 임의의 0이 아닌 다항식

$$f(x_1, \ldots, x_m) \in L[x_1, \ldots, x_m]$$

을 골라도 $f(a_1, \ldots, a_m) \neq 0$임을 말한다.

L 상에서 대수적으로 독립인 K의 부분집합 중 극대(maximal)인 것 Γ를 **초월 기저**(transcendence base)라고 부르고, 그 원소의 수 $\mathrm{tr.deg}_L K = |\Gamma|$를 L 상에서 K의 **초월 차수**(transcendence degree)라고 부른다. 아울러 표수(characteristic) 0인 경우 임의의 유한 확장(finite extension)은 단순 확장(simple extension)임도 사용하겠다.

증명 (**정리 5.9**) 기약 다양체 X의 유리 함수 체 $\mathbf{k}(X)$는 정의에 의해 $\mathbf{k}$ 상에서 유한 생성이다. 정리 5.10에 의해 $\mathbf{k}$ 상에서 대수적으로 독립인 원소들 $x_1, \ldots, x_m \in \mathbf{k}(X)$와 $\mathbf{k}(x_1, \ldots, x_m)$ 상에서[2] 대수적인 $b \in \mathbf{k}(X)$가 존재하여

$$\mathbf{k}(X) = \mathbf{k}(x_1, \ldots, x_m)[b]$$

이다. b의 기약 다항식을

$$F(x_0) = x_0^d + a_1 x_0^{d-1} + \cdots + a_{d-1}x_0 + a_d,$$

$$a_i = \frac{f_i}{g_i}, \quad f_i, g_i \in \mathbf{k}[x_1, \ldots, x_m]$$

이라고 두면, g_i들의 최소 공배 다항식(least common multiple)을 곱하여 다항식

$$G(x_0, x_1, \ldots, x_m) \in \mathbf{k}[x_0, x_1, \ldots, x_m]$$

을 얻는다. $Y = V(G) \subset \mathbb{A}^{m+1}$이라고 두면 $\mathbf{k}(X) \cong \mathbf{k}(Y)$이므로 X와 Y는 쌍유리적이다. 따라서 G를 동차화한 $\widetilde{G}$가 정의하는 초곡면 $\mathbf{V}(\widetilde{G})$는 X와 쌍유리적이다. $\square$

---

2 $\mathbf{k}(x_1, \ldots, x_m)$은 $\mathbf{k}, x_1, \ldots x_m$을 포함하는 $\mathbf{k}(X)$의 부분체들의 교집합, 즉 이들을 포함하는 가장 작은 체를 말한다.

좀 더 기하학적인 방법으로, 사영을 통해 X의 할선 다양체(secant variety)의 차원을 계산하여 정리 5.9를 보일 수도 있다. 예제 6.20을 보라.

대수기하학에서 가장 근본적인 문제 중 하나는 사영 다양체를 분류하는 것이다. 그런데 동형을 기준으로 분류하려고 하면 너무 어려우므로 먼저 쌍유리적으로 분류하고 나서 다시 쌍유리적 다양체들을 동형을 기준으로 세부적인 분류를 하는 단계적인 접근법이 유용하다. 주어진 사영 다양체의 쌍유리적 동등류 안에서 대수적 사상을 건설하고 가장 간단한 대상을 찾는 문제를 **극소 모형 문제**(minimal model problem)라고 부른다. 곡선에 대해서는 자명하고 곡면에 대해서는 19세기 말 해결되었으며 3차원 이상에 대해서는 모리(Mori), 콜라(Kollar), 비르카(Birkar), 카시니(Casini), 헤이컨(Hacon), 맥커넌(McKernen) 등에 의해 큰 발전이 있었다. 이들 중 모리와 비르카가 각각 1990년과 2018년 필즈상을 수상했다.

5.3 유리 사상의 차수

기약 사영 다양체 사이의 지배적인 유리 사상 $\varphi : X \dashrightarrow Y$가 주어지면 $\mathbf{k}(Y)$는 $\mathbf{k}(X)$의 부분체(subfield)와 동형임을 얘기한 바 있다. 이 확장체(extension field)는 언제 유한 확장(finite extension)인가?

대수적 사상 $F : U \to Y$가 주어졌을 때 $q \in Y$에 대해 q 상의 **파이버**(fiber)란 $F^{-1}(q)$를 말한다. 유리 사상 $\varphi : X \dashrightarrow Y$의 파이버는 정의역 U와 $F = \varphi|_U$에 대해 F의 파이버를 말한다. **일반적인 파이버**(general fiber)란 Y의 열린 부분집합 V가 존재하여 $q \in V$에 대해 $F^{-1}(q)$를 생각하는 것을 말한다.

정리 5.11

기약 사영 다양체 사이의 지배적인 유리 사상 $\varphi : X \dashrightarrow Y$가 주어졌을 때, $[\mathbf{k}(X) : \mathbf{k}(Y)] < \infty$일 필요충분조건은 φ의 일반적인 파이버가 유한인 것이다. 이 경우 $[\mathbf{k}(X) : \mathbf{k}(Y)]$는 일반적인 파이버의 원소의 수와 같다.

위 정리의 $[\mathbf{k}(X) : \mathbf{k}(Y)]$를 φ의 **차수**(degree)라고 부른다.

증명 $X \subset \mathbb{P}^n$, $Y \subset \mathbb{P}^m$이라 두고 φ가 대수적 사상인 경우를 보이자. φ의 그래프 $\widetilde{X} := \mathrm{graph}(\varphi) \subset X \times Y \subset \mathbb{P}^n \times \mathbb{P}^m$은 X와 동형이다. X가 사영 다양체이므로 정리 4.8에 의해, $\mathbb{P}^n$의 임의의 초평면 Γ에 대해 $\varphi(\Gamma \cap X) \subset Y$는 닫힌 부분집합이다.

φ의 한 파이버 $\varphi^{-1}(q)$가 유한이면, $\varphi^{-1}(q)$와 만나지 않는 $\mathbb{P}^n$의 초평면 Γ에 대해 $q \notin \varphi(\Gamma \cap X)$이므로 φ의 일반적인 파이버는 Γ와 만나지 않는다. 그렇게 되는 q를 포함하는 $\mathbb{P}^m$의 열린 부분집합 $\mathbb{A}^m$을 고르자.

φ의 일반적인 파이버 $\varphi^{-1}(q)$가 무한이면, $\varphi|_{X-\{x_i \neq 0\}}$의 일반적인 파이버가 무한인 $0 \le i \le n$가 존재한다. 이때 $\Gamma = \mathbf{V}(x_i)$라 두고 $\mathbb{P}^m$의 열린 부분집합 $\mathbb{A}^m$을 임의로 고르자.

이제 X를 $\widetilde{X} - (\Gamma \times \mathbb{P}^m)$으로 대체하고 Y를 $Y \cap \mathbb{A}^m$으로 대체하여 귀납적으로

$$\begin{array}{ccc} X & \hookrightarrow & \mathbb{A}^n \\ \downarrow & & \downarrow \pi \\ Y & \hookrightarrow & \mathbb{A}^{n-1} \end{array} \quad , \quad \pi(a_1, \ldots, a_n) = (a_1, \ldots, a_{n-1})$$

인 상황만 고려하면 충분하다.

만약 $[\mathbf{k}(X) : \mathbf{k}(Y)] < \infty$이면 기약인 $G(x_n) \in \mathbf{k}(Y)[x_n]$

가 존재하여

$$\mathbf{k}(X) = \mathbf{k}(Y)[x_n]/\langle G(x_n)\rangle$$

라고 쓸 수 있고 이때 $G(x_n)$의 차수는 $\deg G = [\mathbf{k}(X) : \mathbf{k}(Y)]$이다. 따라서 일반적인 $q \in Y$에 대해 $\varphi^{-1}(q)$는 $[\mathbf{k}(X) : \mathbf{k}(Y)]$개의 점을 갖는다.(여기서 일반적인 $q \in Y$는 $G(x_n)$이 중근을 갖지 않도록 하는 $q \in Y$를 말한다. 중근 존재 여부는 $G(x_n)$의 판별식(discriminant) – 또는 $G(x_n)$과 $G'(x_n)$의 종결식 – 이 결정하므로 중근을 갖지 않는 점들은 Y의 열린 부분집합을 이룬다.)

만약 $[\mathbf{k}(X) : \mathbf{k}(Y)] = \infty$이면 x_n이 $\mathbf{k}(Y)$상에서 초월적(transcendental)이어서 $I(X)$의 임의의 원소를

$$\sum a_i x_n^i, \quad a_i \in \mathbf{k}[Y]$$

라고 쓸 때 $a_i = 0$, $\forall i$이므로 모든 $q \in Y$에 대하여 $\pi^{-1}(q)$ 전체가 X에 포함된다. 따라서 $\varphi^{-1}(q)$는 모든 $q \in Y$에 대해 무한이다.

φ가 대수적 사상이 아닌 유리 사상의 경우는 차원 비교를 통해 φ의 정의역의 여집합이 일반적인 파이버에 나타날 수 없음을 확인하면 위의 논증에 의하여 증명이 끝난다. 다음 장에서 차원을 공부한 후 생각해 볼 만한 연습문제로 남기자. □

예를 들어 d차 기약 다항식 f가 정의하는 매끈한 초곡면 $X = \mathbf{V}(f) \subset \mathbb{P}^n$이 $p = [1, 0, \ldots, 0] \in \mathbb{P}^n$을 지난다고 하자. p로부터의 사영

$$\pi_p : \mathbb{P}^n - \{p\} \longrightarrow \mathbb{P}^{n-1}, \quad [x_0, x_1, \ldots, x_n] \mapsto [x_1, \ldots, x_n]$$

을 생각하면 $a_1 \neq 0$인 $a_i \in \mathbf{k}[x_1, \ldots, x_n]_i$에 대하여

$$f(x_0, \ldots, x_n) = a_1 x_0^{d-1} + \cdots + a_{d-1} x_0 + a_d$$

꼴로 쓰여진다.(왜?)

사영 변환을 통해 $a_1 = x_n$이라 둘 수 있고 $\mathbb{P}^{n-1}_{x_n} = \mathbb{A}^{n-1}$ 상에서 $\pi_p|_{\pi_p^{-1}(\mathbb{A}^{n-1})}$은

$$\pi_p : V(x_0^{d-1} + \hat{a}_2 x_0^{d-2} + \cdots + \hat{a}_d) \longrightarrow \mathbb{A}^{n-1},$$
$$(x_0, x_1, \ldots, x_{n-1}) \mapsto (x_1, \ldots, x_{n-1}),$$
$$\hat{a}_i(x_1, \ldots, x_{n-1}) = a_i(x_1, \ldots, x_{n-1}, 1)$$

이 된다. X가 매끈하므로

$$\mathbf{k}(X) = \mathbf{k}(\mathbb{A}^{n-1})[x_0]/(x_0^{d-1} + \hat{a}_2 x_0^{d-2} + \cdots + \hat{a}_d)$$

이고 $[\mathbf{k}(X) : \mathbf{k}(\mathbb{A}^{n-1})] = d-1$이며, π_p의 일반적인 파이버는 $(d-1)$ 개의 원소를 갖는다.(그림 5.1)

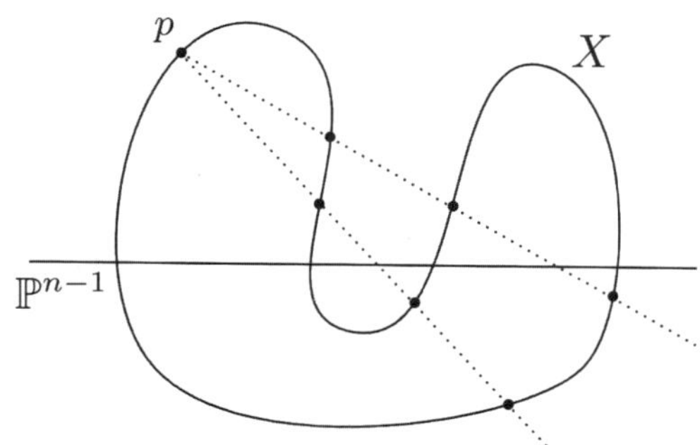

그림 5.1: 초곡면 위의 점으로부터의 사영

5.4 뻥튀기

사영 공간의 정의로부터 $\mathbb{A}^n = \mathbf{k}^n$ 상의 원점이 아닌 점 v는 그 점이 생성하는 유일한 1차원 부분공간, 즉 $\mathbb{P}^{n-1}$의 점 $p = [v]$를 준다. 따라서 유리 함수 $\varphi : \mathbb{A}^n \dashrightarrow \mathbb{P}^{n-1}$을 얻는다. 이 유리 함수의 그래프

$$\mathrm{bl}_0(\mathbb{A}^n) := \{(v, p) \mid v \in p\} \subset \mathbb{A}^n \times \mathbb{P}^{n-1}$$

을 원점에서 $\mathbb{A}^n$의 **뻥튀기**(blowup)라고 부른다. 좌표로 쓰면

$$\mathrm{bl}_0(\mathbb{A}^n) = \{((a_1, \ldots, a_n), [b_1, \ldots, b_n]) \mid a_i b_j = a_j b_i,\ \forall i, j\}$$

이다. 정의로부터 대수적 사상

$$\pi_1 : \mathrm{bl}_0(\mathbb{A}^n) \longrightarrow \mathbb{A}^n, \quad (v, p) \mapsto v$$

는 $\mathbb{A}^n - \{0\}$ 상에서 동형사상이므로 쌍유리 사상이다. π_1의 파이버는 $v \neq 0 \in \mathbb{A}^n$에 대해서는 한 점 $[v]$이고 $v = 0$에 대해서는 $\pi_1^{-1}(0) = \mathbb{P}^{n-1}$이다. 이 특별한 파이버를 **예외 인자**(exceptional divisor)라고 부른다. 한 점이 사영 공간 $\mathbb{P}^{n-1}$으로 커졌으므로 뻥튀기라고 부르는 것이다.

$0 \in X \subset \mathbb{A}^n$이면

$$X - \{0\} \subset \mathbb{A}^n - \{0\} \xrightarrow{(\mathrm{id}, \varphi)} \mathbb{A}^n \times \mathbb{P}^{n-1}$$

의 이미지의 폐포(closure)를 취하여 원점에서 X의 뻥튀기 $\mathrm{bl}_0 X$를 얻는다.

예제 5.12 평면상의 3차 곡선 $X = V(y^2 - x^2(x+1))$를 원점에서 뻥튀기해 보자. 열린 부분집합 $\mathbb{P}^1_{x_1} = \{[u, 1] \mid u \in \mathbf{k}\} \subset \mathbb{P}^1$에서 생각

하면 $\mathrm{bl}_0(\mathbb{A}^2)$는

$$\{((a,b),[u,1])\,|\,a=ub\}\cong\{(b,u)\}=\mathbf{k}^2$$

이고 π_1은 (b,u)를 (ub,b)로 보낸다. 이를 $y^2-x^2(x+1)$에 대입하면

$$b^2-u^2b^2(ub+1)=0$$

이 되어 b^2을 소거하고 나면 $u^2(ub+1)=1$이 되어 편미분을 통해 bl_0X가 이 열린 부분집합에서 매끈한 곡선임을 안다. 열린 부분집합 $\mathbb{P}^1_{x_0}=\{[1,v]\,|\,v\in\mathbf{k}\}\subset\mathbb{P}^1$에서 같은 방법으로 계산하면 bl_0X가 $\{(a,v)\,|\,v^2=a+1\}$이 되어 여기서도 매끈한 곡선이다. 따라서 bl_0X는 모든 점에서 매끈한 곡선이고

$$\mathrm{bl}_0X-\{((0,0),[\pm1,1])\}\cong X-\{0\}$$

이다.

(a,b,u)-공간에서 보면 u의 값은 원점과 점 (a,b)를 잇는 직선의 기울기로 주어진다. 평면 곡선 X의 접선을 원점에서 두 개 그릴 수 있는데 두 접선의 기울기가 1과 -1로 다르므로 원점에서 뻥튀기를 하고 나면 원점은 두 점으로 분리가 되며 전체 곡선은 매끈한 곡선이 된다.(그림 5.2)

또 2차 곡면 $Y=V(x^2+y^2-z^2)\subset\mathbb{A}^3$는 원점을 특이점으로 갖는데, bl_0Y는

$$\mathrm{bl}_0\mathbb{A}^3\cap(\mathbb{A}^3\times\mathbb{P}^2_x)\cong\mathbb{A}^3=\{(u,v,w)\}$$

상에서는 $V(1+v^2-w^2)$이고, $\mathrm{bl}_0\mathbb{A}^3\cap(\mathbb{A}^3\times\mathbb{P}^2_y)$ 상에서는 $V(u^2+1-w^2)$, $\mathrm{bl}_0\mathbb{A}^3\cap(\mathbb{A}^3\times\mathbb{P}^2_z)$ 상에서는 $V(u^2+v^2-1)$로 주어지므로 모든 점에서 매끈함을 알 수 있다.(그림 5.3)

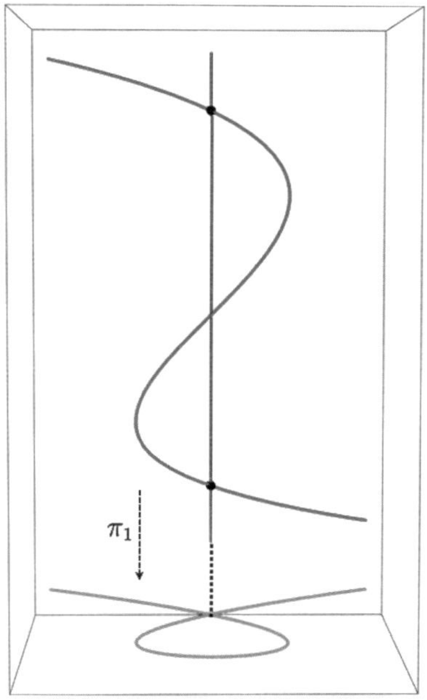

그림 5.2: 곡선의 뻥튀기

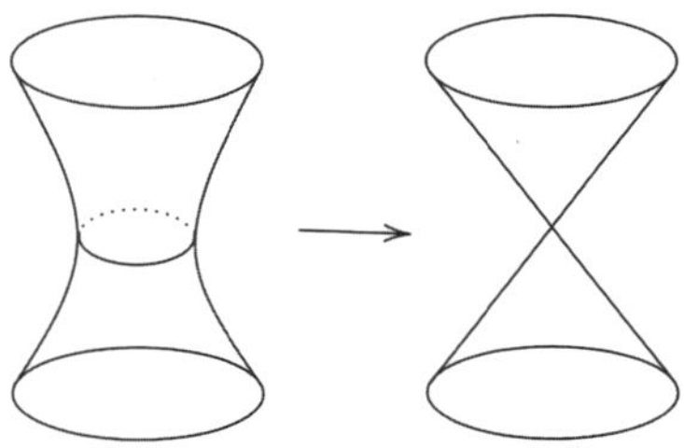

그림 5.3: 곡면의 뻥튀기

뻥튀기는 한 점에서 뿐만 아니라 임의의 매끈한 다양체의 매끈한 닫힌 부분다양체에서도 가능하도록 자연스럽게 확장된다. 그 이유는 국소 해석적으로 $Y \subset X$를 $Y \times \{0\} \subset Y \times \mathbb{A}^n$과 같이 쓸 수 있고 이를 $Y \times \mathrm{bl}_0\mathbb{A}^n$으로 대체하면 $Y \times \{0\}$를 뻥튀기한 셈이 된다. 스킴의 이론을 배우고 나면 임의의 닫힌 부분집합을 뻥튀기할 수 있다.

히로나카(Hironaka)에 따르면 뻥튀기로 모든 특이점을 제거할 수 있다.[3]

정리 5.13 (특이점 해소 정리)

임의의 대수적 다양체는 유한 번의 뻥튀기를 통해 매끈한 다양체로 만들 수 있다.

예를 들어 아핀 곡면 $V(x^2 + y^3 + z^5) \subset \mathbb{A}^3$는 원점을 특이점으로 갖는데 8번의 뻥튀기를 통해 매끈한 곡면을 얻을 수 있다. 이때 원점의 역 이미지(inverse image)는 8개의 사영 직선으로 이루어지는데, 이들 각각을 점으로 두 직선이 만나면 선분으로 연결하여 얻는 그래프는 그림 5.4와 같은 딘킨(Dynkin) 다이어그램 E_8이다.

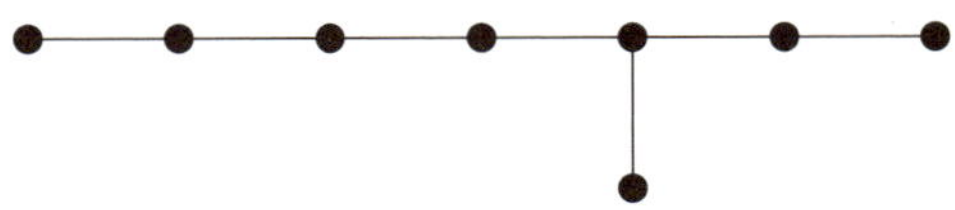

그림 5.4: 딘킨 다이어그램 E_8

뻥튀기는 쌍유리 사상이므로 대수적 다양체를 쌍유리적으로 분류하고자 하면 특이점 해소 정리에 의해 매끈한 다양체만 고려해도 충분하다. 정리 5.13은 대수기하학에서 근본적으로 중요한 정리이며 수없이 많이 응용된다. 안타깝게도 표수(characteristic) 0인 체 상에서만 증명되었고 표수가 양수인 경우는 아직까지 증명이 완전하지 않다.

카스텔누보(Castelnuovo)와 자리스키(Zariski)에 따르면 쌍유리적 사영 곡면 X, Y가 주어지면 뻥튀기와 그 역(inverse) 유리 사상을 유

3 매끈함과 특이점의 일반적인 정의는 7.1절을 참조하라.

한 번 합성하여 X로부터 Y를 얻을 수 있다. 더 일반적으로 매끈한 두 사영 다양체 X, Y가 쌍유리적이면 유한 번의 뻥튀기와 그 역 유리 사상을 합성하여 X로부터 Y를 얻을 수 있음이 알려져 있다.(weak factorization theorem)

5.5 할선 다양체

사영 공간 $\mathbb{P}^n$의 서로 다른 두 점을 지나는 직선은 유일하다. 기약 사영 다양체 $X \subset \mathbb{P}^n$에 대해 대각 부분다양체(diagonal subvariety)를

$$\Delta_X = \{(p, p) \mid p \in X\} \subset X \times X$$

라 둘 때 사상

$$X \times X - \Delta_X \longrightarrow \mathbf{G}(1, n), \quad (p, q) \mapsto \overline{pq}$$

를 얻는다. $p = [v]$, $q = [w]$이면 $\overline{pq} \in \mathbf{G}(1, n)$의 프뤼커 좌표들은 v, w의 성분들에 관한 다항식이므로 이 사상은 대수적 사상이다. 따라서 유리 사상

$$s : X \times X \dashrightarrow \mathbf{G}(1, n) \tag{5.6}$$

을 얻는데, 이 유리 사상의 이미지 $\mathrm{im}(s)$를 X의 **할선(secant) 다양체**라고 부르고 $\mathbf{S}(X)$라고 쓴다. 더 일반적으로 X에 속하는 $(k+1)$개의 점들 $p_1, \ldots, p_{k+1}$이 생성하는 k-평면을 생각하여 유리 사상

$$s_k : X^{k+1} \dashrightarrow \mathbf{G}(k, n), \quad (p_1, \ldots, p_{k+1}) \mapsto \overline{p_1 p_2 \cdots p_{k+1}}$$

을 얻고 그 이미지를 k-**할선 다양체**라고 부르며 $\mathbf{S}_k(X)$라고 쓴다.

예제 5.14 $C \subset \mathbb{P}^3$가 뒤틀린 3차 곡선일 때

$$\mathbf{S}(C) \subset \mathbf{G}(1,3) = G(2,4) \subset \mathbb{P}^5$$

는 베로네세 곡면 $\nu_2(\mathbb{P}^2)$와 사영적으로 동등하다. 그 이유는 뒤틀린 3차 곡선의 할선은

$$\begin{pmatrix} 1 & s & s^2 & s^3 \\ 1 & t & t^2 & t^3 \end{pmatrix} \in \mathbf{G}(1,3)$$

인데, 이것의 프뤼커 사상에 의한 이미지는

$$\begin{aligned} &[t-s, t^2-s^2, t^3-s^3, t^2s-ts^2, t^3s-ts^3, t^3s^2-t^2s^3] \\ &= [1, t+s, t^2+ts+s^2, ts, ts(t+s), t^2s^2] \\ &= [1, u, u^2-v, v, uv, v^2] \end{aligned}$$

이고 이는 사영적으로 $[1, u, v, u^2, uv, v^2]$과 동등하기 때문이다. 여기서 $u = t+s$, $v = ts$이다. 한편 $\mathbf{S}_2(C) = \mathbf{G}(2,3) \cong \mathbb{P}^3$이다.(왜?)

정의 5.15

사영 다양체 $X \subset \mathbb{P}^n$에 대해

$$\mathrm{Chord}(X) = \bigcup_{\ell \in \mathbf{S}(X)} \ell \quad \subset \quad \mathbb{P}^n$$

을 X의 **현(chord) 다양체**라고 부른다. 또

$$\mathrm{Chord}_k(X) = \bigcup_{\Lambda \in \mathbf{S}_k(X)} \Lambda \quad \subset \quad \mathbb{P}^n$$

을 X의 k-**현(chord) 다양체**라고 부른다.

예제 6.21에 의해 현 다양체는 사영 다양체이다.

연습문제 5.16

(1) 뒤틀린 3차 곡선 $C \subset \mathbb{P}^3$의 현 다양체는 $\mathbb{P}^3$임을 보이시오. 또는 임의의 $p \in \mathbb{P}^3 - C$에 대해 p를 지나는 $\ell \in \mathbf{S}(C)$가 유일하게 존재함을 보이시오.

(2) 베로네세 곡면 $\nu_2(\mathbb{P}^2) \subset \mathbb{P}^5$의 현 다양체 $\mathrm{Chord}(\nu_2(\mathbb{P}^2))$는 초곡면임을 보이시오.

예를 들어 세그레 다양체

$$X = \sigma_{m,n}(\mathbb{P}^m \times \mathbb{P}^n) \subset \mathbb{P}^{mn+m+n} = \mathbb{P}M^{(m+1)\times(n+1)} = \mathbb{P}(\mathbf{k}^{m+1} \otimes \mathbf{k}^{n+1})$$

을 생각하면 X는 계수 1 이하의 행렬들의 집합 $M_{\leq 1}^{(m+1)\times(n+1)}$의 사영화

$$\mathbb{P}M_{\leq 1}^{(m+1)\times(n+1)} = \left(M_{\leq 1}^{(m+1)\times(n+1)} - \{0\}\right)/\mathbf{k}^*$$

이고, 또한 1개의 곱 벡터 $v \otimes w$꼴로 쓸 수 있는 $\mathbf{k}^{m+1} \otimes \mathbf{k}^{n+1}$의 원소들의 집합의 사영화이다. 이 경우 $\mathrm{Chord}_k(X)$는 계수 $(k+1)$ 이하의 행렬들의 집합 $M_{\leq k+1}^{(m+1)\times(n+1)}$의 사영화

$$\mathbb{P}M_{\leq k+1}^{(m+1)\times(n+1)} = \left(M_{\leq k+1}^{(m+1)\times(n+1)} - \{0\}\right)/\mathbf{k}^*$$

이고, $(k+1)$개 이하의 곱 벡터들의 합으로 쓸 수 있는 $\mathbf{k}^{m+1} \otimes \mathbf{k}^{n+1}$의 원소들의 집합의 사영화이다.[4]

사영 다양체 $\mathbb{P}M_{\leq k+1}^{(m+1)\times(n+1)}$은 대수기하학의 고전적 연구대상인데 닫힌 부분집합 $\mathbb{P}M_{\leq k}^{(m+1)\times(n+1)}$를 따라 특이점을 가지며 뻥튀기를

4 $\xi \in \mathrm{Chord}_k(X) \subset \mathbb{P}(\mathbf{k}^{m+1} \otimes \mathbf{k}^{n+1})$이 성립하는 최소의 k를 양자 컴퓨터 이론에서는 양자 상태 ξ의 양자 얽힘(quantum entanglement)의 측도로 사용한다.

통해 체계적으로 특이점을 해소할 수 있다. 또한 행렬의 곱을 통해 지배적 유리 사상

$$\begin{aligned} \mathbb{P}M^{(m+1)\times(k+1)} \times \mathbb{P}M^{(k+1)\times(n+1)} &\dashrightarrow \mathbb{P}M^{(m+1)\times(n+1)}_{\leq k+1}, \\ ([A],[B]) &\mapsto [AB] \end{aligned} \tag{5.7}$$

를 얻는다.

CHAPTER

6

차원

선형대수학에서 벡터 공간을 이해하는 출발점은 차원을 알아내는 것이다. 대수적 다양체를 분석하기 위해서도 그들의 속성을 알아내야 하는데 그 첫째가 바로 기약 여부이고, 둘째가 차원이다. 즉 기약인 대수적 다양체를 접했을 때 처음으로 물어야 하는 것이 차원인 것이다. 이 장에서는 대수적 다양체의 차원을 정의하고 예를 통해 차원을 계산해 본다. 또한 차원이 위로 연속임(upper semicontinuity)을 증명하고 힐버트 다항식과의 관계를 알아본다.

6.1 차원의 정의

차원의 정의를 도출하기 위해 먼저 직관적인 차원의 개념을 살펴보자. 직관적으로 차원은 주어진 공간 안에서 몇 개의 좌표를 우리가 자유롭게 고를 수 있는지 말하는 것이다.

아핀 공간 $\mathbb{A}^n$의 경우 n개의 좌표 $x_1, \ldots, x_n$을 자유롭게 고를 수 있으므로 그 차원은 n이다. 사영 공간 $\mathbb{P}^n$은 $\mathbb{A}^n$과 동형인 아핀 다양체들이 열린 덮개를 구성하므로 국소적으로 n개의 좌표를 자유롭게 고를 수 있어서 그 차원은 n이다.

초곡면 $\varnothing \neq V(f) \subset \mathbb{A}^n$은 $f \notin \mathbf{k}[x_1, \ldots, x_{n-1}]$이면 f를 x_n에 관해 내림차순 정리하여 대부분의 $(a_1, \ldots, a_{n-1}) \in \mathbb{A}^{n-1}$에 대해 $(a_1, \ldots, a_{n-1}, a_n) \in V(f)$를 만족하는 a_n이 유한 개뿐임을 알 수 있다. 따라서 $(n-1)$개의 좌표 $x_1, \ldots, x_{n-1}$만 자유롭게 고를 수 있으므로 초곡면 $V(f)$의 차원은 $(n-1)$이다.

이제 두 개의 다항식이 결정하는 아핀 다양체 $V(f,g) \subset \mathbb{A}^n$을 생각해 보자. $\mathbf{k} = \mathbb{C}$이고 한 점 $p \in V(f,g)$ 근방에서 f와 g의 미분

$$\mathrm{d}f = \left(\frac{\partial f}{\partial x_1}, \ldots, \frac{\partial f}{\partial x_n}\right), \quad \mathrm{d}g = \left(\frac{\partial g}{\partial x_1}, \ldots, \frac{\partial g}{\partial x_n}\right)$$

이 일차 독립이면 음함수 정리에 의해 $(n-2)$개의 좌표만을 자유롭게 고를 수 있고, 나머지 두 좌표는 국소적으로 다른 좌표들에 의해 결정된다. 따라서 이 경우 $V(f,g)$의 차원은 $(n-2)$이다. 같은 이유에서 $V(f_1, \ldots, f_m) \subset \mathbb{A}^n$의 한 점 p에서 $\mathrm{d}f_i$를 i행으로 갖는 자코비 행렬

$$\left(\frac{\partial f_i}{\partial x_j}\right)_{1 \le i \le m, 1 \le j \le n}$$

의 계수가 m이면 $V(f_1, \ldots, f_m)$의 차원은 $(n-m)$이다.

이상의 직관에 기반한 관찰을 바탕으로 대수적 다양체의 차원을 정의해 보자. 차원의 정의에 관한 명백한 출발점은

$$\dim \mathbb{A}^n = n, \quad \dim \mathbb{P}^n = n$$

이다. 이를 이용해 준사영 다양체의 차원을 다음과 같이 정의할 수 있다.

정의 6.1

만약 대수적 사상

$$F : X \to \mathbb{P}^m$$

이 존재하여 그 이미지 $F(X)$가 $\mathbb{P}^m$의 공집합이 아닌 열린 부분집합을 포함하고, 모든 $p \in \mathbb{P}^m$에 대해 $F^{-1}(p)$가 유한 집합이면 X의 **차원**(dimension)이 m이라 하고

$$\dim X = m$$

이라 쓴다. 편의상 공집합의 차원은 $\dim \varnothing = -1$이라고 두자.

대수적 사상 $F : X \to Y$가 **준유한**(quasi-finite)이라 함은 모든 $q \in Y$에 대해 $F^{-1}(q)$가 유한 집합임을 말한다. 또 F가 지배적(dominant)이라 함은 $\overline{F(X)} = Y$로 정의했음을 기억하자.

정의 6.1이 의미를 가지려면 임의의 기약인 준사영 다양체 X에 대해 지배적인 준유한 대수적 사상 $F : X \to \mathbb{P}^m$이 존재해야 하고, m이 F의 선택에 무관해야 한다.

정리 6.2

(1) 임의의 기약 준사영 다양체 X에 대해 정수 $m \geq 0$과 지배적인 준유한 대수적 사상 $F : X \to \mathbb{P}^m$이 존재한다.

(2) (1)의 m은 F의 선택과 무관하며 유리 함수 체 $\mathbf{k}(X)$의 $\mathbf{k}$ 상의 초월 차수(transcendence degree)와 일치한다. 즉

$$\dim X = \operatorname{tr.deg}_{\mathbf{k}} \mathbf{k}(X) \tag{6.1}$$

이다.

증명 (1) $X \subset \mathbb{P}^n$이라 하고 포함 사상(inclusion map) $\imath : X \to \mathbb{P}^n$, $\imath(x) = x$를 생각하자. $\overline{X} = \mathbb{P}^n$이면 $F = \imath$로 두면 끝난다. $p \in \mathbb{P}^n - \overline{X}$가 존재하면 p로부터의 사영 $\pi_p : X \to \mathbb{P}^{n-1}$이 준유한 함수이다. 왜냐면 $\pi_p^{-1}(q) \subset \overline{pq}$가 무한일 경우 자리스키 위상의 정의로부터 $\overline{\pi_p^{-1}(q)} = \overline{pq}$일 수밖에 없고 $p \in \overline{X}$이어야 하기 때문이다. $X' = \pi_p(X)$라 두고 그 폐포가 $\overline{X'} = \mathbb{P}^{n-1}$이면 π_p가 원하는 준유한 대수적 사상이고, 아니면 다시 $p' \in \mathbb{P}^{n-1} - \overline{X'}$로부터의 사영을 생각하여 X'에서 $\mathbb{P}^{n-2}$로 가는 준유한 사상을 얻는다. 이와 같이 반복하면 정의 6.1의 조건을 만족하는 준유한 사상을 얻을 수 있다.

(2) 정리 5.10과 정리 5.11에 의해

$$F^t : \mathbf{k}(\mathbb{P}^m) = \mathbf{k}(x_1, \ldots, x_m) \hookrightarrow \mathbf{k}(X)$$

는 대수적 확장이고 $m = \operatorname{tr.deg}_{\mathbf{k}} \mathbf{k}(X)$이다. □

(6.1)로부터 두 기약 다양체 X, Y가 쌍유리적이면 $\mathbf{k}(X) \cong \mathbf{k}(Y)$이므로 같은 차원을 갖는다.

연습문제 6.3

(1) $\varphi : X \dashrightarrow Y$가 기약 사영 다양체 사이의 지배적 유리 사상이면 $\dim X \geq \dim Y$임을 보이시오.

(2) $\mathbf{k} = \mathbb{C}$일 때, 기약 아핀 다양체 $X = V(f_1, \ldots, f_m) \subset \mathbb{A}^n$의 차원은

$$\dim X = n - \max_{p \in X} \operatorname{rank}\left(\frac{\partial f_i}{\partial x_j}(p)\right)$$

임을 보이시오.

(4.1)에 의해 점에서의 사영들을 합성하면 선형 다양체에서의 사영과 같다. 또한 $\Lambda \cap \overline{X} = \varnothing$인 임의의 k-평면 $\Lambda \cong \mathbb{P}^k$에 대해 $\pi_\Lambda : X \to \mathbb{P}^{n-k-1}$은 준유한 사상일 수밖에 없다. 왜냐면 $q \in \mathbb{P}^{n-k-1}$에 대해 $\pi_\Lambda^{-1}(q) \subset \overline{\Lambda q} \cap \overline{X}$가 무한일 경우, 정리 3.14에 의해 $\overline{\pi_\Lambda^{-1}(q)}$의 기약 성분 중에서 점이 아닌 것이 존재해야 하고, 이는 따름정리 4.11에 의해 Λ와 반드시 만나야 하는데 $\overline{X} \cap \Lambda = \varnothing$임에 모순이다. 그러므로

$$\Lambda \cap \overline{X} = \varnothing, \quad \Lambda \in \mathbf{G}(n-m-1, n) \implies \pi_\Lambda : X \longrightarrow \mathbb{P}^m \text{는 준유한}$$

이고, 이러한 최소의 m에 대해 π_Λ는 지배적이며 $m = \dim X$이다. 이를 정리하면 정의 6.1과 동등한 다음의 정의를 얻는다.

정의 6.4

$X \subset \mathbb{P}^n$이 기약 준사영 다양체라면 X의 차원은

$$\dim X = \min\{m \mid \Lambda \cap \overline{X} = \varnothing,\ \exists \Lambda \in \mathbf{G}(n-m-1, n)\}$$

이다. 즉 X의 폐포 $\overline{X}$와 만나지 않는 $(n-m-1)$-평면이 존재하는 m의 최소값이다.

이 정의로부터 다음 정리를 얻는다.

정리 6.5

(1) 기약 사영 다양체 $X \subset \mathbb{P}^n$이 k차원이고 $r \geq n-k$이면 X는 임의의 r-평면과 만난다. 특히 $r = n-k$이면 k차원 기약 사영 다양체 $X \subset \mathbb{P}^n$과 일반적인 r-평면은 유한 개의 점에서 만난다.

(2) 기약 준사영 다양체 X의 기약 닫힌 부분집합 $Y \subsetneq X$에 대해 $\dim Y < \dim X$가 성립한다.

증명 (1)의 첫 문장은 정의 6.4로부터 자명하다. 둘째 문장은 일반적인 $(n-k-1)$-평면 Λ에 대해 $\pi_\Lambda : X \subset \mathbb{P}^n - \Lambda \to \mathbb{P}^k$가 준유한임으로부터 얻는다.

(2) (6.1)로부터 아핀 다양체 $Y \subset X \subset \mathbb{A}^n$의 경우만 보이면 된다. X와 Y를 정의하는 프라임 아이디얼들

$$P = I(X) \subsetneq P' = I(Y) \subset \mathbf{k}[x_1, \ldots, x_n]$$

을 생각하고

$$R = \mathbf{k}[X] = \mathbf{k}[x_1, \ldots, x_n]/P \supset Q := P'/P \neq 0$$

를 생각하자. 즉 $\mathbf{k}[Y] = R/Q$이다. 이제 $m = \dim X = \operatorname{tr.deg}_{\mathbf{k}} R$이라 두고

$$\dim Y = \operatorname{tr.deg}_{\mathbf{k}} R/Q < m$$

임을 보이면 된다.[1]

---

1 $\mathbf{k}$-대수이자 정역(integral domain)인 R의 초월 차수란 R의 분수체(field of fractions)의 초월 차수를 말한다.

임의의 $t_1, \ldots, t_m \in R$을 잡고 $\bar{t}_i = t_i + Q \in R/Q$라고 두자. R의 초월 차수가 m이므로, 0이 아닌 임의의 $s \in Q$에 대해 $s, t_1, \ldots, t_m$은 대수적으로 종속이어서, 기약 다항식 $0 \neq f \in \mathbf{k}[x_0, \ldots, x_m]$이 존재하여

$$f(s, t_1, \ldots, t_m) = 0 \in R$$

이 성립한다. f가 기약이고 $s \neq 0$이므로

$$f(0, x_1, \ldots, x_m) \neq 0 \in \mathbf{k}[x_1, \ldots, x_m]$$

인데

$$\bar{0} = f(s, t_1, \ldots, t_m) + Q = f(\bar{0}, \bar{t}_1, \ldots, \bar{t}_m) \in R/Q$$

이다. 그러므로 임의의 $\bar{t}_1, \ldots, \bar{t}_m \in R/Q$는 대수적으로 종속이고

$$\operatorname{tr.deg}_{\mathbf{k}} R/Q < m$$

임을 얻는다. □

대수적 다양체 X가 기약이 아니면 먼저 기약 분해

$$X = \bigcup_{i=1}^{\ell} X_i$$

를 찾고 $\dim X = \max\{\dim X_i\}$로 정의한다. 모든 i에 대해

$$\dim X_i = \dim X = m$$

이면 X가 **등차원**(equi-dimensional) 또는 **순수 차원**(pure dimension) m을 갖는다고 말한다.

차원은 각 점 근방에서 국소적으로 정의할 수도 있다.

정의 6.6

주어진 한 점 $p \in X$에서 X의 차원이란 $p \in U \subset X$인 열린 부분집합 U의 차원 중 최소값을 말한다. 즉

$$\dim_p X = \min_{\substack{p \in U \subset X \\ U\text{는 열린 집합}}} \dim U$$

로 **국소적 차원**(local dimension)을 정의한다.

예제 6.7 대수학의 기본 정리에 의해 사영 공간상의 임의의 직선은 초곡면과 만난다.(초곡면의 방정식을 직선으로 제한해 보면, 직선과 초곡면의 교점을 찾는 것은 일변수 방정식을 푸는 것이 된다.) 따라서 정의 6.4에 의해 초곡면 $Z \subsetneq \mathbb{P}^n$의 차원은 $(n-1)$이다.

정의 6.1, 정의 6.4, (6.1)과 동등한 차원의 네 번째 정의는

$$\dim X = \max\{m \mid X = X_0 \supsetneq X_1 \supsetneq X_2 \supsetneq \cdots \supsetneq X_m\} \tag{6.2}$$

인데 여기서 X_i들은 모두 공집합이 아닌 기약인 닫힌 부분집합들이다. (6.2)에서 $\geq$임은 정리 6.5 (2)로부터 자명하고, $\leq$임은 아래의 정리 6.8로부터 초곡면과 교집합을 취하고 기약 성분을 취하는 것을 반복하여 확인할 수 있다.

정리 6.8

기약 사영 다양체 $X \subset \mathbb{P}^n$과 초곡면 $Z \subset \mathbb{P}^n$에 대해 $X \not\subset Z$라면

$$\dim(X \cap Z) = \dim X - 1$$

이 성립한다.

증명 정리 6.5 (2)에 의해

$$\dim(X \cap Z) \geq \dim X - 1$$

을 보이면 된다. $\dim X = 1$이면 따름정리 4.11에 의해, $\varnothing \neq X \cap Z \subset X$이므로 $\dim X \cap Z \geq 0$이다. $\dim X \geq 2$라 하고 $c = n - \dim X \leq n - 2$라 두자. 정의 6.4로부터, 임의의 $(c+1)$-평면 Λ에 대해

$$\Lambda \cap (X \cap Z) = (\Lambda \cap X) \cap Z \neq \varnothing$$

을 보이면 충분하다. $\Lambda \cap X$의 기약 성분을 어떤 것도 포함하지 않는 c-평면[2] $\Lambda' \subset \Lambda$에 대해, $\Lambda' \cap X \neq \varnothing$이므로 정리 6.5 (2)에 의해,

$$\dim \Lambda \cap X > \dim \Lambda' \cap X \geq 0$$

임을 얻는다. 만약 $X \subset \Lambda$이면 $\Lambda \cap (X \cap Z) = X \cap Z \neq \varnothing$이므로 증명이 끝났다. $X \not\subset \Lambda$이면 $\dim \Lambda \cap X < \dim X$이므로 귀납법에 의해

$$\dim(\Lambda \cap X) \cap Z \geq \dim \Lambda \cap X - 1 \geq 0$$

임을 얻고 따라서 $(\Lambda \cap X) \cap Z \neq \varnothing$이다. □

1차원 대수적 다양체를 **곡선**(curve), 2차원 대수적 다양체를 **곡면**(surface)이라고 부른다.[3]

2 기약 성분마다 한 점씩 잡고 이 점들을 모두 피하는 Λ의 초평면을 찾으면 된다.

3 k차원 대수적 다양체는 k-fold라고 부른다.

정의 6.9

$\mathbb{P}^n$ 위의 k차원 다양체 X가 **완전 교차**(complete intersection)라 함은 X의 아이디얼 $\mathbf{I}(X)$가 $(n-k)$개의 원소에 의해 생성됨을 말한다.

즉 $X \subset \mathbb{P}^n$이 k차원 완전 교차이면 $(n-k)$개의 초곡면들의 교집합으로 쓸 수 있다. 하지만 $(n-k)$개의 초곡면의 교집합으로 쓸 수 있는 k차원 다양체가 항상 완전 교차인 것은 아니다.

예제 6.10 평면 $\mathbb{P}^2$ 위의 서로 다른 2개의 점으로 이루어진 다양체 $Y = \{[0,1,0],[1,0,0]\}$은 $\mathbf{I}(Y) = \langle xy, z\rangle$이어서 2개의 원소 xy, z가 생성하므로 완전 교차이다. 하지만 동일 직선 위에 있지 않은 서로 다른 3개의 점으로 이루어진 다양체 $X = \{[1,0,0],[0,1,0],[0,0,1]\}$는 $\mathbf{I}(X)_1 = 0$이고 $\mathbf{I}(X)_2 = \operatorname{span}\{xy, yz, zx\}$이어서 2개의 다항식으로는 $\mathbf{I}(X)$를 생성할 수 없으므로 완전 교차가 아니다. 한편 $X = \mathbf{V}(xyz, xy+yz+zx)$이므로 초곡면 2개의 교집합이다.

자명하게 초곡면들은 완전 교차 다양체이고 따라서 평면 곡선들은 완전 교차 다양체들이다. 완전 교차가 아닌 가장 낮은 차원과 차수의 기약 다양체는 뒤틀린 3차 곡선이다. 그 이유는

$$X = \mathbf{V}(x_0x_2 - x_1^2, x_1x_3 - x_2^2, x_0x_3 - x_1x_2)$$

로부터 $\mathbf{I}(X)_1 = 0$이고 $\dim \mathbf{I}(X)_2 = 3$이기 때문이다.

정의 6.11

k차원 다양체 $X \subset \mathbb{P}^n$이 $p \in X$에서 **국소적 완전 교차**(local complete intersection)라 함은 $p \in U \subset \mathbb{P}^n$인 열린 부분집합 U가 존재하여 $X \cap U$가 U에서 완전 교차가 된다는 말이다.

예를 들어 $V(xy, yz, zx) \subset \mathbb{A}^3$는 원점에서 국소적 완전 교차일 수 없고 다른 모든 점에서는 국소적 완전 교차이다.(왜?)

이제 쉬운 경우의 차원을 계산해 보자. 먼저 유리 정규 곡선들은 $\mathbb{P}^1$과 동형이므로 유리 함수 체의 초월 차수가 1이어서 모두 1차원이다. 다음으로 쉬운 경우들은 다음과 같다.

(1) $G(k,n)$은 $\mathbb{A}^{k(n-k)}$를 열린 부분집합으로 포함하므로((4.7) 참고)

$$\dim G(k,n) = k(n-k).$$

(2) 기약 다양체 X, Y에 대해

$$\dim(X \times Y) = \dim X + \dim Y$$

이다. 그 이유는 $\mathbf{k}[X \times Y] = \mathbf{k}[X] \otimes \mathbf{k}[Y]$이므로[4]

$$\mathrm{tr.deg}\, \mathbf{k}(X \times Y) = \mathrm{tr.deg}\, \mathbf{k}(X) + \mathrm{tr.deg}\, \mathbf{k}(Y)$$

이기 때문이다.

(3) 기약 사영 다양체 $X \subset \mathbb{P}^{n-1} \subset \mathbb{P}^n$과 한 점 $p \notin \mathbb{P}^{n-1}$에 대해

$$\dim \overline{Xp} = \dim X + 1$$

이다. $X = \overline{Xp} \cap \mathbb{P}^{n-1}$이므로 정리 6.8로부터 이를 얻는다.

4 $\mathbf{k}[x_1, \ldots, x_n] \otimes \mathbf{k}[y_1, \ldots, y_m] \cong \mathbf{k}[x_1y_1, x_1y_2, \ldots, x_ny_m]$임을 사용하자.

6.2 위로 연속

차원의 중요한 성질 중 하나는 차원이 무리(family)에 대해 위로 연속(upper semicontinuous)[5]이라는 것이다. 즉 일반적인 점에서 특별한 점으로 접근하면 차원이 늘어나고, 반대로 특별한 점에서 일반적인 점으로 가면 차원이 줄어든다. 예를 들어 $\pi : \mathrm{bl}_0\mathbb{A}^2 \to \mathbb{A}^2$에 대해

$$\dim \pi^{-1}(q) = \begin{cases} 0, & q \neq 0 \\ 1, & q = 0 \end{cases}$$

이므로 함수 $q \mapsto \dim \pi^{-1}(q)$는 위로 연속이다.

정리 6.12

준사영 다양체 X와 대수적 사상 $\pi : X \to \mathbb{P}^n$, $Y = \overline{\pi(X)}$에 대해 함수

$$X \longrightarrow \mathbb{Z}, \quad p \mapsto \dim_p X_p, \quad X_p := \pi^{-1}(\pi(p))$$

는 위로 연속이다. 즉 임의의 정수 m에 대해

$$\{p \in X \mid \dim_p X_p \geq m\}$$

이 X의 닫힌 부분집합이다. 만약 X가 기약이면

$$\dim X = \dim Y + \min_{p \in X} \dim_p X_p$$

가 성립한다.

5 위상 공간 X에서 정의된 함수 $f : X \to \mathbb{R}$이 위로 연속이라 함은 X의 임의의 한 점 x 근방(neighborhood)에서 f가 위쪽으로 급변하지 않음을 말한다. 정확히는 임의의 양수 $\varepsilon > 0$에 대해 x의 열린 근방 U가 존재하여 $f(y) < f(x) + \varepsilon \ \forall y \in U$가 성립한다는 말이다. 조건의 부등식을 $f(y) > f(x) - \varepsilon$으로 바꾸면 아래로 연속의 정의를 얻는다.

증명 먼저 X가 기약인 경우에 대해서만 증명해도 충분함을 각자 확인하자. (6.1)에 의해 기약 다양체 X의 차원은 공집합이 아닌 임의의 열린 부분집합의 차원과 같다. 따라서

$$\pi : X \longrightarrow Y = \overline{\pi(X)} \subset \mathbb{A}^n$$

이고 X가 기약 아핀 다양체인 경우만 생각해도 충분하다. 다시 이는 다음의 두 명제를 보이면 충분하다.

(i) 모든 $p \in X$에 대해 $\mu(p) := \dim_p X_p \geq \dim X - \dim Y$ 이고,

(ii) $\{p \in X \mid \mu(p) = \dim X - \dim Y\}$가 X의 공집합이 아닌 열린 부분집합이다.

왜냐면 정리 6.5에 의해 $\dim(X - U) < \dim X$이므로 귀납법을 쓰면 되기 때문이다.

(i)을 증명하자. $e = \dim Y$라 둘 때, 정리 6.8에 의해

$$\dim Y \cap V(f_1, \ldots, f_e) = 0, \quad \exists f_1, \ldots, f_e \in \mathbf{k}[x_1, \ldots, x_n]$$

이 성립한다. 필요하면 X와 Y를 더 작은 열린 부분집합으로 대체하여

$$Y \cap V(f_1, \ldots, f_e) = \{\pi(p)\}, \quad \exists p \in X$$

라 가정할 수 있다. 즉 $V(\pi^* f_1, \ldots, \pi^* f_e) = X_p$이고 정리 6.8에 의해

$$\dim X_p \geq \dim X - e = \dim X - \dim Y$$

임을 얻는다.

(ii)를 보이자. $X \subset \mathbb{A}^m$이 닫힌 부분집합이고 π의 그래프

와 사영을 통해 얻는 함수들

$$X \cong \operatorname{graph}(X) \subset \mathbb{A}^{m+n} \xrightarrow{\pi_m} \mathbb{A}^{m+n-1} \xrightarrow{\pi_{m-1}} \cdots \xrightarrow{\pi_1} \mathbb{A}^n$$

을 생각하자.

$$X_k = \overline{\pi_{k+1} \circ \cdots \circ \pi_m(\operatorname{graph}(X))} \subset \mathbb{A}^{n+k}$$

라 두고

$$\mu_k(p) = \dim_p \varphi_k^{-1}\varphi_k(p), \quad p \in X_k, \quad \varphi_k = \pi_k|_{X_k}$$

라 하자. $\varphi_k^{-1}\varphi_k(p) \subset \mathbb{A}^1$이므로 $\mu_k(p)$는 0 또는 1이다.

$$X_k = V(\{f_\alpha\}_\alpha) \subset \mathbb{A}^{n+k},$$
$$f_\alpha = \sum_i a_{\alpha,i}(z_1, \ldots, z_{n+k-1}) z_{n+k}^i$$

라 두면

$$D_k := \{p \in X_k \mid \mu_k(p) = 1\} = V(\{a_{\alpha,i}\}_{\alpha,i}) \subset \mathbb{A}^{n+k}$$

는 닫힌 부분집합이다. 만약 모든 $p \in X_k$에 대해 $\mu_k(p) = 1$이면 $X_k = X_{k-1} \times \mathbb{A}^1$이고 $\dim X_k = \dim X_{k-1} + 1$이다. 만약 $\mu_k(p) = 0$인 $p \in X_k$가 존재한다면, 이미 보인 (i)에 의해 $\dim X_k = \dim X_{k-1}$이다. 이제

$$U_k := (\pi_{k+1} \circ \cdots \circ \pi_m)^{-1}(X_k - D_k), \quad U = \bigcap_{\mu_k \neq 1} U_k \neq \varnothing$$

이라고 두면

$$\dim X - \dim Y = |\{k \mid \mu_k \equiv 1\}| = \dim_p X_p \quad \Longleftrightarrow \quad p \in U$$

이므로 증명이 끝났다. □

정리 6.12의 따름정리들을 살펴보자. 먼저 X가 사영 다양체라면

파이버의 차원도 위로 연속이다.

따름정리 6.13

X가 사영 다양체이고 $\pi : X \to \mathbb{P}^n$이 대수적 사상일 때 $Y = \pi(X)$라 두자. 함수

$$Y \longrightarrow \mathbb{Z}, \quad q \mapsto \dim X_q, \quad X_q := \pi^{-1}(q)$$

는 위로 연속이다. 만약 X가 기약이면

$$\dim X = \dim Y + \min_{q \in Y} \dim X_q$$

가 성립한다.

증명 임의의 정수 m에 대해

$$Z_m = \{p \in X \mid \dim_p X_p \geq m\}$$

이라 두면 정리 6.12에 의해 닫힌 부분집합이고 $Z_m \supset Z_{m+1}$이 성립한다. X가 사영 다양체이므로 $\pi(Z_m) \supset \pi(Z_{m+1})$은 닫힌 부분집합들이다. 국소적 차원의 정의로부터

$$\dim X_q = \max_{p \in \pi^{-1}(q)} \dim_p X_p$$

이므로

$$\pi(Z_m) = \{q \in Y \mid \dim X_q \geq m\}$$

임을 얻고 닫힌 부분집합임을 알 수 있다.

이제 X가 기약이라고 하자.

$$r = \dim X - \dim Y = \min_{p \in X} \dim_p X_p$$

라고 두면, $X = Z_r$이고 $X' := Z_{r+1} \subsetneq X$이다. π의 일반적인

파이버의 차원 $\dim X_q$가 r임을 보이면 정리 6.12에 의해 증명이 끝난다.

X'의 임의의 기약 성분 Z에 대하여 $Z \subsetneq X$이므로, 정리 6.5에 의해 $\dim Z < \dim X$이다. 따라서 차원에 관한 귀납법을 써서

$$\dim Z = \dim \pi(Z) + \min_{q \in \pi(Z)} \dim Z_q$$

가 성립한다. 만약 $\pi(Z) = Y$라면

$$r = \dim X - \dim Y > \dim Z - \dim Y = \min_{q \in \pi(Z)} \dim Z_q$$

이므로 $\pi|_Z$의 일반적인 파이버의 차원은 r보다 작다. 또한 만약 $\pi(Z) \neq Y$라면 $\pi|_Z : Z \to Y$의 일반적인 파이버는 공집합이다. 따라서 $\pi|_{X'} : X' \to Y$의 일반적인 파이버는 차원이 r보다 작다. 그런데 가정에 의해 $\pi|_{X-X'}$의 일반적인 파이버의 차원은 r이므로, π의 일반적인 파이버의 차원이 r임을 알 수 있다. □

다음 정리는 사영 다양체가 기약임을 판별할 때 유용하다.

정리 6.14

d가 고정된 정수이고, $\pi : X \to Y$가 사영 다양체 사이의 대수적 사상이라고 하자. 만약

- Y가 기약이고
- 모든 $q \in Y$에 대해 $X_q = \pi^{-1}(q)$도 기약이고 d차원이라면,

X가 기약이고 $\dim X = \dim Y + d$이다.

증명 X가 기약이 아니고 닫힌 부분집합들의 합집합 $X = X_1 \cup X_2$로 쓰인다고 하자. $X_{q,i} = X_q \cap X_i$라 둘 때 $X_q = X_{q,1} \cup X_{q,2}$이고 d차원이므로

$$Y_i = \{q \in Y \mid \dim X_{q,i} = d\}$$

라 두면 $Y = Y_1 \cup Y_2$를 만족한다. 따름정리 6.13에 의해 Y_1과 Y_2는 Y의 닫힌 부분집합이고 Y가 기약이므로 $Y_1 = Y$ 또는 $Y_2 = Y$이다. 일반성을 잃지 않고 $Y_1 = Y$라 두면 정리 6.5 (2)로부터 모든 $q \in Y$에 대해 $X_{q,1} = X_q$임을 얻는다. 따라서 $X_1 = X$이다. □

정리 6.12로부터 다음을 얻는다.

따름정리 6.15

X, Y가 기약 사영 다양체이고 전사인 대수적 사상들

$$X \xrightarrow{F} Z \xleftarrow{G} Y$$

가 주어지면 이들의 **파이버 곱**(fiber product)을

$$X \times_Z Y := \{(p,q) \in X \times Y \mid F(p) = G(q)\} \tag{6.3}$$

라고 정의하자. 그러면

$$\dim X \times_Z Y \geq \dim X + \dim Y - \dim Z \tag{6.4}$$

가 성립한다.

연습문제 6.16

(1) (6.3)이 사영 다양체임을 보이시오.

(2) $\widetilde{F} : X \times_Z Y \hookrightarrow X \times Y \xrightarrow{\pi_2} Y$의 $q \in Y$ 상의 파이버는 F의 파이버 $F^{-1}(G(q))$와 같음을 보이시오.

(3) (6.4)를 보이시오.

따름정리 6.17

Y가 기약일 때 대수적 사상 $\pi : X \to Y$와 국소적으로 닫힌 부분집합 $Z \subset X$를 생각하면 일반적인 $q \in Y$에 대해 $\overline{Z \cap X_q} = X_q \cap \overline{Z}$이다.

증명 $\subset$는 자명하므로 $\supset$를 보이면 된다. π를 $\pi|_{\overline{Z}}$로 대체하여 $X = \overline{Z}$이고 Z가 X의 열린 부분집합이라 해도 된다. $Z_q = X_q \cap Z$라 두고 $W = X - Z$라 하면 $X_q \cap \overline{Z} = X_q = Z_q \cup W_q$인데 $Z_q \subset \overline{Z_q}$이므로 일반적인 q에 대해 $W_q \subset \overline{Z_q}$임을 보이면 된다.

W의 기약 성분마다 보이면 되므로 W, X, Y가 기약이라 해도 된다. $\overline{\pi(W)} \neq Y$이면 일반적인 $q \in Y$에 대해 $W_q = \varnothing$이므로 증명할 것이 없다. $\overline{\pi(W)} = Y$라면, 정리 4.14에 의해 $\pi(W)$는 구성가능(constructible) 집합이므로 공집합이 아닌 열린 부분집합을 포함하고, 따름정리 6.13에 의해 일반적인 $q \in Y$에 대해 $\dim W_q$는 최소 차원 $\dim W - \dim Y$를 갖는다. 임의의 $p \in \pi^{-1}(q)$에 대해 $W_p = W_q$이고, 정리 6.12에 의해,

$$\begin{aligned} \dim_p X_p &\geq \dim X - \dim Y \\ &> \dim W - \dim Y \\ &= \dim W_p \geq \dim_p W_p \end{aligned}$$

이므로 W_p는 p 근방에서 X_p의 기약 성분을 포함하지 않는다. Z_q는 X_q의 열린 부분집합이므로 $W_q \not\subset \overline{Z_q}$이면 W_q는 X_q의 기

약성분을 포함해야 하므로 모순을 얻는다. 따라서 원하던 대로 $W_q = W_p \subset \overline{Z_p} = \overline{Z_q}$를 얻는다. □

예제 6.18 정리 6.14로부터 k-평면의 보편적 무리(universal family)

$$\{(\Lambda, p) \mid p \in \Lambda\} \subset \mathbf{G}(k,n) \times \mathbb{P}^n \tag{6.5}$$

은 기약이고(왜?), 따름정리 6.13으로부터 차원이

$$\begin{aligned}\dim \mathbf{G}(k,n) + k &= (k+1)(n-k) + k = n + k(n-k)\\ &= \dim \mathbb{P}^n + \dim \mathbf{G}(k-1, n-1)\end{aligned}$$

임을 얻는다.

예제 6.19 기약 사영 다양체 $X \subset \mathbb{P}^n$과 $k \le n - \dim X$에 대해

$$\Psi_X = \{(\Lambda, p) \mid p \in X \cap \Lambda\} \subset \mathbf{G}(k,n) \times X$$

를 생각하면 $\pi_2|_{\Psi_X}$의 파이버들이 $\mathbf{G}(k-1, n-1)$이므로 Ψ_X는 기약이고

$$\dim \Psi_X = \dim X + k(n-k)$$

이다. $\pi_1|_{\Psi_X} : \Psi_X \to \pi_1(\Psi_X)$의 일반적인 파이버는 유한 집합이므로[6] $\mathcal{C}_k(X) = \pi_1(\Psi_X)$라고 쓰면,

$$\mathcal{C}_k(X) = \{X\text{를 만나는 } k\text{-평면들}\} \subset \mathbf{G}(k,n)$$

은 $\dim X + k(n-k)$차원이고 기약 다양체의 이미지이므로 기약이다.

---

6 정리 6.5에 의해 X와 유한 개의 점에서 만나는 $(n - \dim X)$-평면 Λ가 존재하고 이 평면에 포함되면서 $X \cap \Lambda$의 한 점을 포함하는 k-평면 Π를 생각하면 $\pi_1|_{\Psi_X}^{-1}(\Pi)$는 유한 집합이다. 파이버의 차원은 위로 연속이므로 일반적인 파이버가 0차원이어서 유한 집합이다.

특히 $k = n - \dim X - r$이면

$$\dim \mathcal{C}_k(X) = (n-k-r) + k(n-k) = \dim \mathbf{G}(k,n) - r$$

이 성립한다.

예제 6.20 $X \subset \mathbb{P}^n$이 선형 다양체가 아닌 기약 사영 다양체라고 하면 (5.6)의 유리 사상

$$s : X \times X \dashrightarrow \mathbf{S}(X) \subset \mathbf{G}(1,n)$$

의 일반적인 파이버는 유한이고, 따라서 $\mathbf{S}(X)$는 기약인 $2\dim X$차원 사영 다양체이다.

만약 $\dim X < n-1$이면

$$\dim \mathcal{C}_1(X) = \dim X + n - 1 > 2\dim X = \dim \mathbf{S}(X)$$

이므로 $\mathcal{C}_1(X)$에 속하는 – X와 만나는 – 일반적인 직선은 X의 할선(secant line)이 아니다. 이런 일반적인 직선에 속하는 $p \notin X$를 고르고, p로부터의 사영 $\pi_p : X \to \mathbb{P}^{n-1}$을 생각하면 쌍유리 사상 $X \to \pi_p(X) \subset \mathbb{P}^{n-1}$을 얻는다. 이와 같이 계속하면 정리 5.9의 다른 증명을 얻는다.

예제 6.21 직선을 포함하지 않는 기약 사영 다양체 $X \subset \mathbb{P}^n$에 대해 결합(incidence) 다양체

$$\Sigma := \{(\ell, p) \,|\, p \in \ell\} \subset \mathbf{S}(X) \times \mathbb{P}^n$$

으로부터 $\mathbf{S}(X)$로의 사영 π_1을 생각하면, $\mathbf{S}(X)$가 기약이고 파이버가 모두 직선이므로 Σ는 차원이 $2\dim X + 1$인 기약 사영 다양체이다.

따라서 X의 현 다양체

$$\mathrm{Chord}(X) = \bigcup_{\ell \in \mathbf{S}(X)} \ell = \pi_2(\Sigma)$$

도 (연습문제 3.9 (2)와 정리 4.9에 의해) 기약인 사영 다양체이고 그 차원은 $2\dim X + 1$ 이하이다. 차원의 정의에 의해, $\mathrm{Chord}(X)$의 차원이 $2\dim X + 1$일 필요충분조건은 일반적인 점 $p \in \mathrm{Chord}(X)$가 유한 개의 할선 $\overline{qr}(q, r \in X)$에만 포함되는 것이다.

예제 6.22 베로네세 곡면 $X = \nu_2(\mathbb{P}^2) \subset \mathbb{P}^5$에 대해

$$\dim \mathrm{Chord}(X) = 4$$

이다. 그 이유는 X가

$$\mathrm{rank}\begin{pmatrix} z_0 & z_3 & z_4 \\ z_3 & z_1 & z_5 \\ z_4 & z_5 & z_2 \end{pmatrix} \le 1$$

로 정의되고, 계수 1인 두 행렬의 일차 결합들의 집합은 계수 2 이하 행렬들의 집합이므로 $\mathrm{Chord}(X)$는

$$\det\begin{pmatrix} z_0 & z_3 & z_4 \\ z_3 & z_1 & z_5 \\ z_4 & z_5 & z_2 \end{pmatrix} = 0$$

을 만족시키는 점들의 자취, 즉 $\mathrm{Chord}(X)$는 $\mathbb{P}^5$의 3차 초곡면이기 때문이다.

정의 6.23

사영 다양체 $X \subset \mathbb{P}^n$이 **비퇴화**(nondegenerate)적이라 함은 X가 $\mathbb{P}^n$을 생성함을 말한다. 즉, X를 포함하는 초평면이 없다는 말이다. X의 **할선 결핍도**(secant deficiency)란

$$\delta(X) = 2\dim X + 1 - \dim \mathrm{Chord}(X)$$

를 말한다.

할선 결핍도가 크다는 말은 현 다양체 $\mathrm{Chord}(X)$의 차원이 예상되는 값 $2\dim X + 1$에 비해 작다는 말이다.

예제 6.24 $X \subset \mathbb{P}^{n-1}$이 비퇴화 기약 사영 다양체라면 $p \notin \mathbb{P}^{n-1} \subset \mathbb{P}^n$에 대해

$$J(\mathrm{Chord}(X), p) = \mathrm{Chord}(J(X,p)) \subset \mathbb{P}^n$$

이므로(왜?) 뿔 $J(X,p) = \overline{Xp}$는

$$\delta(J(X,p)) = \delta(X) + 1$$

을 만족시킨다. 이를 이용해서 할선 결핍도가 얼마든지 큰 사영 다양체를 만들 수 있다.

더 일반적으로 사영 다양체 $X \subset \mathbb{P}^n$의 k-할선 다양체 $\mathbf{S}_k(X)$와 k-현 다양체

$$\mathrm{Chord}_k(X) = \bigcup_{\Lambda \in \mathbf{S}_k(X)} \Lambda$$

의 차원을 생각할 수 있는데 유리 정규 곡선의 경우 다음과 같이 주어진다.

정리 6.25

n차 유리 정규 곡선 $X \subset \mathbb{P}^n$과 $k < n$에 대해

$$\dim \mathbf{S}_k(X) = k+1, \quad \dim \mathrm{Chord}_k(X) = \min\{2k+1, n\}.$$

증명 $\mathbf{S}_k(X)$가 $(k+1)$차원 기약 사영 다양체임을 보이는 것은 연습문제로 남기고 $\dim \mathrm{Chord}_k(X)$를 구해 보자. $2k+1 \leq n$이라 하자. X의 서로 다른 $(2k+2)$개의 점들은 일차 독립이므로, X의 서로 다른 $(k+1)$개의 점들이 생성하는 k-평면들의 열린 부분집합을 $U \subset \mathbf{S}_k(X)$라고 두면 $\Lambda \in U$에 대해, Λ의 일반적인 점은 다른 어떤 $\Lambda' \in U$에도 속하지 않는다. 따라서

$$\{(\Lambda, p) \in U \times \mathbb{P}^n \,|\, p \in \Lambda\} \longrightarrow \mathrm{Chord}_k(X) \subset \mathbb{P}^n$$

은 준유한 사상이고 그 차원은

$$\dim \mathrm{Chord}_k(X) = \dim \mathbf{S}_k(X) + k = 2k+1.$$

이제 $2k \geq n$이라 하자. $\Lambda \in U$에 대해

$$U'_\Lambda = \{\Lambda' \in \mathbf{S}_k(X) \,|\, \dim \Lambda \cap \Lambda' = 2k-n\} \neq \varnothing$$

이라 두면

$$\pi_1 : \mathcal{W}_\Lambda = \{(\Lambda', p) \in \mathbf{S}_k(X) \times \Lambda \,|\, p \in \Lambda \cap \Lambda'\} \longrightarrow \mathbf{S}_k(X)$$

은 전사이고 U'_Λ 상에서 파이버가 최소 차원 $(2k-n)$을 가지므로

$$\dim \mathcal{W}_\Lambda|_{U'_\Lambda} = \dim \mathbf{S}_k(X) + 2k - n = k+1+2k-n$$

이다. 따름정리 6.13에 의해 $\pi_2 : \overline{\mathcal{W}_\Lambda|_{U'_\Lambda}} \to \Lambda$의 일반적인 파

이버는 $(1+2k-n)$차원이다. 이제

$$\mathcal{W} = \{(\Lambda', p) \in \mathbf{S}_k(X) \times \mathbb{P}^n \mid p \in \Lambda'\}$$

이라 두면 $\pi_1 : \mathcal{W} \to \mathbf{S}_k(X)$의 파이버가 모두 $\mathbb{P}^k$이므로 $\mathcal{W}$는 기약인 $(2k+1)$차원 사영 다양체이다. 따라서 $\pi_1^{-1}(U'_\Lambda)$은 $(2k+1)$차원 기약 다양체이다. 만약 $\pi_2 : \mathcal{W} \to \mathbb{P}^n$이 전사가 아니라면 $\pi_2|_{\pi_1^{-1}(U'_\Lambda)}$의 공집합이 아닌 모든 파이버의 차원이 $(2k+1-n)$보다 커야 한다. 그런데 차원이 $(2k+1-n)$인 파이버가 존재하므로 모순을 얻는다. 따라서 $\mathrm{Chord}_k(X) = \mathbb{P}^n$이고 증명이 끝났다. □

위 정리로부터 특히 $n \geq 3$이면 n차 유리 정규 곡선의 할선 결핍도는 0임을 쉽게 알 수 있다. 위 정리는 또한 다음과 같은 재미있는 결과를 준다.

따름정리 6.26

일반적인 n차 다항식 $f(x) \in \mathbf{k}[x]$가 d개의 n거듭제곱의 합

$$\sum_{i=1}^{d} (\alpha_i x - \beta_i)^n$$

으로 쓰여질 필요충분조건은 $2d-1 \geq n$인 것이다. 만약 $2d-1 = n$이면 일반적인 n차 다항식 $f(x) \in \mathbf{k}[x]$는 유일한 방법으로 d개의 n거듭제곱식의 합으로 쓸 수 있다.

증명 일차식의 n거듭제곱들의 집합

$$\begin{aligned} X = \nu_n(\mathbb{P}^1) &= \mathbb{P}\{(\alpha x - \beta)^n \mid (\alpha, \beta) \in \mathbf{k}^2 - \{0\}\} \\ &= \{[\alpha^n, -n\alpha^{n-1}\beta, \ldots, (-1)^n \beta^n] \mid [\alpha, \beta] \in \mathbb{P}^1\} \end{aligned}$$

은 n차 유리 정규 곡선과 사영적으로 동등하고

$$\mathbb{P}\{\sum_{i=1}^{d}(\alpha_i x - \beta_i)^n \in \mathbf{k}[x] \mid (\alpha_i, \beta_i) \in (\mathbf{k}^2 - \{0\})^d\}$$

은 X의 $(d-1)$-현 다양체이다. 따라서 정리 6.25로부터 이 따름정리를 얻는다. □

5.5절에 나오는 (5.7)의 일반적인 파이버는 $\mathrm{PGL}_{k+1}(\mathbf{k})$의 작용

$$[g] \cdot ([A], [B]) = ([Ag^{-1}], [gB]), \quad g \in \mathrm{GL}_{k+1}(\mathbf{k})$$

에 의한 궤도이다. 따라서 세그레 다양체

$$\sigma_{m,n}(\mathbb{P}^m \times \mathbb{P}^n) \subset \mathbb{P}^{mn+m+n}$$

의 k-현 다양체의 차원은

$$\begin{aligned}
&\dim \mathbb{P}M^{(m+1)\times(n+1)}_{\leq k+1} \\
&\quad = (m+1)(k+1) + (k+1)(n+1) - 2 - (k+1)^2 + 1 \\
&\quad = (m+1)(n+1) - 1 - (m-k)(n-k) \\
&\quad = \dim \mathbb{P}M^{(m+1)\times(n+1)} - (m-k)(n-k)
\end{aligned}$$

임을 일 수 있다. 따라서 일반적인 $((m-k)(n-k)-1)$-평면은

$$\mathrm{Chord}_k(\sigma_{m,n}(\mathbb{P}^m \times \mathbb{P}^n)) = \mathbb{P}M^{(m+1)\times(n+1)}_{\leq k+1}$$

과 만나지 않는다. 또한 세그레 다양체

$$\sigma_{m,n}(\mathbb{P}^m \times \mathbb{P}^n) \subset \mathbb{P}^{mn+m+n}$$

의 할선 결핍도는 $2(m+n)+1-(2m+2n-1) = 2$임을 알 수 있다.

6.3 힐버트 다항식

주어진 사영 다양체 $X \subset \mathbb{P}^n$을 얼마나 많은 m차 초곡면이 포함하는가? 동차 좌표 환

$$S(X) = \mathbf{k}[x_0, \ldots, x_n]/\mathbf{I}(X) = \bigoplus_{m \geq 0} S(X)_m$$

을 생각하고

$$h_X(m) = \dim S(X)_m$$

을 $X \subset \mathbb{P}^n$의 **힐버트 함수**(Hilbert function)라고 부른다. 즉, X를 포함하는 m차 초곡면들의 집합 $\mathbf{I}(X)_m \subset \mathbf{k}[x_0, \ldots, x_n]_m$의 여차원(codimension)이 $h_X(m)$이다.

예제 6.27 $X = \{p_1, p_2, p_3\} \subset \mathbb{P}^2$가 서로 다른 3개의 점이라고 하자. 만약 이 세 점이 모두 동일 직선 위에 놓여 있으면 X를 포함하는 직선이 1개 있으므로 $\dim \mathbf{I}(X)_1 = 1$이어서 $h_X(1) = 2$이고, 그렇지 않으면 $\dim \mathbf{I}(X)_1 = 0$이어서 $h_X(1) = 3$이다. $i = 1, 2, 3$에 대해 $p_i = [v_i]$, $v_i \in \mathbf{k}^3$라고 두자. $m \geq 2$에 대해서는

$$ev = (ev_{v_1}, ev_{v_2}, ev_{v_3}) : \mathbf{k}[x_0, x_1, x_2]_m \longrightarrow \mathbf{k}^3, \quad ev_v(f) = f(v)$$

는 전사이고, $\ker(ev) = \mathbf{I}(X)_m$이므로 $h_X(m) = 3$이다. 이제 ev가 전사임을 보이자. 먼저 $ev(f_3) = (0, 0, 1)$인 m차 다항식 f_3를 찾을 수 있음을 쉽게 알 수 있다. 예를 들어 p_1을 지나며 p_3를 지나지 않는 직선의 방정식과 p_2를 지나며 p_3를 지나지 않는 직선의 방정식(의 $(m-1)$거듭제곱)을 곱하여 상수배하면 된다. 유사하게 $ev(f_2) = (0, 1, 0)$, $ev(f_1) = (1, 0, 0)$을 만족하는 m차 다항식 f_1, f_2를 찾을 수 있으므로 ev가 전사이다.

연습문제 6.28 $X \subset \mathbb{P}^n$이 d개의 서로 다른 점들로 이루어졌다면 $m \geq d-1$에 대해 $h_X(m) = d$임을 보이시오.

예제 6.29 기약 다항식 $f \in \mathbf{k}[x_0, x_1, x_2]$가 정의하는 $X = \mathbf{V}(f) \subset \mathbb{P}^2$가 d차 평면 곡선이라고 하면

$$h_X(m) = dm - d(d-3)/2, \quad \forall m \geq d$$

이다. 그 이유는 $\mathbf{I}(X) = \langle f \rangle$이므로 $\mathbf{I}(X)_m \cong \mathbf{k}[x_0, x_1, x_2]_{m-d}$이고

$$\begin{aligned} \dim S(X)_m &= \dim \mathbf{k}[x_0, x_1, x_2]_m - \dim \mathbf{k}[x_0, x_1, x_2]_{m-d} \\ &= \frac{(m+1)(m+2)}{2} - \frac{(m-d+1)(m-d+2)}{2} \\ &= dm - d(d-3)/2 \end{aligned}$$

이기 때문이다. 이것은 m에 관한 다항식이고 차수가 X의 차원이며 최고차항의 계수가 X의 차수임을 주목하자. 이때 $1 - h_X(0)$을 곡선 X의 **종수**(genus)라고 부른다. 즉, d차 평면 곡선의 종수는

$$g = 1 + d(d-3)/2 = \frac{(d-1)(d-2)}{2}.$$

정리 6.30

기약 사영 다양체 $X \subset \mathbb{P}^n$에 대해 다항식 $P_X \in \mathbb{Q}[m]$과 자연수 m_0가 존재하여

$$h_X(m) = P_X(m), \quad \forall m \geq m_0$$

이고 $\deg P_X = \dim X$이다. 이 다항식 P_X를 X의 **힐버트 다항식**(Hilbert polynomial)이라고 부른다.

증명 기약 사영 다양체 $X \subset \mathbb{P}^n$의 차원을 k라 하면 차원의 정의

에 의해 일반적인 $(n-k)$-평면 $\Lambda = \mathbf{V}(L_1, \ldots, L_k)$와 유한 개의 점에서 만나는데 그 점의 수를 $d = |X \cap \Lambda|$라고 두자.[7] 여기서 $L_1, \ldots, L_k$는 일차 독립인 선형 다항식들이고 $\mathbf{I}(\Lambda) = \langle L_1, \ldots, L_k \rangle$이고 $\mathbf{I}(X \cap \Lambda) = \mathbf{I}(X) + \mathbf{I}(\Lambda)$이다.[8] 이제

$$I^{(i)} = \mathbf{I}(X) + \langle L_1, \ldots, L_i \rangle, \quad X^{(i)} = \mathbf{V}(I^{(i)})$$

라 두면

$$\mathbf{I}(X) := I^{(0)} \subset I^{(1)} \subset \cdots \subset I^{(k)} = \mathbf{I}(X \cap \Lambda) \subset \mathbf{k}[x_0, \ldots, x_n]$$

을 얻고

$$S^{(i)} := \mathbf{k}[x_0, \ldots, x_n]/I^{(i)} = \bigoplus_m S_m^{(i)}, \quad h^{(i)}(m) := \dim S_m^{(i)}$$

이라 둘 때

$$h^{(0)} = h_X, \quad h^{(k)}(m) = h_{X \cap \Lambda}(m) = d \quad \forall m >> 0$$

이다.(연습문제 6.28) 그런데 $\dim X \cap \Lambda = 0$이고 $\dim X = k$이므로, 정리 6.8에 의해, 모든 $0 \leq i \leq k$에 대해 $\dim X^{(i)} = k - i$이며 L_{i+1}은 $S^{(i)}$에서 영인자(zero divisor)가 아니다. 따라서

$$\begin{aligned} h^{(i+1)}(m) &= \dim S_m^{(i+1)} \\ &= \dim S_m^{(i)}/L_{i+1}S_{m-1}^{(i)} \\ &= \dim S_m^{(i)} - \dim S_{m-1}^{(i)} \\ &= h^{(i)}(m) - h^{(i)}(m-1) \end{aligned} \tag{6.6}$$

이다. $h^{(k)}(m) = d$와 (6.6)을 귀납적으로 적용하면 충분히 큰

7 8장에서 d를 $X \subset \mathbb{P}^n$의 차수(degree)로 정의할 것이다.

8 $L_i = x_i$이도록 좌표계를 잡고 확인해 보자.

m에 대해 $h_X(m) = h^{(0)}(m)$은 k차 다항식

$$h_X(m) = \frac{d}{k!}m^k + a_{k-1}m^{k-1} + \cdots =: P_X(m)$$

에 의해 주어짐을 알 수 있다. □

사영 다양체의 힐버트 다항식은 시지지(syzygy)를 통해 분석할 수 있다. 이를 위해 약간의 준비가 필요하다.

덧셈에 대해 부분군들의 직합으로 쓰여진 환 $S = \oplus_m S_m$이 **등급 환**(graded ring)이라 함은 $S_m \cdot S_n \subset S_{m+n}$이 성립한다는 말이다. 예를 들어 다항식들의 환 $S = \mathbf{k}[x_0, \ldots, x_n] = \bigoplus_m \mathbf{k}[x_0, \ldots, x_n]_m$은 등급 환이다. 등급 환 S 상의 모듈 M이 **등급 모듈**(graded module)이라 함은 덧셈에 대한 부분군들의 직합 $M = \bigoplus_{k\in\mathbb{Z}} M_k$로 쓰여지고 모든 정수 d, k에 대해 $S_d \cdot M_k \subset M_{d+k}$를 만족하는 것을 말한다. 등급 모듈 M, N 사이의 차수 d인 준동형사상이란 S-모듈 준동형사상 $\phi : M \to N$인데 모든 정수 k에 대해 $\phi(M_k) \subset N_{k+d}$를 만족하는 것을 말한다.

정수 e에 대하여 등급 모듈 $M = \oplus_k M_k$로부터 등급만 바꿔 **뒤틀린(twisted) 등급 모듈** $M(e)$를

$$M(e)_k = M_{k+e}, \quad M(e) = \bigoplus_k M(e)_k$$

로 정의한다. 차수 d인 등급 모듈 준동형사상 $\varphi : M \to N$은 차수 0인 준동형사상 $\phi(d) : M \to N(d)$와 같다.

예제 6.31 $S = \oplus_m S_m$이 등급 환이고 $f \in S_d$일 때,

$$f : S \longrightarrow S(d), \quad g \mapsto fg$$

는 차수 0인 등급 준동형사상이다.

이제 사영 다양체 $X \subset \mathbb{P}^n$의 동차 아이디얼이 $\mathbf{I}(X) = \langle f_1, \ldots, f_r \rangle$이라면 $S = \mathbf{k}[x_0, \ldots, x_n]$, $\varphi_1 = (f_1, \ldots, f_r)$, $d_i = \deg f_i$라 둘 때 **정확열**(exact sequence)[9]

$$\bigoplus_{i=1}^{r} S(-d_i) \xrightarrow{\varphi_1} S \longrightarrow S/\mathbf{I}(X) \longrightarrow 0 \tag{6.7}$$

을 얻는다. 즉 $\operatorname{im} \varphi_1 = \mathbf{I}(X)$이다. 다시

$$M_1 := \ker \varphi_1 = \{(g_1, \ldots, g_r) \mid \sum_{i=1}^{r} f_i g_i = 0\}$$

이라 두면, $S = \mathbf{k}[x_0, \ldots, x_n]$이 뇌터 환이고 M_1이 유한 생성 모듈의 부분모듈이므로 유한 생성이다. 따라서 유한 개의 동차 생성원들을 찾아서 전사인 준동형사상

$$\bigoplus_{j=1}^{s} S(-e_j) \twoheadrightarrow M_1 \tag{6.8}$$

을 줄 수 있다. (6.7)과 (6.8)로부터 정확열

$$\bigoplus_{j=1}^{s} S(-e_j) \xrightarrow{\varphi_2} \bigoplus_{i=1}^{r} S(-d_i) \xrightarrow{\varphi_1} S \longrightarrow S/\mathbf{I}(X) \longrightarrow 0 \tag{6.9}$$

을 얻는다. 이와 같이 계속하면 S 상의 뒤틀린 자유(twisted free) 모듈들의 정확열

$$\cdots \xrightarrow{\varphi_{n+1}} N_n \xrightarrow{\varphi_n} \cdots \xrightarrow{\varphi_3} N_2 \xrightarrow{\varphi_2} N_1 \xrightarrow{\varphi_1} S \longrightarrow S(X) \longrightarrow 0 \tag{6.10}$$

을 얻는데 이를 X의 **시지지**(syzygy) 또는 S-모듈 $S(X)$의 시지지라고 부른다. 여기서 N_i는 $\bigoplus_{j=1}^{r_i} S(-a_{ij})$꼴의 모듈이고, $N_0 = S$라 두

---

9 $A \xrightarrow{f} B \xrightarrow{g} C$가 B에서 **정확**(exact)하다 함은 g의 커널과 f의 이미지가 정확히 일치한다는, 즉 $\ker g = \operatorname{im} f$가 성립한다는 말이다. 모듈 준동형사상들의 열

$$\cdots \xrightarrow{d_{i-1}} A_i \xrightarrow{d_i} A_{i+1} \xrightarrow{d_{i+1}} A_{i+2} \xrightarrow{d_{i+2}} \cdots$$

이 정확(exact)하다 함은 모든 위치에서 정확하다는 말이다. $\mathbf{k}$-벡터 공간들에 대해 유한한 정확열 $\{A_i, d_i\}$가 주어지면 $\sum_i (-1)^i \dim_{\mathbf{k}} A_i = 0$이 성립한다.

자. 예를 들어 $X = \mathbf{V}(f) \subset \mathbb{P}^n$이 d차 초곡면이면 X의 시지지는

$$0 \longrightarrow S(-d) \xrightarrow{f} S \longrightarrow S(X) \longrightarrow 0$$

으로 주어진다. 따라서 $X = \mathbf{V}(f) \subset \mathbb{P}^n$의 힐버트 다항식은

$$\begin{aligned} P_{\mathbf{V}(f)}(m) &= \dim S_m - \dim S_{m-d} \\ &= \binom{m+n}{n} - \binom{m+n-d}{n} = \frac{d}{(n-1)!}m^{d-1} + \cdots \end{aligned}$$

꼴로 주어진다.[10]

힐버트의 시지지 정리는 X가 매끈한 사영다양체이면 (6.10)에서 $N_{>n} = 0$으로 둘 수 있음을 말한다.(힐버트 시지지 정리의 자세한 소개와 증명은 [5] 참조) 따라서 정확열

$$0 \longrightarrow N_n \longrightarrow \cdots \longrightarrow N_2 \longrightarrow N_1 \longrightarrow S \longrightarrow S(X) \longrightarrow 0,$$

$$N_i = \bigoplus_{j=1}^{r_i} S(-a_{ij})$$

를 얻고, $\dim S_m = \binom{m+n}{n}$이므로 $m >> 0$에 대해

$$\begin{aligned} h_X(m) &= \dim S(X)_m \\ &= \sum_{i,j} (-1)^i \dim S_{m-a_{ij}} \\ &= \sum_{i,j} (-1)^i \binom{m-a_{ij}+n}{n} \end{aligned}$$

---

10 완전 교차 다양체 $X = \mathbf{V}(f_1, \ldots, f_r) \subset \mathbb{P}^n$의 시지지는 코쥴 열(Koszul complex)

$$\begin{aligned} 0 \longrightarrow S(-\textstyle\sum d_i) \longrightarrow \cdots \longrightarrow \oplus_{i<j} S(-d_i - d_j) \\ \longrightarrow \oplus_i S(-d_i) \longrightarrow S \longrightarrow S(X) \longrightarrow 0 \end{aligned}$$

에 의해 주어진다.([5, Chapter 19]) 이를 이용하면 힐버트 다항식을 바로 계산할 수 있다.

이다. 이렇게 해서도 힐버트 함수 $h_X(m)$이 충분히 큰 m에 대해 다항식 함수임을 알 수 있다.

예제 6.32

$$X = \mathbf{V}(x_0x_1, x_1x_2, x_0x_2) = \{[1,0,0],[0,1,0],[0,0,1]\} \subset \mathbb{P}^2$$

라 하자. $S = \mathbf{k}[x_0, x_1, x_2]$일 때 정확열

$$0 \longrightarrow S(-3)^{\oplus 2} \xrightarrow{\varphi_2} S(-2)^{\oplus 3} \xrightarrow{\varphi_1} S \longrightarrow S(X) \longrightarrow 0,$$

$$\varphi_2(a,b) = (ax_2, -ax_0 + bx_0, -bx_1),$$

$$\varphi_1(a,b,c) = ax_0x_1 + bx_1x_2 + cx_0x_2$$

로부터 $m >> 0$에 대해

$$h_X(m) = \binom{m+2}{2} - 3\binom{m}{2} + 2\binom{m-1}{2} = 3$$

임을 얻는다.

시지지를 사용하여 베주 정리(정리 2.8)를 다음과 같이 증명할 수 있다. 평면 곡선 $\mathbf{V}(f)$와 $\mathbf{V}(g)$가 유한 개의 점에서 만난다면 $X = \mathbf{V}(f,g) \subset \mathbb{P}^2$의 시지지는 $S = \mathbf{k}[x_0, x_1, x_2]$, $d = \deg f$, $e = \deg g$라 둘 때,

$$0 \longrightarrow S(-d-e) \xrightarrow{(g,-f)} S(-d) \oplus S(-e) \xrightarrow{(f,g)} S \longrightarrow S(X) \longrightarrow 0$$

으로 주어지므로 $m >> 0$에 대해

$$\begin{aligned} h_X(m) &= \dim S_m - \dim S_{m-d} - \dim S_{m-e} + \dim S_{m-d-e} \\ &= de \end{aligned}$$

이다. 따라서 연습문제 6.28에 의해 X가 de개의 점으로 이루어짐을 알 수 있다.

마지막으로 Macaulay2를 활용하여 힐버트 다항식과 이로부터 얻을 수 있는 정보들을 구해 보자.

예제 6.33 먼저 $\mathbb{P}^4$에 포함된 4차 유리 곡선의 힐버트 다항식을 계산하자. 함수

$$f : \mathbb{P}^1 \longrightarrow \mathbb{P}^4, \quad [t_0, t_1] \mapsto [t_0^4, t_0^3t_1, t_0^2t_1^2, t_0t_1^3, t_1^4]$$

이 정의하는 유리 곡선 C를 정의하는 아이디얼 I를 다음과 같이 구한다.

```
i1 : R = QQ[x_0..x_4]
o1 = R
o1 : PolynomialRing
i2 : S = QQ[t_0, t_1]
o2 = S
o2 : PolynomialRing
i3 : m = matrix({{t_0^4, t_0^3*t_1, t_0^2*t_1^2,
     t_0*t_1^3, t_1^4}})
o3 = ( t_0^4  t_0^3t_1  t_0^2t_1^2  t_0t_1^3  t_1^4 )
o3 : Matrix S^1 <--- S^5
i4 : f = map(S, R, m)
o4 = map(S, R, {t_0^4, t_0^3t_1, t_0^2t_1^2, t_0t_1^3, t_1^4})
o4 : RingMap S <--- R
i5 : I = ker f
o5 = ideal(x_3^2 - x_2x_4, x_2x_3 - x_1x_4, x_1x_3 - x_0x_4, x_2^2 - x_0x_4,
     x_1x_2 - x_0x_3, x_1^2 - x_0x_2)
```

```
o5 : Ideal of R
```

R/I가 유리 곡선 C의 동차 좌표 환이므로 힐버트 다항식은 다음과 같다.

```
i6 : hilbertPolynomial(R/I)
o6 = -3 P_0 + 4 P_1
o6 : ProjectiveHilbertPolynomial
```

Macaulay2에서는 힐버트 다항식을 표시할 때, $P_n(m) = \binom{m+n}{m}$을 기호로 사용한다.[11] 따라서 위의 결과는 $-3P_0 + 4P_1 = -3 + 4(m+1) = 4m+1$이다. P_n이 아니라 다항식으로 표현하고 싶다면 다음과 같이 옵션을 지정해 주면 된다.

```
i7 : hilbertPolynomial(R/I, Projective => false)
o7 = 4i + 1
o7 : Q[i]
```

C의 차수와 차원을 구해 보면 다음과 같다.

```
i8 : degree I
o8 = 4
i9 : dim I
o9 = 2
```

Macaulay2에서 아이디얼의 힐버트 다항식이나 차수를 구할 때는 등급 환의 아이디얼임을 가정하고 아이디얼이 정의하는 사영 다양체

11 $P_n(m) = \binom{m+n}{m}$은 사영공간 $\mathbb{P}^n$의 힐버트 다항식이다.

의 정보를 구해 준다. 하지만 차원의 경우에는 이를 가정하지 않고 아핀 다양체의 차원을 계산하므로 결과가 2로 나왔다. 사영 다양체에 대한 정보를 구하고 싶으면 등급 환에 Proj를 취하여 사영 다양체를 만들어 사용하면 된다.

```
i10 : C = Proj (R/I)
o10 = C
o10 : ProjectiveVariety
i11 : hilbertPolynomial C
o11 = -3 P_0 + 4 P_1
o11 : ProjectiveHilbertPolynomial
i12 : dim C
o12 = 1
i13 : degree C
o13 = 4
i14 : genus C
o14 = 0
```

차원과 차수에 대한 원하는 결과를 바르게 출력하였고, 마지막에 종수가 0임을 확인할 수 있다. 또한 명령어 `resolution`(또는 `res`)를 이용하면 (6.10)과 같은 시지지도 계산할 수 있다. 환 R의 아이디얼 I에 대하여 `resolution I`는 R/I의 시지지를 구해 준다.

```
i15 : resolution I
o15 = R^1 <- R^6 <- R^8 <- R^3 <- 0
      0      1      2      3      4
```

```
o15 : ChainComplex
```

Macaulay2에서는 각 단계의 사상들을 행렬의 형태로 모두 보여주지만 여기서는 표현을 간략하게 하기 위하여 생략했다. 위의 결과에 따라 C의 시지지는

$$0 \longrightarrow R(-4)^{\oplus 3} \longrightarrow R(-3)^{\oplus 8} \longrightarrow R(-2)^{\oplus 6} \longrightarrow R \longrightarrow S(C) \longrightarrow 0$$

이다. 각각의 뒤틀린 등급은 Macaulay2에서 구해 주는 각 사상들의 차수를 보면 알 수 있다. 참고로 다음과 같이 먼저 몫 환(quotient ring)으로 취급되는 R/I를 R-모듈로 바꿔준 후 `resolution` 명령어를 사용해도 같은 결과를 준다.

```
i16 : resolution (module R/I)
```

예제 6.34 예제 4.20에서 살펴본 그라스만 다양체 $G(2,4)$의 힐버트 다항식을 Macaulay2를 이용하여 구해 보자.

```
i1 : J = Grassmannian(1,3, CoefficientRing => QQ)
o1 = ideal (p_{1,2}p_{0,3} - p_{0,2}p_{1,3} + p_{0,1}p_{2,3})
o1 : Ideal of Q[p_{0,1}..p_{0,2}, p_{1,2}, p_{0,3}, p_{1,3}, p_{2,3}]
i2 : R = quotient J
o2 = R
o2 : QuotientRing
i3 : X = Proj R
o3 = X
o3 : ProjectiveVariety
```

```
i4 : hilbertPolynomial X
```

$$o4 = -P_3 + 2\,P_4$$

```
o4 : ProjectiveHilbertPolynomial

i5 : hilbertPolynomial(X, Projective => false)
```

$$o5 = \frac{1}{12}i^4 + \frac{2}{3}i^3 + \frac{23}{12}i^2 + \frac{7}{3}i + 1$$

$$o5 : \mathbb{Q}[i]$$

```
i6 : dim X

o6 = 4

i7 : degree X

o7 = 2
```

그라스만 다양체 $G(2,4)$는 $\mathbb{P}^5$ 상의 2차 초곡면이므로 차원이 4이며 차수가 2임을 알 수 있다. 숫자를 바꾸어 다른 그라스만 다양체의 차원과 차수도 같은 방법으로 구할 수 있다. 초곡면이 아닌 일반적인 사영 다양체의 차수와 그라스만 다양체의 차수는 8장에서 공부할 것이다.

CHAPTER

7

접평면과 매끈함

이 장에서는 대수적 다양체의 (자리스키) 접평면과 매끈함,
사영적 접평면, 가우스 사상 등에 대해 알아본다.

7.1 접평면

먼저 아핀 다양체의 접평면을 정의해 보자. 미적분학으로부터 초곡면 $X = V(f) \subset \mathbb{A}^n$ 위의 한 점 $p = (a_1, \ldots, a_n)$에서의 접평면은 일차 방정식

$$(x_1 - a_1)\frac{\partial f}{\partial x_1}(p) + (x_2 - a_2)\frac{\partial f}{\partial x_2}(p) + \cdots + (x_n - a_n)\frac{\partial f}{\partial x_n}(p) = 0$$

이 정의함을 알고 있다. 따라서 p에서의 접벡터(tangent vector)들

$$v = (x_1 - a_1, \ldots, x_n - a_n)$$

의 벡터 공간은

$$T_pX = \{v = (v_1, \ldots, v_n) \,|\, \mathrm{d}f_p(v) = 0\}$$

으로 쓸 수 있다. 이때

$$\mathrm{d}f_p(v) = v_1\frac{\partial f}{\partial x_1}(p) + \cdots + v_n\frac{\partial f}{\partial x_n}(p)$$

이다.

만약 $X = V(f, g) = V(f) \cap V(g)$라면 X의 접벡터는 $V(f)$의 접벡터도 되고 $V(g)$의 접벡터도 되어야 하므로

$$T_pV(f, g) = T_pV(f) \cap T_pV(g) = \{v \,|\, \mathrm{d}f_p(v) = 0 = \mathrm{d}g_p(v)\}$$

라고 쓸 수 있다.

같은 이유에서, 아핀 다양체 $X \subset \mathbb{A}^n$의 한 점 $p \in X$에서 X의 접평면은

$$T_pX = \bigcap_{f \in I(X)} T_pV(f) = \{v \in \mathbf{k}^n \,|\, \mathrm{d}f_p(v) = 0, \quad \forall f \in I(X)\}$$

로 쓸 수 있다. 아이디얼 $I(X)$의 생성원을 골라

$$I(X) = \langle f_1, \ldots, f_m \rangle, \quad f_1, \ldots, f_m \in \mathbf{k}[x_1, \ldots, x_n]$$

이라 두면 $\mathrm{d}(\sum_i g_i f_i)_p = \sum_i g_i(p)\mathrm{d}(f_i)_p$이므로

$$T_pX = \bigcap_{1 \le i \le m} T_pV(f_i) = \{v \in \mathbf{k}^n \mid \mathrm{d}(f_i)_p(v) = 0, \quad 1 \le i \le m\}$$

임을 알 수 있고 따라서 X의 접평면은 자코비 행렬 J의 커널

$$T_pX = \ker J(p), \quad J := \left(\frac{\partial f_i}{\partial x_j}\right)_{1 \le i \le m, 1 \le j \le n}$$

로 주어짐을 알 수 있다.

어떤 다양체 X가 한 점 p에서 매끈하다고 함은 직관적으로 p 근방에서 X가 그 접평면 T_pX와 "비슷하다"는 말이다. 비슷함의 척도로 차원을 생각하여 다음의 정의를 얻는다.

정의 7.1

준아핀 다양체 $X \subset \mathbb{A}^n$ 위의 한 점 $p \in X$에서의 **접평면**(tangent space)이란 벡터 공간

$$T_pX = \{v \in \mathbf{k}^n \mid \mathrm{d}f_p(v) = 0, \ \forall f \in I(X)\}$$

를 말한다. 준아핀 다양체 $X \subset \mathbb{A}^n$ 위의 한 점 $p \in X$가 X의 **매끈한**(smooth) 점이다, 또는 X가 p에서 **매끈하다**고 함은

$$\dim T_pX = \dim_p X$$

가 성립한다는 말이다.

$\mathbf{k} = \mathbb{C}$인 경우 연습문제 6.3 (2)에 의해 모든 점 $p \in X$에 대하여

$$\dim T_pX \ge \dim_p X$$

가 성립한다. $\mathbf{k} \neq \mathbb{C}$이더라도 정리 7.3과 [2, Corollary 11.15]에 의해 위 부등식은 항상 성립한다. 행렬의 계수는 소행렬식(minor determinant)으로 결정할 수 있어서 아래로 연속(lower semicontinuous)이므로

$$X^{sm} = \{p \in X \mid X\text{가 } p\text{에서 매끈}\}$$

은 공집합이 아닌 열린 부분집합이다.

매끈하지 않은 점을 **특이점**(singular point)이라고 부르고 X의 특이점들의 집합을

$$\operatorname{Sing}(X) = X - X^{sm}$$

로 쓴다. $\operatorname{Sing}(X)$는 닫힌 부분집합이다.

예제 7.2 기약 다항식 $f \in \mathbf{k}[x_1, \ldots, x_n] - \mathbf{k}$가 정의하는 초곡면 $X = V(f) \subset \mathbb{A}^n$을 생각하자. 정리 6.8에 의해 $\dim X = n-1$이므로 $p \in X$가 매끈한 점일 필요충분조건은 $\mathrm{d}f_p \neq 0$인 것이다.(정의 2.3) 따라서

$$\operatorname{Sing}(X) = V(f) \cap \left(\bigcap_{i=1}^{n} V\left(\frac{\partial f}{\partial x_i}\right)\right) = V\left(f, \frac{\partial f}{\partial x_1}, \ldots, \frac{\partial f}{\partial x_n}\right)$$

이다. 예를 들어 $V(y^2 - x^3 + x^2) \subset \mathbb{A}^2$는 자코비 행렬이 $(-3x^2 + 2x, 2y)$이므로 원점에서만 접평면이 2차원이고 다른 점에서는 접평면이 1차원이 되어 원점이 유일한 특이점이다. $V(xy - zw) \subset \mathbb{A}^4$의 경우, 자코비 행렬이 $(y, x, -w, -z)$이므로 원점이 유일한 특이점이다. $V(xy - zw, z^2 - w^2) \subset \mathbb{A}^4$는 자코비 행렬이

$$\begin{pmatrix} y & x & -w & -z \\ 0 & 0 & 2z & -2w \end{pmatrix}$$

이므로, 특이점들의 집합은

$$V(yz, yw, xz, xw, w^2+z^2, xy-zw, z^2-w^2) = V(x, z, w) \cup V(y, z, w),$$

즉 두 직선의 합집합이다.

준사영 다양체 X 위의 한 점 $p \in X$에서의 접평면은 p를 포함하는 아핀 열린 부분집합 U를 골라 $T_pX = T_pU$로 정의하면 된다. 그런데 벡터 공간 T_pU가 열린 부분집합 U와 U를 닫힌 부분집합으로 포함하는 $\mathbb{A}^n$의 선택에 의존하지는 않는가? 이를 확인하기 위해서 점 p 근방에서 보통 함수들의 싹(germ)을 생각해 보자. p 근방에서 정의된 두 보통 함수 $f : U \to \mathbf{k}$, $g : U' \to \mathbf{k}$가 동등하다 함은 $p \in V \subset U \cap U'$인 열린 부분집합 V가 존재하여 $f|_V = g|_V$임을 말한다. p 근방에서 보통 함수의 **싹**(germ)이란 p 근방에서 정의된 보통 함수의 동등류(equivalence class)를 말한다. 이러한 동등류들의 집합을

$$\mathcal{O}_{X,p} = \varinjlim_{U \ni p} \mathcal{O}_X(U)$$

라고 쓴다. 보통 함수들의 합과 곱에 의해 $\mathcal{O}_{X,p}$는 자연스럽게 $\mathbf{k}$-대수가 되고

$$ev_p : \mathcal{O}_{X,p} \longrightarrow \mathbf{k}, \quad ev_p(f) = f(p)$$

는 전사인 환 준동형사상이므로 그 커널(kernel) $\mathbf{m}_p$는 극대(maximal) 아이디얼이다. 만약 p 근방에서 정의된 보통 함수 f가 $ev_p(f) = f(p) \neq 0$라면 p에서 0이 아닌 다항식 P, Q가 존재하여 $f = P/Q$가 p 근방에서 성립하므로 그 역인 $f^{-1} = Q/P$도 p 근방에서 정의된 보통 함수이고 그 싹(germ)을 생각할 수 있다. 자명히 이들은 $\mathcal{O}_{X,p}$에서 서로에게 역원이며 따라서 $\mathcal{O}_{X,p} - \mathbf{m}_p$의 모든 원소는 가역이다.

따라서 $\mathbf{m}_p$가 $\mathcal{O}_{X,p}$의 유일한 극대 아이디얼이다. 어떤 환이 유일한 극대 아이디얼을 가지면 **국소적 환**(local ring)이라고 부른다. 앞의 논의에서 $\mathcal{O}_{X,p}/\mathbf{m}_p \cong \mathbf{k}$이고 따라서

$$\mathbf{m}_p/\mathbf{m}_p^2 \cong \mathbf{m}_p \otimes_{\mathcal{O}_{X,p}} (\mathcal{O}_{X,p}/\mathbf{m}_p) \cong \mathbf{m}_p \otimes \mathbf{k}$$

는 $\mathbf{k}$-벡터 공간이다.

정리 7.3

아핀 다양체 $X \subset \mathbb{A}^n$ 상의 한 점 $p \in X$에서의 접평면 T_pX는

$$(\mathbf{m}_p/\mathbf{m}_p^2)^\vee = \mathrm{Hom}_{\mathbf{k}}(\mathbf{m}_p/\mathbf{m}_p^2, \mathbf{k})$$

와 동형이다.

증명 함수

$$T_pX \times \mathbf{m}_p/\mathbf{m}_p^2 \longrightarrow \mathbf{k},$$
$$((v_1, \ldots, v_n), g) \mapsto \mathrm{d}g_p(v) = \sum_{i=1}^n v_i \frac{\partial g}{\partial x_i}(p)$$

가 잘 정의된 이중선형 함수임은 각자 확인하기로 하고, 이 함수가 비퇴화적[1]임을 확인하면 충분하다.

필요하면 평행이동하여 좌표계를 $p = (0, \ldots, 0)$이도록 고르고 $\mathbb{A}^n$의 p에서의 싹들의 국소적 환

$$\mathcal{O}_{\mathbb{A}^n,p} \supset \langle x_1, \ldots, x_n \rangle = \mathbf{m}$$

을 생각하자. 보통 함수를 그것의 p 근방에서의 싹으로 보내는

---

1 유한 차원 벡터 공간 사이의 이중선형 함수 $V \times W \to \mathbf{k}, (v, w) \mapsto v \cdot w$가 비퇴화(nondegenerate)적이라 함은 모든 $v \neq 0 \in V$에 대해 $v \cdot w \neq 0$인 $w \in W$가 존재하고, 모든 $w \neq 0 \in W$에 대해 $v \cdot w \neq 0$인 $v \in V$가 존재함을 말한다. 이 경우 $V \to W^\vee$, $v \mapsto (w \mapsto v \cdot w)$가 동형사상이다.

제한(restriction) 함수

$$\mathbf{k}[x_1, \ldots, x_n] = \mathcal{O}_{\mathbb{A}^n}(\mathbb{A}^n) \longrightarrow \mathcal{O}_{\mathbb{A}^n,p}$$

에 의해 $I(X) = \langle f_1, \ldots, f_m \rangle$의 이미지가 생성하는 아이디얼을 I라 두면

$$\mathcal{O}_{X,p} = \mathcal{O}_{\mathbb{A}^n,p}/I, \quad \mathbf{m}_p = \mathbf{m}/I,$$

$$\mathbf{m}_p/\mathbf{m}_p^2 \cong \mathbf{m}/(\mathbf{m}^2 + I) \cong (\mathbf{m}/\mathbf{m}^2)/((I + \mathbf{m}^2)/\mathbf{m}^2)$$

이다. $\mathbf{m}^2$은 x_i에 관한 모든 2차 단항식들 $x_i x_j$가 생성하므로 테일러 전개하여

$$\mathbf{m} \longrightarrow \mathbf{m}/\mathbf{m}^2 = \bigoplus_{i=1}^{n} \mathbf{k}\,\mathrm{d}x_i,$$

$$h \mapsto \mathrm{d}h_p = \sum_{i=1}^{n} \frac{\partial h}{\partial x_i}(p)\mathrm{d}x_i$$

임을 안다. 여기서 $\mathrm{d}x_i$는 $x_i \in \mathbf{m}$의 $\mathbf{m}/\mathbf{m}^2$에서의 이미지를 표기한다.

모든 $v = (v_1, \ldots, v_n) \in T_pX$에 대해

$$\mathrm{d}g_p(v) = \sum_{i=1}^{n} v_i \frac{\partial g}{\partial x_i}(p) = 0$$

이라 하자. T_pX의 정의로부터

$$\mathrm{d}g_p \in \mathrm{span}(\mathrm{d}(f_1)_p, \ldots, \mathrm{d}(f_m)_p) \subset (I + \mathbf{m}^2)/\mathbf{m}^2 \subset \mathbf{m}/\mathbf{m}^2$$

임을 얻고 따라서

$$[\mathrm{d}g_p] = 0 \in \mathbf{m}_p/\mathbf{m}_p^2$$

이다. 역으로 모든 $g \in \mathbf{m}_p/\mathbf{m}_p^2$에 대해 $\mathrm{d}g_p(v) = 0$이라 하자.

특히

$$g = x_i \mod \mathbf{m}^2 + I$$

라 두면 $\mathrm{d}(x_i)_p(v) = v_i = 0$이므로 $v = 0$이어서 증명이 끝난다. □

예를 들어 $X = \mathbb{A}^n$이고 $p = (0, \ldots, 0) \in X$라면

$$\mathcal{O}_{X,p} = \{h/g \mid h, g \in \mathbf{k}[x_1, \ldots, x_n], g(p) \neq 0\}$$

이고,

$$\mathbf{m}_p = \{h/g \mid h(p) = 0, g(p) \neq 0\} = \sum_{i=1}^{n} \mathcal{O}_{X,p} x_i \subset \mathcal{O}_{X,p}$$

이므로 $\mathbf{m}_p/\mathbf{m}_p^2$는 n차원 벡터 공간이다.

위 정리로부터 준사영 다양체의 접평면을 다음과 같이 정의할 수도 있다.

정의 7.4

준사영 다양체 X의 한 점 p에서의 **접평면**(tangent space) T_pX와 **여접평면**(cotangent space) T_p^*X는 각각

$$T_pX = (\mathbf{m}_p/\mathbf{m}_p^2)^\vee, \quad T_p^*X = \mathbf{m}_p/\mathbf{m}_p^2$$

으로 정의된다.

매끈함의 정의도 아핀 다양체에서 준사영 다양체로 자동적으로 확장된다.

정의 7.5

준사영 다양체 X 위의 한 점 $p \in X$가 X의 **매끈한**(smooth) 점이다, 또는 X가 p에서 **매끈하다**고 함은

$$\dim_p X = \dim T_p X$$

가 성립함을 말한다. 매끈하지 않은 점을 **특이점**(singular point)이라 부른다. 준사영 다양체 X의 매끈한 점들의 집합을 X^{sm}으로, 특이점들의 집합을 $\mathrm{Sing}(X)$라고 쓰자.

연습문제 7.6 2차 곡면

$$X = \mathbf{V}(f) \subset \mathbb{P}^n, \quad f \in \mathbf{k}[x_0, \ldots, x_n]_2 - \{0\}$$

의 특이점들의 집합은 $\mathrm{Sing}(X) \cong \mathbb{P}^{n-\mathrm{rank}(f)}$임을 보이시오.[2]

대수적 사상 $F : X \to Y$는 $\mathbf{k}$-대수 사이의 준동형사상

$$F^* : \mathcal{O}_{Y,F(p)} \longrightarrow \mathcal{O}_{X,p}, \quad g \mapsto F^*(g) = g \circ F \tag{7.1}$$

를 유도한다. $g(F(p)) = F^*(g)(p)$이므로 $F^*\mathbf{m}_{F(p)} \subset \mathbf{m}_p$이고 (7.1)로부터 여접평면 사이의 사상

$$F^* : T^*_{F(p)}Y = \mathbf{m}_{F(p)}/\mathbf{m}^2_{F(p)} \longrightarrow \mathbf{m}_p/\mathbf{m}_p^2 = T_p^* X$$

와 그 전치 사상

$$\mathrm{d}F_p : T_pX \longrightarrow T_{F(p)}Y$$

를 얻는다. $\mathrm{d}F_p$를 F의 p에서의 **미분**(differential)이라고 부른다.

---

2 2차 다항식 f는 대칭적 이중선형 형식을 정의하고 그 계수(rank)를 f의 계수로 정의한다. 2.1절과 예제 4.1에 나오는 계수의 정의와 같다.

예를 들어 대수적 사상 $F : \mathbb{A}^2 \to \mathbb{A}^1$, $F(x,y) = xy$의 $p = (a,b)$에서의 미분은

$$\begin{aligned} xy - ab &= (x-a)(y-b) + b(x-a) + a(y-b) \\ &= b(x-a) + a(y-b) \mod (x-a, y-b)^2 \end{aligned}$$

로부터

$$\mathrm{d}F_p : T_p\mathbb{A}^2 \longrightarrow T_p\mathbb{A}^1, \quad (u,v) \mapsto bu + av$$

임을 알 수 있다.

대수적 사상 $F : X \to Y$, $G : Y \to Z$의 합성 $G \circ F$의 미분은

$$\mathrm{d}(G \circ F) = \mathrm{d}G \circ \mathrm{d}F$$

를 만족하고 항등함수의 미분은 항등함수임을 각자 확인해 보자.

접평면과 대수적 사상의 미분을 통해 주어진 대수적 사상이 동형사상인지 여부를 판별할 수 있다(정리 7.10). 이를 위해서는 유한 사상에 대한 준비가 필요하다.

정의 7.7

대수적 사상 $F : X \to Y$가 **아핀**(affine)이라 함은 모든 $q \in Y$에 대해 아핀 다양체인 열린 근방 $V \subset Y$가 존재하여 $F^{-1}(V)$가 아핀 다양체라는 말이다. 대수적 사상 $F : X \to Y$가 **유한**(finite)이라 함은 모든 $q \in Y$에 대해 아핀 다양체인 열린 근방 $V \subset Y$가 존재하여 $U = F^{-1}(V)$가 아핀 다양체이고

$$F^* : \mathbf{k}[V] \longrightarrow \mathbf{k}[U], \quad F^*(g) = g \circ F$$

에 의해 $\mathbf{k}[U]$가 $\mathbf{k}[V]$-모듈로서 유한 생성임을 말한다.

연습문제 7.8

(1) 대수적 다양체 X가 아핀일 필요충분조건은 유한 개의 보통 함수 $f_1, \ldots, f_m \in \mathcal{O}_X(X)$가 존재하여 $X_{f_i} = (f_i \neq 0)$가 각각 아핀 다양체이고 $1 \in \langle f_1, \ldots, f_m \rangle$임을 보이시오.

(2) 대수적 사상 $F : X \to Y$가 아핀이면 임의의 아핀 다양체인 열린 부분집합 $V \subset Y$에 대해 $U = F^{-1}(V)$가 아핀 다양체임을 보이시오.

(3) 아핀 사상의 합성은 아핀임을 보이시오.

(4) 유한 사상 $F : X \to Y$와 아핀 열린 부분집합 $V \subset Y$에 대해 $F^{-1}(V)$는 아핀 다양체이고 $\mathbf{k}[F^{-1}(V)]$는 유한 $\mathbf{k}[V]$-모듈임을 보이시오.

(5) 유한 사상의 합성은 유한 사상임을 보이시오.

유한 사상은 준유한 사상이다. 그 이유는 정의 7.7의 기호를 써서, 한 점 $q \in V$에서 0이 되는 보통 함수들이 이루는 극대 아이디얼을 $\mathbf{m}_q \subset \mathbf{k}[V]$라 두면

$$\mathbf{k}[F^{-1}(q)] = \mathbf{k}[U]/\mathbf{m}_q\mathbf{k}[U]$$

는 $\mathbf{k}[V]/\mathbf{m}_q \cong \mathbf{k}$ 상에서 유한 모듈(finite module)이므로 유한 차원 $\mathbf{k}$-벡터 공간이고 따라서 $F^{-1}(q)$는 유한 집합이기 때문이다. 사영 다양체 사이의 대수적 사상에 대해서는 그 역도 성립한다.

보조정리 7.9

사영 다양체 사이의 대수적 사상 $F_0 : X_0 \to Y_0$와 열린 부분집합 $Y \subset Y_0$에 대해 $X = F_0^{-1}(Y)$, $F = F_0|_X$라고 두자. 만약 F의 파이버들이 유한 집합이면 F는 유한 사상이다.

증명 $q \in Y$라 하자. 유한 사상의 정의에 의해 Y가 아핀 다양체인 경우만 보이면 되고 필요하면 더 작은 열린 근방으로 대체할 수 있다. 또한 X가 F의 그래프 graph(F)와 동형이므로 $X \subset \mathbb{P}^n$을 F의 그래프로 대체하여

$$F : X \subset Y \times \mathbb{P}^n \xrightarrow{\pi_1} Y$$

라고 둘 수 있다.

닫힌 부분집합 $W \subset \mathbb{P}^n = \{q\} \times \mathbb{P}^n$이

$$F^{-1}(q) \cap W = F_0^{-1}(q) \cap W = \varnothing$$

을 만족시키면 $q \notin F_0(X_0 \cap (Y_0 \times W))$이므로 q를 포함하는 Y의 아핀 열린 부분집합 Y'이 존재하여 $F^{-1}(Y') \cap W = \varnothing$이 성립한다. 따라서 Y를 Y'으로 대체하면

$$X \subset Y \times (\mathbb{P}^n - W)$$

라 할 수 있다.

$F^{-1}(q)$가 유한 집합이므로 $F^{-1}(q)$와 만나지 않는 초평면 W를 고를 수 있고 $X \cap (Y \times W) = \varnothing$이라 둘 수 있다. 따라서 F를

$$\begin{array}{ccccccccc}
X \hookrightarrow Y \times \mathbb{A}^n & \longrightarrow & Y \times \mathbb{A}^{n-1} & \longrightarrow & \cdots & \longrightarrow & Y \times \mathbb{A}^1 & \longrightarrow & Y \\
\downarrow & & \downarrow & & & & \downarrow & & \| \\
Y \times \mathbb{P}^n & \dashrightarrow & Y \times \mathbb{P}^{n-1} & \dashrightarrow & \cdots & \dashrightarrow & Y \times \mathbb{P}^1 & \longrightarrow & Y
\end{array}$$

로 분해할 수 있다. 유한 사상의 합성은 유한 사상이므로(연습문제 7.8)

$$F : X \subset Y \times \mathbb{A}^1 \xrightarrow{\pi_1} Y$$

인 경우만 보이면 충분하다.

이제 X는 $\{q\} \times \mathbb{A}^1$ 근방에서 어떤 $a_i \in \mathcal{O}_{Y,q}$에 대하여

$$a_0 z^n + a_1 z^{n-1} + \cdots + a_n \in \mathcal{O}_{Y,q}[z] = \mathcal{O}_{Y,q} \otimes_{\mathbf{k}} \mathbf{k}[z]$$

꼴의 함수들이 정의하는데 $a_0(q) \neq 0$인 것 중에 차수가 제일 작은 것을 취하자. Y를 최고차항 계수 a_0가 정의되고 0이 아닌 열린 아핀 부분집합으로 다시 제한하고 $b_i = a_i a_0^{-1}$라 두면 아핀 다양체 X는

$$V(z^n + b_1 z^{n-1} + \cdots + b_n) \subset Y \times \mathbb{A}^1$$

과 같고

$$\mathbf{k}[X] = \mathbf{k}[Y][z]/\langle z^n + b_1 z^{n-1} + \cdots + b_n \rangle$$

은 $\mathbf{k}[Y]$ 상의 유한 모듈이다. □

예를 들어 $p \in \mathbb{P}^n - \mathbb{P}^{n-1}$과 p를 포함하지 않는 사영 다양체 X에 대해 사영

$$\pi_p : X \subset (\mathbb{P}^n - \{p\}) \longrightarrow \mathbb{P}^{n-1}$$

은 준유한이므로 유한 사상이다. $X = \mathbf{V}(y^2 z - x^3 + xz^2)$, $p = [1,0,0]$이라면

$$\pi_p : X \subset \mathbb{P}^2 - \{p\} \longrightarrow \mathbb{P}^1, \quad [x,y,z] \mapsto [y,z]$$

는 차수가 3인 유한 사상이다.(그림 7.1)

두 다양체 사이의 대수적 사상 $F : X \to Y$가 동형사상임을 보이고 싶을 때가 종종 있는데, 역 사상을 구체적으로 찾는 것은 매우 어려운 일이다. 하지만 보조정리 7.9에 의해 F가 유한 사상임을 확

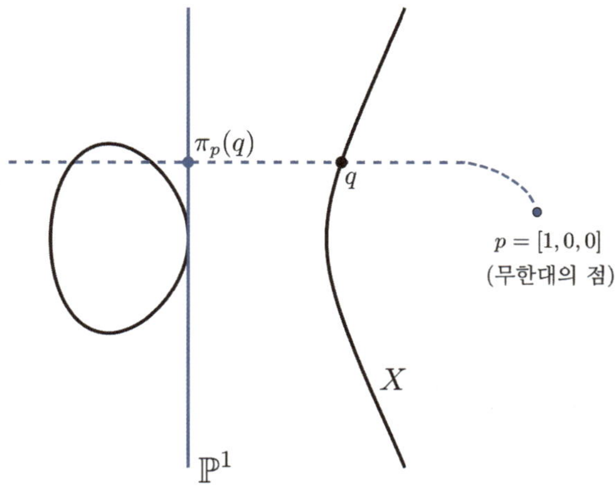

그림 7.1: 유한 사상

인하는 것은 어렵지 않다. 또 $\mathrm{d}F$는 편미분을 통해 쉽게 계산할 수 있다. 따라서 다음의 정리가 유용하다.

정리 7.10

준사영 다양체 사이의 유한 사상 $F : X \to Y$가 동형사상일 필요충분조건은 F가 일대일 대응이고 F의 미분 $\mathrm{d}F_p : T_pX \to T_{F(p)}Y$가 모든 $p \in X$에 대해 단사인 것이다.

증명 F가 동형사상이라면 일대일 대응이고 $\mathrm{d}(F^{-1})_{F(p)}$가 $\mathrm{d}F_p$의 역함수이므로 $\mathrm{d}F_p$는 단사이다.

역으로, F가 일대일 대응이고 $\mathrm{d}F_p$가 단사라고 하자. F의 역함수 F^{-1}가 대수적 사상임을 보이면 된다. 어떤 사상이 모든 점에서 국소적으로 대수적 사상이면 대역적으로도 대수적 사상이므로, X, Y가 아핀 다양체라고 가정해도 된다. F가 전

사이므로

$$F^* : A = \mathbf{k}[Y] = \mathcal{O}_Y(Y) \longrightarrow \mathcal{O}_X(X) = \mathbf{k}[X] = B$$

는 단사이다. 따라서 F^*가 전사이면 F는 동형사상이고 증명이 끝난다.

여기서부터는 가환 대수학이 더 필요한데 다음의 사실들을 사용하겠다. 증명은 [5]를 참조하라.

(1) 환 사이의 준동형사상 $\phi : A \to B$가 동형사상일 필요충분조건은 임의의 극대 아이디얼 $\mathbf{m} \subset A$와 $\mathbf{m}B \subset \mathbf{n} \subset B$에 대해 $\phi_{\mathbf{m}} : A_{\mathbf{m}} \to B_{\mathbf{n}}$이 동형사상인 것이다.

(2) (나카야마 보조정리) 국소적 환 $(B, \mathbf{n})$ 상의 유한 모듈 M이 $M = \mathbf{n}M$을 만족하면 $M = 0$이다.

이제 $F^* : A \hookrightarrow B$가 동형사상임을 증명해 보자. (1)에 의해 $\mathbf{n} \supset \mathbf{m}B$를 만족하는 극대 아이디얼들에 대해 $A_{\mathbf{m}} \cong B_{\mathbf{n}}$임을 보이면 충분하다. 따라서 $(A, \mathbf{m})$과 $(B, \mathbf{n})$이 국소적 환이고 $\mathbf{n} \cap A = \mathbf{m}$이라고 해도 된다. 가정에 의해 $\mathbf{m}/\mathbf{m}^2 \twoheadrightarrow \mathbf{n}/\mathbf{n}^2$이므로 $\mathbf{m}B + \mathbf{n}^2 = \mathbf{n}$이고 나카야마 보조정리를 B-모듈 $\mathbf{n}/\mathbf{m}B$에 적용하여 $\mathbf{m}B = \mathbf{n}$임을 안다. 따라서

$$(B/A)/\mathbf{m}(B/A) \cong B/(\mathbf{m}B + A) = B/(\mathbf{n} + A)$$

$$\cong (B/\mathbf{n})/(A/\mathbf{m}) = \mathbf{k}/\mathbf{k} = 0$$

이고, 나카야마 보조정리를 A-모듈 B/A에 적용하여 $A = B$임을 얻는다. □

보조정리 7.9와 정리 7.10으로부터 다음을 얻는다.

따름정리 7.11

사영 다양체 사이의 일대일 대응인 대수적 사상 $F : X \to Y$의 미분

$$\mathrm{d}F_p : T_pX \longrightarrow T_{F(p)}Y$$

가 모든 $p \in X$에서 단사이면 F는 동형사상이다.

예를 들어 베로네세 사상 $\nu_2 : \mathbb{P}^2 \to \mathbb{P}^5$는 단사이고 그 미분도 단사[3]이므로 $\mathbb{P}^2$와 사영 다양체 (3.13)은 동형이다. 같은 이유에서 베로네세 사상 (3.12)는 그 이미지로 가는 동형사상이다. 이를 통해서도 유리 정규 곡선은 모두 $\mathbb{P}^1$과 동형임을 알 수 있다.

7.2 사영적 접평면과 가우스 사상

한 점 p에서의 접평면을 벡터 공간으로 생각하는 대신 원점을 p로 하는 아핀 공간으로 보고 폐포를 취하여 사영 공간을 얻을 수 있으며 이를 통해 가우스 사상을 얻는다.

3 $\mathbb{P}^2_z = \{[x, y, 1]\}$에서 ν_2는

$$(x, y) = [x, y, 1] \mapsto [x^2, y^2, 1, xy, x, y] = (x^2, y^2, xy, x, y)$$

로 주어지므로 그 미분

$$\begin{pmatrix} u \\ v \end{pmatrix} \mapsto \begin{pmatrix} 2x & 0 \\ 0 & 2y \\ y & x \\ 1 & 0 \\ 0 & 1 \end{pmatrix} \begin{pmatrix} u \\ v \end{pmatrix}$$

는 단사이다. $\mathbb{P}^2_x$, $\mathbb{P}^2_y$에서도 유사하게 단사이다.

정의 7.12

사영 다양체 $X \subset \mathbb{P}^n$의 점 $p \in X$에서의 **사영적 접평면**(projective tangent space)은 p를 원점으로 포함하는 $\mathbb{P}^n$의 아핀 열린 부분집합 $U \cong \mathbb{A}^n$을 사용하여

$$\mathbf{T}_p X = \overline{T_p(X \cap U)} \subset \mathbb{P}^n$$

으로 정의된다.

정의 7.1에 의해 $T_p(X \cap U)$는 $\mathbf{k}^n$의 부분공간인데 원점을 p로 보내는 평행이동

$$T_p(X \cap U) \subset \mathbf{k}^n \xrightarrow{p} \mathbb{A}^n \subset \mathbb{P}^n$$
$$v \mapsto v + p$$

을 통해 $\mathbb{P}^n$ 위의 준사영 다양체가 된다. 따라서 폐포(closure)를 취하여 $\mathbf{T}_p X$가 잘 정의됨을 알 수 있다.

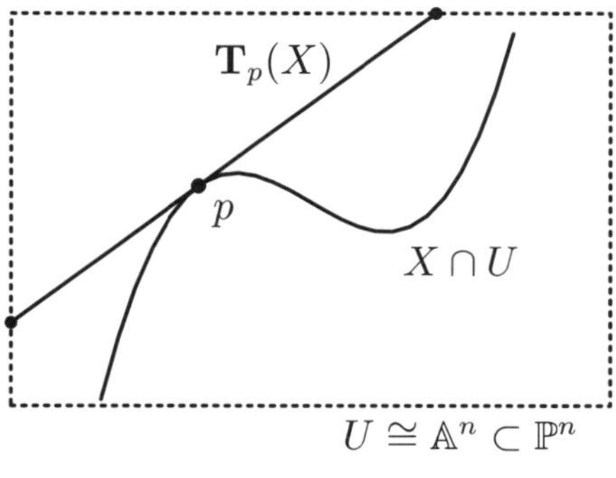

그림 7.2: 사영적 접평면

예제 7.13 초곡면 $X = \mathbf{V}(f) \subset \mathbb{P}^n$, $f \in \mathbf{k}[x_0, \ldots, x_n]_d - \{0\}$의

$p = [v] \in X(v \in \mathbf{k}^{n+1})$에서의 사영적 접평면은

$$\mathbf{T}_p X = \{[x_0, \ldots, x_n] \in \mathbb{P}^n \mid \sum_{j=0}^{n} x_j \frac{\partial f}{\partial x_j}(v) = 0\}$$

이다. 그 이유는 $v = (1, a_1, \ldots, a_n)$, $U = \mathbb{P}^n_{x_0}$라 둘 때

$$\begin{aligned}\sum_{j=1}^{n}(x_j - a_j)\frac{\partial f}{\partial x_j}(v) &= \sum_{j=1}^{n} x_j \frac{\partial f}{\partial x_j}(v) - \sum_{j=1}^{n} a_j \frac{\partial f}{\partial x_j}(v) \\ &= \sum_{j=1}^{n} x_j \frac{\partial f}{\partial x_j}(v) + \frac{\partial f}{\partial x_0}(v)\end{aligned}$$

이기 때문이다. 마지막에 f가 d차 동차 다항식임과 오일러 등식

$$0 = d \cdot f(v) = \frac{\partial f}{\partial x_0}(v) + \sum_{j=1}^{n} a_j \frac{\partial f}{\partial x_j}(v)$$

를 사용했다.[4]

더 일반적으로 $p \in X = \mathbf{V}(f_1, \ldots, f_m) \subset \mathbb{P}^n$이라면

$$\mathbf{T}_p X = \bigcap_{i=1}^{m} \mathbf{T}_p \mathbf{V}(f_i) = \mathbb{P}(\ker J(p)),$$
$$J(p) = \left(\frac{\partial f_i}{\partial x_j}(p)\right)$$

로 주어짐을 알 수 있다.

사영 다양체 $X \subset \mathbb{P}^n$의 사영적 접평면 $\mathbf{T}_p X$는 선형 다양체이므로 그라스만 다양체의 한 점을 결정한다. 이를 통해 다음과 같이 가우스 사상을 얻는다.

---

4 f가 d차 동차 다항식이라면 임의의 $t \in \mathbf{k}$에 대하여 $f(tv) = t^d f(v)$가 성립한다. 이 식의 양변을 t로 미분하고 $t = 1$을 대입하면 오일러 등식을 얻는다.

정의 7.14

k차원 기약 사영 다양체 $X \subset \mathbb{P}^n$의 매끈한 점들에 사영적 접평면을 대응시키는 사상

$$\mathcal{G} = \mathcal{G}_X : X^{sm} \longrightarrow \mathbf{G}(k, n), \quad p \mapsto \mathbf{T}_p X$$

를 **가우스 사상**(Gauss map)이라고 부른다.

가우스 사상은 대수적 사상인가? $X = \mathbf{V}(f_1, \ldots, f_m)$이면 $\mathbf{T}_p X = \mathbb{P}(\ker J(p))$인데 임의의 한 점 $p \in X$ 근방에서, 성분들이 보통 함수인 벡터들로 $\ker J(p)$의 기저를 찾을 수 있다. 예제 7.13의 계산으로부터 이 기저 벡터들이 생성하는 선형 다양체가 $\mathbf{T}_p X \subset \mathbb{P}^n$임을 알 수 있다. 이렇게 얻은 $(k+1) \times (n+1)$ 행렬의 프뤼커 좌표들은 모두 $p \in X$ 근방에서 보통 함수이므로 가우스 사상은 대수적 사상이다.

정의 7.15

X의 접평면들의 다양체는 $\mathcal{G}$의 이미지의 폐포(closure)

$$\mathcal{T}(X) = \overline{\mathcal{G}(X^{sm})} \subset \mathbf{G}(k, n)$$

으로 정의한다. $\mathcal{T}(X)$를 **가우스 이미지**라고도 부른다.

예제 7.16 $X = \mathbf{V}(f) \subset \mathbb{P}^n$이 매끈한 d차 초곡면이라면, 예제 7.13에 의해

$$\mathcal{G}_X : X \longrightarrow \mathbf{G}(n-1, n) = (\mathbb{P}^n)^\vee, \quad \mathcal{G}_X(p) = [\frac{\partial f}{\partial x_0}(p), \ldots, \frac{\partial f}{\partial x_n}(p)]$$

이다. 특별히 $d = 2$이고 $f = \sum_{i,j} a_{ij} x_i x_j$라면, 모든 편미분이 선형 다항식이므로 $\mathcal{G}_X$는 사영 변환 $g = [a_{ij}] \in \mathrm{PGL}_{n+1}(\mathbf{k})$이다. 따라서

가우스 이미지

$$\mathcal{T}(X) = g \cdot X \subset (\mathbb{P}^n)^\vee \cong \mathbb{P}^n$$

도 2차 초곡면이다.

일반적으로 다음이 알려져 있다.

선형 다양체가 아닌 매끈한 k차원 기약 다양체 $X \subset \mathbb{P}^n$의 가우스 사상은 유한 사상이고 $\dim \mathcal{T}(X) = \dim X$이다.

X의 서로 다른 두 점은 할선을 주고 그 두 점이 무한히 가까워지면 접선을 준다. 할선들의 합집합이 현 다양체를 주고 접평면들의 합집합은 접 다양체를 준다.

정의 7.17

k차원 기약 사영 다양체 $X \subset \mathbb{P}^n$의 접평면들의 합집합

$$\mathbf{T}X = \bigcup_{\Lambda \in \mathcal{T}(X)} \Lambda \quad \subset \quad \mathbb{P}^n$$

을 **접 다양체**(tangential variety)라고 부른다.

닫힌 부분집합[5] $\Psi = \{(\Lambda, p) \,|\, p \in \Lambda\} \subset \mathbf{G}(k,n) \times \mathbb{P}^n$과 사영들

$$\mathbf{G}(k,n) \xleftarrow{\pi_1} \mathbf{G}(k,n) \times \mathbb{P}^n \xrightarrow{\pi_2} \mathbb{P}^n$$

을 생각하자. $\mathbf{T}X$는 닫힌 부분집합

$$\Psi \cap \pi_1^{-1}(\mathcal{T}(X)) = \{(\Lambda, p) \,|\, p \in \Lambda \in \mathcal{T}(X)\} \subset \mathcal{T}(X) \times \mathbb{P}^n$$

의 π_2에 의한 이미지이므로 $\mathbf{T}X$는 사영 다양체이다.

---

5 정리 4.21 아래 단락을 참조하라.

X가 기약이므로 $\mathcal{T}(X)$도 기약이며 $\dim \mathcal{T}(X) \le \dim X = k$이다. π_1의 파이버들이 k-평면이므로 $\Psi \cap \pi_1^{-1}(\mathcal{T}(X))$는 차원이 $2k$ 이하인 기약 다양체이다. 따라서 $\mathbf{T}X$는 차원이 $2k$ 이하인 기약 다양체이다.

연습문제 7.18 $X \subset \mathbb{P}^3$가 뒤틀린 3차 곡선인 경우 $\mathbf{T}X \subset \mathbb{P}^3$가 4차 곡면임을 보이시오.

접 다양체와 현 다양체를 사용해 임의의 매끈한 k차원 다양체는 사영 공간 $\mathbb{P}^{2k+1}$에 매립(embed)할 수 있음을 보일 수 있다.[6]

정리 7.19

임의의 매끈한 k차원 다양체는 $\mathbb{P}^{2k+1}$ 상의 준사영 다양체와 동형이다.

증명 $X \subset \mathbb{P}^n$, $n > 2k+1$이라고 하자. 사영 $\pi_p : X \to \pi_p(X)$가 동형사상인 $p \in \mathbb{P}^n - X$를 찾으면 된다. 정리 7.10에 의해 π_p가 단사이고 미분 $\mathrm{d}\pi_p$도 단사가 되는 p를 찾으면 되는데, 이는 X의 어떤 할선에도, 어떤 접선에도 포함되지 않는 $p \in \mathbb{P}^n$을 찾는 것과 같다. 즉

$$\mathbf{T}X \cup \mathrm{Chord}(X) \neq \mathbb{P}^n \tag{7.2}$$

임을 확인하면 된다. $\dim \mathbf{T}X \le 2k$이고 $\dim \mathrm{Chord}(X) \le 2k+1$이므로 (7.2)를 얻는다. □

---

6 대수적 다양체 X와 Y 사이의 동형사상 $F : X \to Y$가 주어지고 Y가 대수적 다양체 M의 국소적으로 닫힌 부분집합일 때 $F : X \to Y \hookrightarrow M$을 X의 M으로의 **매립**(embedding)이라고 부른다.

특이점이 있는 경우 이 정리가 성립하지 않는다. 예를 들어 $m \times n$ 행렬들의 집합 $V = M^{m \times n}$에서 계수 1 이하 행렬들의 집합 $X \subset V$를 생각하면 X는 2차 다항식들에 의하여 정의되는 아핀 다양체이다. 자코비 행렬을 계산하여 보면 영 행렬 $O \in X$는 X의 유일한 특이점이며 O에서의 접평면은 V 전체로 mn차원임을 확인할 수 있다. 이제 X의 차원을 구해 보면, 사영화 $\mathbb{P}V \cong \mathbb{P}^{mn-1}$에서 계수가 1인 행렬들의 자취는

$$\mathbb{P}M_1^{m \times n} = \sigma(\mathbb{P}^{m-1} \times \mathbb{P}^{n-1}) \cong \mathbb{P}^{m-1} \times \mathbb{P}^{n-1}$$

이므로 X의 차원은 $k = m + n - 1$이다.

만약 X가 r차원 사영공간에 포함된다면 X의 접평면은 r차원 이하이므로 $r \geq mn$이다. 그런데 $m > 3$, $n > 3$이면

$$mn > 2(m + n - 1) + 1 = 2k + 1$$

이므로 X는 $\mathbb{P}^{2k+1}$ 상의 준사영 다양체와 동형일 수 없다.

쌍대 다양체를 정의하며 이 절을 끝맺자.

정의 7.20

사영 다양체 $X \subset \mathbb{P}^n$의 **접 초평면**(tangent hyperplane)이란 한 점 $p \in X$가 존재하여 사영적 접평면 $\mathbf{T}_p X$를 포함하는 초평면을 말한다. X의 **쌍대 다양체**(dual variety)란 X의 접 초평면들의 집합 $X^\vee \subset (\mathbb{P}^n)^\vee$을 말한다.

예제 7.21

(1) $X = \{p\} \subset \mathbb{P}^2$가 한 점이면 $X^\vee$은 직선이다.

(2) $X = \ell \subset \mathbb{P}^2$가 직선이면 $X^\vee = \{\ell\}$이다.

(3) 매끈한 2차 초곡면 $X \subset \mathbb{P}^n$의 쌍대 다양체는 매끈한 2차 초곡면이다.

연습문제 7.22 사영 평면 위의 매끈한 2차 곡선 $C \subset \mathbb{P}^2$에 그 쌍대 곡선 $C^\vee \subset (\mathbb{P}^2)^\vee$을 대응시키는 함수는 유리 사상 $\mathbb{P}^5 \dashrightarrow \mathbb{P}^5$를 정의함을 보이시오. 이 유리 사상의 정의역은 베로네세 곡면의 여집합 $\mathbb{P}^5 - \nu_2(\mathbb{P}^2)$임을 보이시오.

$X \subset \mathbb{P}^n$이 매끈한 k차원 기약 사영 다양체일 때, 결합(incidence) 다양체와 사영들

$$X^\vee \xleftarrow{\pi_2} \Gamma = \{(p, H) \mid p \in X, H \supset \mathbf{T}_p X\} \xrightarrow{\pi_1} X$$

를 생각하면 π_1의 파이버가 $\mathbb{P}^{n-k-1}$이므로 Γ는 $(n-1)$차원 기약 다양체이다. 따라서 $X^\vee$은 $(n-1)$ 이하의 차원을 갖는 기약 다양체이다.

7.3 그라스만 다양체의 접평면과 베르티니 정리

그라스만 다양체의 접평면을 구해 보고 내쉬 뻥튀기와 베르티니 정리를 살펴보자.

7.3.1 그라스만 다양체의 접평면

주어진 $\Gamma \in G(n-k, n)$에 대해

$$U_\Gamma = \{\Lambda \in G(k, n) \mid \Lambda \cap \Gamma = \{0\}\}$$

은 $G(k, n)$의 열린 부분집합이고 $\mathbb{A}^{k(n-k)}$와 동형이다. 이를 보이기 위해 $\mathbf{k}^n$의 좌표계를 잡아 $\Gamma = V(x_1, \ldots, x_k)$이도록 하면

$$U_\Gamma = \{\psi_{(1,2,\ldots,k)} \neq 0\}$$

이고[7] $k \times n$ 행렬

$$\begin{pmatrix} 1 & 0 & \cdots & 0 & a_{1,k+1} & \cdots & a_{1,n} \\ 0 & 1 & \cdots & 0 & a_{2,k+1} & \cdots & a_{2,n} \\ \cdots & \cdots & \cdots & \cdots & \cdots & \cdots & \cdots \\ 0 & 0 & \cdots & 1 & a_{k,k+1} & \cdots & a_{k,n} \end{pmatrix} \tag{7.3}$$

의 행 벡터들이 생성하는 k차원 부분공간들의 집합이다. 여기서 a_{ij} 들은 프뤼커 좌표가 되고 나머지 프뤼커 좌표들은 이들의 다항식이다. 또한 $\Lambda = \mathbf{V}(x_{k+1}, \ldots, x_n)$으로 잡으면 임의의 $\Lambda' \in U_\Gamma$는 $k \times (n-k)$ 행렬

$$\begin{pmatrix} a_{1,k+1} & \cdots & a_{1,n} \\ a_{2,k+1} & \cdots & a_{2,n} \\ \cdots & \cdots & \cdots \\ a_{k,k+1} & \cdots & a_{k,n} \end{pmatrix}$$

이 완전히 결정하는데, Λ'은 $\Lambda = \mathbb{C}^k$의 표준 기저 벡터들을 이 행렬의 행 벡터들로 보내는 선형 사상 $\Lambda \to \mathbf{k}^n/\Lambda$의 그래프이다. 따라서

$$U_\Gamma = \mathrm{Hom}(\Lambda, \mathbf{k}^n/\Lambda)$$

로 쓸 수 있고

$$T_\Lambda G(k,n) = \mathrm{Hom}(\Lambda, \mathbf{k}^n/\Lambda)$$

이다. 특별히 $T_p\mathbb{P}^{n-1} = \mathrm{Hom}(p, \mathbf{k}^n/p)$이다.

---

7 $\Lambda \in U_\Gamma$라 하고 Λ의 기저 $\{v_1, \ldots, v_k\}$를 잡자. $v_i = (a_{i1}, \ldots, a_{in})$이라 하면 $k \times k$ 행렬 $(a_{ij})_{1\le i,j\le k}$는 가역이다. 그 이유는 가역이 아니면 $v_1, \ldots, v_k$의 0이 아닌 일차 결합으로서 Γ에 속하는 원소가 존재하기 때문이다. 따라서 $\psi_{(1,2,\ldots,k)} = \det(a_{ij})_{1\le i,j\le k} \neq 0$임을 안다. 역으로 $\psi_{(1,2,\ldots,k)} \neq 0$이면 $v_1, \ldots, v_k$의 어떤 0이 아닌 일차 결합도 Γ에 속할 수 없다.

7.3.2 내쉬 뻥튀기

가우스 사상을 통해 새로운 뻥튀기 방법을 얻는다.[8]

정의 7.23

k차원 기약 다양체 $X \subset \mathbb{P}^n$의 **내쉬 뻥튀기**(Nash blowup)란 가우스 사상 $\mathcal{G} : X \dashrightarrow \mathbf{G}(k, n)$의 그래프

$$\mathcal{N}_X = \overline{\{(p, \mathbf{T}_pX) \mid p \in X^{sm}\}} \subset X \times \mathbf{G}(k, n)$$

을 말한다.

정의로부터 $\pi_1 : \mathcal{N}_X \to X$는 X^{sm} 위에서는 동형사상이므로 $\mathcal{N}_X$는 X와 쌍유리적으로 동등하다.

예제 7.24 $X = V(y^2 - x^2(x+1)) \subset \mathbb{A}^2 \subset \mathbb{P}^2$이면

$$\gamma(t) = (t^2 - 1, t(t^2 - 1))$$

로 매개화하여 $\gamma'(t) = (2t, 3t^2 - 1)$을 얻는다. 이로부터

$$\mathbb{A}^1 \longrightarrow \mathcal{N}_X, \quad t \mapsto (\gamma(t), [\gamma'(t)]_{\gamma(t)})$$

가 일대일 대응이며 미분이 단사임을 확인할 수 있다. 따라서 $\mathcal{N}_X \cong \mathbb{A}^1$은 매끈하고 $\mathcal{N}_X \to X$는 특이점 해소이다.

---

8 내쉬(John Nash, 1928–2015)는 전기와 영화 "뷰티풀 마인드"를 통해 널리 알려진 수학자이다. 1950년 박사학위 논문에서 게임 이론의 균형점(Nash equilibrium) 존재를 증명하여 1994년 노벨 경제학상을 받았다. 내쉬 매립 정리(Nash embedding theorem) 등의 업적을 기반으로 1958년 필즈상 후보에 올랐으나 조현병이 발병하여 이후 30여 년간 투병했다. 기하학에 대한 기여를 인정받아 2015년 아벨상을 수상했다. 내쉬 매립 정리는 정리 7.19가 미분 다양체의 경우에도 성립함을 말한다.

7.3.3 베르티니 정리

그라스만 다양체와 같이 익숙한 다양체로부터 새로운 다양체를 만들어 내는 한 가지 방법은 초곡면과의 교집합을 구하는 것이다. 베르티니(Bertini) 정리는 일반적인 초곡면과 매끈한 다양체의 교집합은 기대하는 차원을 갖는 매끈한 다양체임을 말해 준다.

정리 7.25 (베르티니)

기약인 준사영 다양체 $X \subset \mathbb{P}^n$과 일반적인 초평면 H에 대해 $Y = X \cap H$라고 두면, $\mathrm{Sing}(Y) \subset \mathrm{Sing}(X) \cap Y$가 성립한다. 특히 X가 매끈하면 일반적인 초평면과의 교집합도 매끈하다.

증명 $\dim X = k$라 두고 임의의 $p \in X^{sm}$에 대해, p가 $X \cap H$의 특이점이 되어 정리가 성립하지 않는 초평면들의 집합

$$B_p = \{H \in (\mathbb{P}^n)^\vee \mid H \supset X \text{ 또는 } H \not\supset X, p \in \mathrm{Sing}(X \cap H)\}$$

를 생각하자. $p \notin \mathbf{V}(f_0)$인 일차 다항식 $f_0 \in \mathbf{k}[x_0, \ldots, x_n]_1$을 고르고 함수

$$\varphi_p : \mathbf{k}[x_0, \ldots, x_n]_1 \longrightarrow \mathcal{O}_{X,p}/\mathbf{m}_p^2 \cong \mathbf{k} \oplus \mathbf{m}_p/\mathbf{m}_p^2 \cong \mathbf{k}^{k+1}$$

$$\varphi_p(f) = f/f_0 \mod \mathbf{m}_p^2$$

과 임의의 초평면 $H = \mathbf{V}(f)$에 대해 다음을 확인하자.

- $p \in H \iff \varphi_p(f) \in \mathbf{m}_p/\mathbf{m}_p^2$.
- $(T_p(X \cap H))^\vee = (\mathbf{m}_p/\mathbf{m}_p^2)/\langle \varphi_p(f) \rangle$.
- $X \subset H \iff f = 0 \in \mathcal{O}_{X,p}$.
- φ_p는 전사(surjective).

따라서

$$\mathbf{V}(f) \in B_p \iff f \in \ker \varphi_p, \quad \dim \ker \varphi_p = n - k$$

임을 알 수 있다. 이제 사영

$$\begin{array}{ccc} & \Gamma = \{(p, H) \,|\, p \in X^{sm}, H \in B_p\} \subset X \times (\mathbb{P}^n)^\vee & \\ {}^{\pi_1}\swarrow & & \searrow^{\pi_2} \\ X^{sm} & & (\mathbb{P}^n)^\vee \end{array}$$

을 생각하면 π_1의 파이버들은 $\mathbb{P}^{n-k-1}$이므로 Γ가 $(n-1)$차원 다양체이고, 따라서 $\pi_2(\overline{\Gamma})$는 차원이 $(n-1)$ 이하인 사영 다양체이다. 따라서 $\pi_2(\overline{\Gamma}) \neq (\mathbb{P}^n)^\vee$이고, $H \notin \pi_2(\overline{\Gamma})$에 대해 $p \in X^{sm}$이면 $p \notin \mathrm{Sing}(X \cap H)$이므로 정리가 증명되었다. □

따름정리 7.26

(1) 매끈한 k차원 기약 사영 다양체 $X \subset \mathbb{P}^n$과 일반적인 d차 동차 다항식 $f \in \mathbf{k}[x_0, \ldots, x_n]$에 대해 $X \cap \mathbf{V}(f)$는 매끈한 $(k-1)$차원 사영 다양체이다.

(2) 일반적인 동차 다항식들 $f_1, \ldots, f_m \in \mathbf{k}[x_0, \ldots, x_n]$에 대해 $\mathbf{V}(f_1, \ldots, f_m) \subset \mathbb{P}^n$은 매끈한 $(n-m)$차원 사영 다양체이다.(단, $m \leq n$) 따라서 이들은 완전 교차 다양체이다.

증명 베로네세 사상 $\nu_d : \mathbb{P}^n \to \mathbb{P}^N$과 초평면 $H \subset \mathbb{P}^N$에 대해 $\nu_d^{-1}(H)$는 d차 초곡면이고 모든 d차 초곡면 $\mathbf{V}(f)$는 이렇게 얻어진다. 정리 6.8에 의해 $X \cap \mathbf{V}(f)$가 $(k-1)$차원임을 알고 $X \cong \nu_d(X) \subset \mathbb{P}^N$에 대해 베르티니의 정리를 적용하여 (1)을 얻는다. (2)는 귀납법과 (1)에 의해 자명하다. □

CHAPTER

8

차수

사영 다양체가 주어졌을 때, 기약 여부, 매끈함,
차원 다음으로 중요한 특성은 차수(degree)이다.
이 장에서는 차수를 정의하고, 일반화된 베주 정리의 응용을 살펴보고
차수를 계산해 본다.

8.1 사영 다양체의 차수

기약 다항식 f가 정의하는 초곡면 $X = \mathbf{V}(f) \subset \mathbb{P}^n$의 차수는 f의 차수, 즉 $\deg X = \deg f$로 정의했다.(정의 2.1) 이를 토대로 사영 다양체의 차수를 이끌어 낼 수 있을까?

일반적인 직선은 초곡면 $X = \mathbf{V}(f)$와 $\deg X$개의 점에서 만난다. 왜냐면 임의의 직선을

$$\{[a_0t + b_0s, a_1t + b_1s, \ldots, a_nt + b_ns] \mid [t, s] \in \mathbb{P}^1\}$$

으로 쓰면[1] $\mathbf{V}(f)$와의 교점은 동차 다항식

$$f(a_0t + b_0s, a_1t + b_1s, \ldots, a_nt + b_ns) = 0$$

을 일차식의 곱으로 인수분해하여 찾을 수 있는데, 이 다항식의 판별식의 값이 0이 아닌 일반적인 a_i, b_j에 대해 정확히 $\deg X$개의 교점을 갖는다.

이 사실은 다음의 정의에 의해 일반화된다.

정의 8.1

일반적인 $(n-k-2)$-평면, $(n-k-1)$-평면, $(n-k)$-평면을 각각 Γ, Λ, Ψ라고 두자. k차원 기약 사영 다양체 $X \subset \mathbb{P}^n$의 **차수**(degree)는 다음 중 어느 것으로도 정의할 수 있다:

(1) 초곡면 $\pi_\Gamma(X) \subset \mathbb{P}^{k+1}$의 차수 $\deg \pi_\Gamma(X)$.

(2) 유한인 전사 사상 $\pi_\Lambda : X \to \mathbb{P}^k$의 차수 $[\mathbf{k}(X) : \mathbf{k}(\mathbb{P}^k)]$.

(3) $|\Psi \cap X|$.

---

1 두 점 $[a_0, \ldots, a_n]$, $[b_0, \ldots, b_n] \in \mathbb{P}^n$을 잇는 직선이다.

정의 8.1의 세 수들은 동일한가? 일반적인 $(n-k-1)$-평면 Λ는 X와 만나지 않는다. Λ에 포함되는 $(n-k-2)$-평면 Γ와 $p \in \Lambda - \Gamma$에 대해 Λ로부터의 사영 π_Λ는 Γ로부터의 사영 π_Γ와 점 $p' = \pi_\Gamma(p)$로부터의 사영 $\pi_{p'}$의 합성

$$\pi_\Lambda : X \xrightarrow{\pi_\Gamma} \pi_\Gamma(X) = X' \xrightarrow{\pi_{p'}} \mathbb{P}^k$$

로 쓸 수 있는데, 예제 6.20에 의해 X와 X'이 쌍유리적임을 알고 있다.

초평면 $X' \subset \mathbb{P}^{k+1}$의 차수 $\deg X'$은 $\mathbb{P}^{k+1}$의 일반적인 직선과 X'의 교점의 수인데 이는 $\pi_{p'}$의 차수와 같고, $\mathbf{k}(X) = \mathbf{k}(X')$이므로 다시 π_Λ의 차수와 같다. 따라서 정의 8.1의 (1)과 (2)는 같은 수이다.

한편 $\mathbb{P}^k$의 한 점의 π_Λ에 의한 역 이미지는 $(n-k)$-평면과 X의 교집합이고, 정리 5.11에 의해, π_Λ의 차수는 일반적인 $(n-k)$-평면과 X의 교점의 수와 같다. 따라서 정의 8.1의 (2)와 (3)은 같은 수이다.

기약이 아닌 k차원 사영 다양체 $X \subset \mathbb{P}^n$의 차수는 모든 k차원 기약 성분들의 차수의 합으로 정의한다.

연습문제 8.2 기약 사영 다양체 $X \subset \mathbb{P}^n$과 일반적인 초평면 H에 대해

$$\deg X = \deg(X \cap H)$$

임을 보이시오.

예제 8.3 $X = \nu_d(\mathbb{P}^1) \subset \mathbb{P}^d$가 d차 유리 정규 곡선이라고 하자. $\mathbb{P}^1$의 동차 좌표계를 t_0, t_1이라 둘 때, 일반적인 초평면 $\mathbf{V}(\sum_{i=0}^d a_i x_i)$와의

교점은 $x_i = t_0^{d-i}t_1^i$을 대입하고 방정식

$$\sum_{i=0}^{d} a_i t_0^{d-i} t_1^i = 0$$

을 인수분해하여 얻는다. 일반적인 초평면에 대해서는 정확히 d개의 선형 다항식들의 곱으로 인수분해되고 d개의 교점을 얻는다. 따라서 $\deg X = d$이다.

k차원 기약 사영 다양체 X에 대해 결합(incidence) 다양체

$$\Psi = \{(\Lambda, p) \,|\, p \in \Lambda \cap X\} \subset \mathbf{G}(n-k, n) \times X$$

는 X로 가는 사영 $\pi_2|_\Psi$의 파이버들이 $\mathbf{G}(n-k-1, n-1)$이므로 기약인 $k(n-k+1)$차원 다양체이다. $\mathbf{G}(n-k, n)$으로 가는 사영 $\pi_1|_\Psi$가 열린 부분집합에서 준유한이고 일반적인 $\Lambda \in \mathbf{G}(n-k, n)$ 위에서의 파이버는 $\deg X$개의 원소를 갖는다.

힐버트 다항식을 통해 차수를 정의할 수도 있는데, (6.6)에 의해, 일반적인 초평면 H에 대해

$$h_X(m) - h_X(m-1) = h_{X\cap H}(m), \quad m >> 0$$

이 성립함을 살펴본 바 있다. $(i+1)$차 이산 미분을

$$h^{(i+1)}(m) = h^{(i)}(m) - h^{(i)}(m-1)$$

으로 정의하면 일반적인 $(n-k)$-평면 Λ에 대해

$$\deg X = |X \cap \Lambda| = h_{X\cap\Lambda}(m) = h_X^{(k)}(m), \quad m >> 0$$

이 성립한다. 따라서 힐버트 함수가

$$h_X(m) = \frac{\deg X}{k!} m^k + O(m^{k-1}) = P_X(m), \quad m >> 0$$

임을 알 수 있다. 그러므로 k차원 기약 사영 다양체 $X \subset \mathbb{P}^n$의 차수

를 X의 힐버트 다항식 $P_X(m)$의 최고차항 계수를 사용해

$$\deg X = k!\,\mathrm{Coeff}_{m^k} P_X(m)$$

으로 정의할 수도 있다.

이외에도 차수는 다양한 방법으로 정의할 수 있는데 두 가지만 소개하자. 위상수학이나 미분기하학을 공부하지 않은 사람은 바로 다음 절로 넘어가도 좋다.

$\mathbf{k} = \mathbb{C}$인 경우, 위상수학적으로 차수를 정의할 수도 있다. 복소 사영 공간의 호몰로지 군이

$$H_{2k}(\mathbb{P}^n) \cong \mathbb{Z}, \quad [\mathbb{P}^k] \mapsto 1$$

임을 이용하여 k차원 기약 사영 다양체 $X \subset \mathbb{P}^n$의 기본류(fundamental class)[2] $[X] \in H_{2k}(\mathbb{P}^n)$에 대응되는 정수를 X의 차수로 정의할 수 있다. 즉

$$[X] = (\deg X)\,[\mathbb{P}^k] \in H_{2k}(\mathbb{P}^n) \tag{8.1}$$

으로 $\deg X$를 정의한다. $[\mathbb{P}^k] \cdot [\mathbb{P}^{n-k}] = [\mathrm{pt}] \in H_0(\mathbb{P}^n)$이므로

$$\begin{aligned} [X] \cdot [\mathbb{P}^{n-k}] &= (\deg X)\,[\mathbb{P}^k] \cdot [\mathbb{P}^{n-k}] \\ &= (\deg X)\,[\mathrm{pt}] \in H_0(\mathbb{P}^n) \cong \mathbb{Z} \end{aligned}$$

로부터 정의 8.1과 (8.1)이 동등함을 알 수 있다.

$\mathbf{k} = \mathbb{C}$이고 X가 매끈한 사영 다양체인 경우, 해석적으로도 차수

---

2 기약 사영 다양체 X에는 항상 삼각화(triangulation)가 존재하고 최고 차원 셀(cell)들의 합집합을 생각하여 복소 다양체 구조로부터 얻는 향(orientation)을 부여하면 기본류가 얻어진다. 준사영 다양체의 경우는 보렐-무어 호몰로지(Borel-Moore homology)를 사용하면 된다.

를 정의할 수 있다. 즉, X를 복소 다양체로 생각하여

$$\int_X \omega^k = (\deg X) \int_{\mathbb{P}^k} \omega^k \tag{8.2}$$

로 차수를 정의할 수 있다. 여기서 ω는 푸비니-스투디 계량(Fubini-Study metric)의 캘러 형식(Kähler form)이다.[3] 즉, ω^k를 k차원 부분다양체의 부피 형식(volume form)으로 이해하고 이를 다시 $\mathbb{P}^k$의 부피가 1이도록 정규화하여 얻는, X의 정규화된 부피

$$\frac{\int_X \omega^k}{\int_{\mathbb{P}^k} \omega^k} = \deg X$$

가 X의 차수가 된다. 정의 8.1과 동등함은 (8.1)로부터 자명하다.

8.2 베주 정리

차수가 각각 $d_1, \ldots, d_m$인 기약 다항식 $f_1, \ldots, f_m \in \mathbf{k}[x_0, \ldots, x_n]$에 대해 사영 다양체

$$\mathbf{V}(f_1, \ldots, f_m) \subset \mathbb{P}^n$$

의 차수는 얼마인가? 사영 평면상의 일반적인 두 곡선의 교점의 수가 차수의 곱으로 주어짐을 정리 2.8에서 살펴본 바 있다. 이를 사영 공간의 경우로 확장해 보자.

중복도에 대한 논의를 피하려면 중근을 배제하는 조건이 필요하다.

3 단위 구 $S^{2n+1} \subset \mathbb{R}^{2n+2} = \mathbb{C}^{n+1}$의 표준적 리만 계량(Riemannian metric)으로부터 호프 파이브레이션(Hopf fibration) $S^{2n+1} \to \mathbb{P}^n$을 통해 유도되는 미분다양체 $\mathbb{P}^n$의 계량이 푸비니-스투디 계량(Fubini-Study metric) g이다. 각각의 접공간이 복소 벡터 공간이므로 $i = \sqrt{-1}$을 사용해 캘러 형식(differential 2-form) $\omega(v, w) = g(iv, w)$를 얻는다.

정의 8.4

사영 다양체 $X, Y \subset \mathbb{P}^n$의 교집합 $X \cap Y$의 기약 분해 $X \cap Y = \cup_i Z_i$를 생각하자.

(1) X와 Y가 **일반적으로 가로지르며**(generically transversely) 만난다고 함은 각각의 i와 Z_i의 일반적인 점 p_i에 대해 X와 Y가 p_i에서 매끈하고 $T_{p_i}X + T_{p_i}Y = T_{p_i}\mathbb{P}^n$이 성립한다는 말이다.

(2) X와 Y가 **깔끔하게**(cleanly) 만난다고 함은 각각의 i와 Z_i의 일반적인 점 p_i에 대해 X와 Y가 p_i에서 매끈하고 $T_{p_i}X \cap T_{p_i}Y = \{0\}$이 성립한다는 말이다.

(3) 순수 차원 사영 다양체 $X, Y \subset \mathbb{P}^n$이 **적절히**(properly) 만난다는 말은 $\dim X \cap Y = \dim X + \dim Y - n$이 성립한다는 말이다.

베주 정리 관점에서 만남(intersection)에 대해 가장 바람직한 조건은 가로지르며 만나는 것이다.

정의 8.5

매끈한 사영 다양체 $X, Y \subset \mathbb{P}^n$이 **가로지르며**(transversely) 만난다 함은 $X \cap Y$가 매끈하고 모든 $p \in X \cap Y$에 대해

$$T_pX + T_pY = T_p\mathbb{P}^n, \quad T_pX \cap T_pY = T_p(X \cap Y)$$

가 성립한다는 말이다.

이제 사영 공간에 대한 베주(Bézout) 정리를 말할 수 있다.

정리 8.6 (베주 정리)

$X, Y \subset \mathbb{P}^n$이 각각 r, s 차원 기약 사영 다양체이고 일반적으로 가로지르며 만난다면

$$\deg(X \cap Y) = (\deg X)(\deg Y)$$

가 성립한다. 특히 $r + s = n$이면

$$|X \cap Y| = (\deg X)(\deg Y)$$

가 성립한다.

증명은 조금 미루어 8.3.4절에서 하자. 정리 8.6과 귀납법에 의해 다음과 같이 좀더 익숙한 베주 정리의 표현을 얻는다.

따름정리 8.7

매끈한 기약 사영 다양체 $X_1, \ldots, X_m$이 $\sum_{i=1}^m \dim X_i = n$이고 각각의 i에 대해 X_i가 $X_1 \cap \cdots \cap X_{i-1}$과 가로지르며 만난다면, 이들은

$$|X_1 \cap \cdots \cap X_m| = \prod_{i=1}^m \deg X_i$$

개의 점에서 만난다.

예를 들어 일반적인

$$f_i \in \mathbf{k}[x_0, \ldots, x_n]_{d_i}, \quad d_i > 0, \quad i = 1, \ldots, m$$

에 대해 초곡면 $X_i = \mathbf{V}(f_i) \subset \mathbb{P}^n$들의 교집합

$$X_1 \cap \cdots \cap X_m = \mathbf{V}(f_1, \ldots, f_m)$$

은 차수가 $\prod_{i=1}^m d_i$인 $(n-m)$차원 매끈한 대수적 다양체이다. 특히

$n = m$이면 이는 $\prod_{i=1}^{m} d_i$개의 점으로 이루어져 있다.

가로지르는 조건이 만족되지 않는다면 중복도를 고려해야 한다. 적절히 만나는 순수 차원 사영 다양체 $X, Y \subset \mathbb{P}^n$과

$$\dim Z = \dim X + \dim Y - n$$

을 만족시키는 기약 다양체 Z에 대해, Z에서 X와 Y의 **교차 중복도**(intersection multiplicity)라고 불리는 정수 $m_Z(X, Y) \geq 0$을 대응시킬 수 있는데 다음의 성질을 만족한다.

(1) $Z \not\subset X \cap Y$이면 $m_Z(X, Y) = 0$이다.

(2) $Z \subset X \cap Y$이면 $m_Z(X, Y) \geq 1$이다.

(3) X, Y가 Z의 일반적인 점 p에서 가로지르며 만나면, $m_Z(X, Y) = 1$이고 역도 성립한다.

(4) 공통의 기약 성분을 갖지 않는 X, X'에 대해

$$m_Z(X \cup X', Y) = m_Z(X, Y) + m_Z(X', Y).$$

교차 중복도의 엄밀한 정의는 이 책의 범위를 넘어서므로 다루지 않는다.[4] 다만 교차 중복도에 대해 감을 익히기 위해 다음 예를 살펴보자.

---

4 대각 사상

$$\delta : \mathbb{P}^n \longrightarrow \mathbb{P}^n \times \mathbb{P}^n, \quad p \mapsto (p, p)$$

으로부터 파이버 곱

$$\begin{array}{ccc} X \cap Y & \longrightarrow & X \times Y \\ \downarrow & & \downarrow \\ \mathbb{P}^n & \xrightarrow{\delta} & \mathbb{P}^n \times \mathbb{P}^n \end{array}$$

을 얻고 수직 뿔(normal cone)의 매립(embedding)

$$C_{X \cap Y / X \times Y} \hookrightarrow N_\delta = T_{\mathbb{P}^n}|_{X \cap Y}$$

을 얻는다. 이를 벡터 번들 $T_{\mathbb{P}^n}|_{X \cap Y}$의 영 섹션(zero section)과 교차시켜 X와 Y

예제 8.8 X, Y가 각각 순수 차원 국소적 완전 교차 다양체이고, 적절히 만나며 $\dim X + \dim Y = n$이면, $p \in X \cap Y$에서의 교차 중복도는

$$m_p(X,Y) = \dim \mathcal{O}_{\mathbb{P}^n,p}/(I(X)+I(Y))$$

로 주어진다. 우변의 차원은 $\mathbf{k}$ 상의 벡터 공간으로서의 차원이다. 예를 들어 평면 곡선 $V(y-x^n)$과 $V(y)$의 원점에서의 교차 중복도는

$$\dim \mathcal{O}_{\mathbb{A}^2,0}/\langle y-x^n, y\rangle = \dim \mathcal{O}_{\mathbb{A}^1,0}/\langle x^n\rangle = n$$

이다. 여기서 $\mathcal{O}_{\mathbb{A}^1,0} = \{P/Q \mid P,Q \in \mathbf{k}[x], Q(0) \neq 0\}$은 0에서 정의되는 일변수 유리 함수들의 환이다.

교차 중복도를 사용하면 정리 8.6을 일반화할 수 있다.

정리 8.9

적절히 만나는 순수 차원 사영 다양체 $X, Y \subset \mathbb{P}^n$에 대해

$$(\deg X)(\deg Y) = \sum_{Z \subset X \cap Y} m_Z(X,Y)\deg(Z)$$

가 성립한다.

이 정리의 엄밀한 증명은 교차 곱(intersection product)의 정의

의 **교차 곱**(intersection product)

$$[X \cdot Y] = 0^!_{T_{\mathbb{P}^n}|_{X\cap Y}}[C_{X\cap Y/X\times Y}]$$

를 얻는다. $[X \cdot Y]$의 기약 분해

$$[X\cdot Y] = \sum_Z m_Z(X,Y)[Z]$$

의 계수들로 교차 중복도 $m_Z(X,Y)$를 정의한다. 같은 방법으로 임의의 매끈한 사영 다양체 W와 기약 닫힌 부분집합 $X, Y \subset W$에 대해 교차 곱 $X \cdot Y$와 교차 중복도를 정의할 수 있다. 자세한 내용은 [7, Chaper 8]을 참조하라.

와 성질을 요구하므로 이 책의 범위를 벗어선다.[5] 교차 중복도의 정의와 정리 8.9로부터 다음을 얻는다.

따름정리 8.10

적절히 만나는 순수 차원 사영 다양체 $X, Y \subset \mathbb{P}^n$에 대해

$$(\deg X)(\deg Y) \geq \deg(X \cap Y)$$

가 성립한다. 등호가 성립할 필요충분조건은 X와 Y가 일반적으로 가로지르며 만나는 것이다.

증명 $X \cap Y$의 기약 성분 Z에 대해 $m_Z(X, Y) \geq 1$이고, 등호는 Z에서 일반적으로 가로지르며 만날 때만 성립한다. 정리 8.9에 이를 적용하면 따름정리를 얻는다. □

베주 정리는 다양하게 응용되는데 몇 가지 사례를 살펴보자.

따름정리 8.11

$\mathbb{P}^n$의 자기동형사상 $\phi : \mathbb{P}^n \to \mathbb{P}^n$은 사영 변환이다.

증명 동형사상 ϕ는 차원이나 가로지르며 만나는 성질, 만나는 점의 수 등을 보존한다. 가로지르며 만나는 초평면 H와 직선 L은 가로지르며 만나는 사영 다양체 $\phi(H)$, $\phi(L)$로 보내진다. 베주 정리에 의해

$$(\deg \phi(H))(\deg \phi(L)) = (\deg H)(\deg L) = 1$$

---

5 $(\deg X)(\deg Y) = \deg(X \cdot Y)$임은 교차 곱의 교환 법칙과 결합 법칙으로부터 얻고 $[X \cdot Y] = \sum_Z m_Z(X, Y)[Z]$의 양변에 deg를 취해 정리 8.9를 얻는다. [7]을 참조하라.

이므로 $\deg \phi(H) = 1$이어서 $\phi(H)$는 초평면이다.[6] 따라서 ϕ는 모든 초평면을 초평면으로 보낸다.

필요하면 사영 변환을 작용하여 $\phi(\mathbf{V}(x_0)) = \mathbf{V}(x_0)$라고 가정해도 된다. 정의에 의해 국소적으로

$$\phi[1, x_1, \ldots, x_n] = [1, f_1/g_1, \ldots, f_n/g_n]$$

꼴로 쓸 수 있다. 여기서 각각의 i에 대해 f_i, g_i는 서로 소인 다항식들이다. 동형사상 ϕ가 초평면을 초평면으로 보내므로 임의의 $[a_0, a_1, \ldots, a_n] \in \mathbb{P}^n$에 대해 $a_0 + \sum_{i=1}^{n} a_i f_i/g_i = 0$이 $x_1, \ldots, x_n$에 대한 1차 이하의 방정식이어야 한다. 이것이 가능하려면 f_i, g_i 모두 1차 이하 다항식이어야 하고, 분모들이 서로 상수배 정도로만 다를 수 있다. 이를 통해 ϕ가 사영 변환임을 알 수 있다. □

정리 8.12

3차 곡면 $X = \mathbf{V}(f) \subset \mathbb{P}^3$가 유한 개의 특이점을 갖는다면 특이점의 개수는 4 이하이다.

증명 점 $p = [0, 0, 0, 1]$이 특이점이 되도록 좌표계

$$\mathbb{P}^3 = \{[x_0, x_1, x_2, z]\}$$

를 잡자. $x = (x_0, x_1, x_2)$로 간단히 쓰자. p가 특이점이라는

6 차원이 $(n-1)$인 $\mathbb{P}^n$의 기약이면서 닫힌 부분집합은 초곡면이다. 왜냐면 동차 다항식 $f \in \mathbf{I}(X)$를 가장 차수가 낮은 것으로 고르면 f는 기약일 수밖에 없고 $X \subset \mathbf{V}(f)$이다. $\mathbf{V}(f)$도 기약이고 $\dim X = \dim \mathbf{V}(f)$이므로 $X = \mathbf{V}(f)$이다.

사실로부터 X를 정의하는 다항식이

$$f(x, z) = Q_2(x)z + P_3(x)$$

의 꼴임을 알 수 있다. 이때, $Q_2(x)$와 $P_3(x)$는 x_0, x_1, x_2를 변수로 하는 각각 2차와 3차 동차 다항식이다.

p와 다른 특이점을 $[x, z] = [\xi, \zeta]$라 두자. $\frac{\partial f}{\partial z} = Q_2(x)$이므로 $Q_2(\xi) = 0$이고 따라서 $P_3(\xi) = 0$이다. 즉, 점 p에서 초평면 $\Lambda = \mathbf{V}(z) \cong \mathbb{P}^2$으로의 사영 π_p를 생각했을 때,

$$\pi_p([\xi, \zeta]) = [\xi] \in \mathbf{V}(Q_2) \cap \mathbf{V}(P_3) \subset \Lambda$$

이다.

이제 x에 대한 편미분을 $\frac{\partial f}{\partial x} = \left(\frac{\partial f}{\partial x_0}, \frac{\partial f}{\partial x_1}, \frac{\partial f}{\partial x_2}\right)$로 쓰기로 하면 점 $[\xi, \zeta]$에서

$$\frac{\partial f}{\partial x} = \frac{\partial Q_2}{\partial x} z + \frac{\partial P_3}{\partial x} = 0$$

이다. 먼저 $\frac{\partial Q_2}{\partial x}(\xi) = 0$이라 하면 $\frac{\partial P_3}{\partial x}(\xi) = 0$이다. 따라서 z 좌표에 관계없이 $\frac{\partial f}{\partial x}(\xi, z) = 0$이므로 p와 $[\xi]$를 잇는 직선 위의 모든 점이 특이점이 되어 특이점이 유한 개라는 가정에 모순이다. 따라서 $\frac{\partial Q_2}{\partial x}(\xi) \neq 0$이고 특이점을 주는 $z = \zeta$가 유일하게 결정된다. 또한 이때, $\frac{\partial Q_2}{\partial x}(\xi)$와 $\frac{\partial P_3}{\partial x}(\xi)$가 서로 평행하므로 $\mathbf{V}(Q_2)$와 $\mathbf{V}(P_3)$는 $[\xi]$에서 가로지르며 만나지 않는다. 따라서 Λ에서

$$m_{[\xi]}(\mathbf{V}(Q_2), \mathbf{V}(P_3)) \geq 2$$

이다.

정리 8.9에 의하여

$$\begin{aligned} 6 &= (\deg \mathbf{V}(Q_2))(\deg \mathbf{V}(P_3)) \\ &= \sum_{[\xi]\in \mathbf{V}(Q_2,P_3)} m_{[\xi]}(\mathbf{V}(Q_2), \mathbf{V}(P_3)) \\ &\geq 2\,|\mathbf{V}(Q_2)\cap \mathbf{V}(P_3)| \end{aligned}$$

이므로 $[\xi,\zeta] \neq p$가 특이점이 될 수 있는 Λ의 점 $[\xi]$의 개수는 3 이하이며 각각의 점 $[\xi]$에 대하여 ζ가 유일하게 결정된다. 따라서 X의 특이점의 개수는 4 이하이다. □

예를 들어

$$\mathbf{V}((x_0-x_1)(x_1-x_2)x_1-(x_3-x_0-x_2)(x_0x_2-x_1^2)) \subset \mathbb{P}^3$$

는 4개의 특이점

$$[0,0,0,1],[1,0,0,1],[0,0,1,1],[1,1,1,2]$$

를 갖는 그림 8.1과 같은 곡면이다.

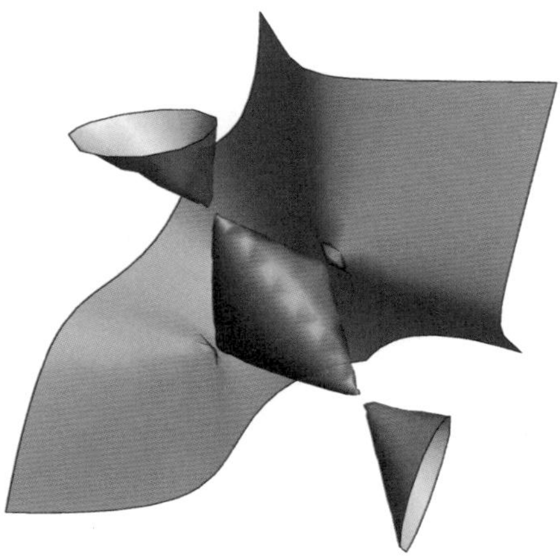

그림 8.1: 4개의 특이점을 갖는 3차 곡면

정리 8.13

기약 비퇴화 곡선 $C \subset \mathbb{P}^n$의 차수 d는 n 이상이다. 만약 $\deg C = n$이면 C는 유리 정규 곡선이다.

증명 $\deg C = d$라고 두자. C 상의 서로 다른 점들 $p_1, \dots, p_n$을 고르고 이들을 모두 지나는 초평면 H를 고르자. C가 어떤 초평면에도 포함되지 않으므로 $C \cap H$는 0차원이고 C와 H는 적절히 만난다. 따름정리 8.10에 의해

$$d = (\deg C)(\deg H) \geq \deg(H \cap C) \geq n$$

을 얻는다.

이제 $d = n$이라고 하자. 베주 정리에 의해 만약 초평면 H가 C와 $(n+1)$개 이상의 서로 다른 점에서 만난다면 $C \subset H$이어야 하므로 모순이다. 따라서 C의 임의의 $(n+1)$개의 서로 다른 점들은 일차 독립이다. 또한 $p \in \operatorname{Sing}(C)$라면 이 점을 포함하는 n개의 서로 다른 C 상의 점을 포함하는 초평면은 p에서 가로지르며 만나지 않으므로 따름정리 8.10에 모순이다. 따라서 C는 매끈한 곡선이다.

이제 서로 다른 점들

$$p_1, \dots, p_{n-1} \in C$$

를 고르고 이들을 모두 지나는 초평면들의 집합을 생각하면 쌍대 공간 $(\mathbb{P}^n)^\vee$에서 일차 독립인 $(n-1)$개의 초평면들의 교집합이므로 직선 $L \cong \mathbb{P}^1$이 된다. 각각의 $H \in L$마다 $C \cap H$에는 $\{p_1, \dots, p_{n-1}\}$에 추가적으로 1개의 점 $F(H) \in C$가 더 있을

수 있고 대수적 사상

$$\mathbb{P}^1 \cong L \ni H \mapsto F(H) \in C \subset \mathbb{P}^n$$

은 일대일 대응이다. 따름정리 8.11의 증명에서처럼 이는

$$F[t_0, t_1] = [f_0, \ldots, f_n], \quad f_i \in \mathbf{k}[t_0, t_1]_n$$

꼴로 쓰여져야 하고 C가 비퇴화적이므로 이는 유리 정규 곡선일 수밖에 없다. □

정리 8.13에 의해 가장 낮은 차수의 비퇴화 사영 곡선은 완전히 분류되었다. 대수적 곡선에 대한 연구 방법 중에서 곡선을 차수가 낮은 것부터 분류해 나가는 접근법이 있다.

이제 차원을 높여 보자.

정리 8.14

매끈한 기약 k차원 비퇴화 사영 다양체 $X \subset \mathbb{P}^n$과 일반적인 초평면 H에 대해

$$Y = X \cap H \subset H \cong \mathbb{P}^{n-1}$$

은 매끈한 비퇴화 $(k-1)$차원 사영 다양체이다. 만약 $k \geq 2$이면 Y도 기약이다.

증명 베르티니의 정리로부터 Y는 매끈한 $(k-1)$차원 사영 다양체이다. 이제 비퇴화적임을 보이자. 연습문제 8.2로부터 $\deg X = \deg Y$이다. $(n-2)$-평면 $\Lambda \subset H$가 존재하여 $Y \subset \Lambda$라고 하자. Λ를 포함하는 $\mathbb{P}^n$의 초평면들의 집합 $\{H_a\}_{a \in L}$은 쌍대공간 $(\mathbb{P}^n)^\vee$ 상의 직선을 이룬다. Λ와 $X - H \neq \varnothing$의 한 점을 포

함하는 초평면이 존재하고 X가 기약이므로 일반적인 $a \in L$에 대해 $X \cap H_a \supsetneq Y$이다. 베르티니의 정리에 의하여 H에 가까운 H_a에 대해서 $X \cap H_a$의 기약 성분 중에서 Y에 포함되지 않는 것을 Z_a라고 두면, Z_a는 $(k-1)$차원 매끈한 사영 다양체이고 따름정리 8.10에 의해,

$$\deg X \geq \deg(X \cap H_a) \geq \deg Y + \deg Z_a > \deg Y = \deg X$$

이어서 모순이다.

$\mathbf{k} = \mathbb{C}$일 때 Y가 기약임은 아핀 공간 $\mathbb{A}^n \cong (\mathbb{P}^n - H)$에서의 모스(Morse) 이론을 통해 얻을 수 있다.[7] $\mathbf{k} \neq \mathbb{C}$인 경우에는 정리에 나오는 다양체들을 정의하는 다항식들의 계수들을 포함하는 $\mathbb{Q}$의 확장체(extension field)를 생각하고 이를 $\mathbb{C}$의 부분체로 볼 수 있으므로 $\mathbf{k} = \mathbb{C}$인 경우로부터 기약임을 얻는다. □

따름정리 8.15

매끈한 기약 비퇴화 k차원 사영 다양체 $X \subset \mathbb{P}^n$의 차수는

$$\deg X \geq n - k + 1$$

을 만족한다.

증명 정리 8.14에 의해 일반적인 $(n-k+1)$-평면 Λ에 대해,

$$\Lambda \cap X \subset \Lambda \cong \mathbb{P}^{n-k+1}$$

7 $\mathbb{P}^n - H = \mathbb{A}^n$의 한 점 $p \in \mathbb{A}^n - X$에서부터 거리 제곱을 살짝 바꾸어(perturbation) X의 모스 함수로 취하면 극점(critical point)에서 모스 지표(Morse index)가 차원의 반보다 크거나 같아서 $H_{2\dim Y}(Y) = H_{2\dim X}(X) \cong \mathbb{Z}$를 얻고 이로부터 기약임을 알 수 있다.

은 기약 비퇴화 곡선이고, 정리 8.13에 의해

$$\deg X = \deg(\Lambda \cap X) \geq n - k + 1$$

임을 얻는다.[8] □

연습문제 8.16 k차원 매끈한 기약 사영 다양체 $X \subset \mathbb{P}^n$의 차수가 2이면 $(k+1)$-평면 $\Lambda \subset \mathbb{P}^n$이 존재하여 $X \subset \Lambda \cong \mathbb{P}^{k+1}$은 2차 초곡면임을 보이시오.

8.3 차수 계산

구체적인 예를 통해 사영 다양체의 차수를 계산해 보자.

8.3.1 베로네세 다양체

베로네세 사상 $\nu_d : \mathbb{P}^n \to \mathbb{P}^N$, $N = \binom{n+d}{d} - 1$과 일반적인 초평면 $H_i \subset \mathbb{P}^N$을 생각하면,

$$\nu_d(\mathbb{P}^n) \cap H_i \cong \nu_d^{-1}(H_i) \subset \mathbb{P}^n$$

은 d차 초곡면이다. 따라서

$$\begin{aligned} \deg \nu_d(\mathbb{P}^n) &= |\nu_d(\mathbb{P}^n) \cap H_1 \cap \cdots \cap H_n| \\ &= |\nu_d^{-1}(H_1) \cap \cdots \cap \nu_d^{-1}(H_n)| \end{aligned}$$

8 일반적인 $p \in X$로부터의 사영 π_p를 생각하면 $\deg \overline{\pi_p(X)} = \deg X - 1$이므로 n에 관한 귀납법에 의해 모든 기약 비퇴화 k차원 사영 다양체 $X \subset \mathbb{P}^n$에 대해 따름정리 8.15가 성립함을 보일 수 있다.

인데 $\mathbb{P}^n$에서 n개의 일반적인 d차 초곡면은 베주 정리에 의해 d^n개의 점에서 만나므로 베로네세 다양체 $\nu_d(\mathbb{P}^n)$의 차수는

$$\deg \nu_d(\mathbb{P}^n) = d^n$$

임을 알 수 있다.

예제 8.17 베로네세 곡면 $\nu_2(\mathbb{P}^2) \subset \mathbb{P}^5$의 차수는 4이다. 따라서 일반적인 초평면 $H \subset \mathbb{P}^5$에 대해

$$\nu_2(\mathbb{P}^2) \cap H \subset H \cong \mathbb{P}^4$$

는 비퇴화 4차 곡선이고 정리 8.13에 의해 유리 정규 곡선일 수밖에 없다.

8.3.2 세그레 다양체

세그레 사상 $\sigma_{m,n} : \mathbb{P}^m \times \mathbb{P}^n \to \mathbb{P}^{mn+m+n}$의 이미지

$$\Sigma_{m,n} = \sigma_{m,n}(\mathbb{P}^m \times \mathbb{P}^n)$$

의 차수를 계산해 보자. $1 \le k \le m+n$에 대해 일반적인 초평면 $\Lambda_k \subset \mathbb{P}^m$, $\Gamma_k \subset \mathbb{P}^n$을 고르자. Λ_k와 Γ_k를 정의하는 선형 다항식들 f_k, g_k를 곱하면 $x_i y_j$에 관한 선형 다항식

$$f_k(x_0, \ldots, x_m) g_k(y_0, \ldots, y_n) = \sum_{i,j} a_{ij} x_i y_j$$

꼴이 되는데 $\sum_{i,j} a_{ij} z_{ij} = 0$이 정의하는 초평면을 $H_k \subset \mathbb{P}^{mn+m+n}$이라고 하면

$$\Sigma_{m,n} \cap H_k \cong \sigma_{m,n}^{-1}(H_k) = (\Lambda_k \times \mathbb{P}^n) \cup (\mathbb{P}^m \times \Gamma_k)$$

임을 얻는다. 따라서

$$\Sigma_{m,n} \cap \left(\bigcap_{1\le k\le m+n} H_k \right) = \bigcap_{1\le k\le m+n} (\Lambda_k \times \mathbb{P}^n) \cup (\mathbb{P}^m \times \Gamma_k)$$

$$= \bigcup_{\substack{\{i_1,\dots,i_m\}\cup\{j_1,\dots,j_n\} \\ =\{1,2,\dots,m+n\}}} (\Lambda_{i_1} \cap \cdots \cap \Lambda_{i_m}) \times (\Gamma_{j_1} \cap \cdots \cap \Gamma_{j_n})$$

이어서

$$\deg \Sigma_{m,n} = \binom{m+n}{m} = \frac{(m+n)!}{m!n!}$$

임을 알 수 있다.

예제 8.18 $\Sigma_{2,1} \subset \mathbb{P}^5$는 차수가 3인 3차원 다양체이므로, 일반적인 3-평면 Λ와의 교집합

$$\Sigma_{2,1} \cap \Lambda \subset \Lambda \cong \mathbb{P}^3$$

는 $\mathbb{P}^3$의 비퇴화 3차 곡선이어서 뒤틀린 3차 곡선일 수밖에 없다.

8.3.3 뿔과 이음(join)

k차원 기약 사영 다양체 $X \subset \mathbb{P}^{n-1} \subset \mathbb{P}^n$과 한 점 $p \in \mathbb{P}^n - \mathbb{P}^{n-1}$에 대해 뿔 $Y = \overline{Xp}$의 차수를 구해 보자. $\mathbb{P}^{n-1}$의 일반적인 $(n-1-k)$-평면 Λ는 $\mathbb{P}^n$의 $(n-1-k)$-평면으로 볼 수 있고, X와 Λ가 가로지르며 만나면 Y와 Λ도 그러하다.(왜?) 따라서

$$\deg Y = |Y \cap \Lambda| = |X \cap \Lambda| = \deg X$$

이다.

연습문제 8.19 $\deg \overline{Xp} = \deg X$임을 힐버트 다항식을 통해 증명하시오.

$\mathbb{P}^n$ 상의 서로 만나지 않는 m-평면과 $(n-m-1)$-평면을 생각하고 각각에 포함되는 기약 사영 다양체

$$X \subset \mathbb{P}^m \subset \mathbb{P}^n \supset \mathbb{P}^{n-m-1} \supset Y$$

를 생각하자. 이들의 **이음**

$$J(X,Y) = \bigcup_{p\in X, q\in Y} \overline{pq} \subset \mathbb{P}^n$$

의 차수를 계산해 보자. $r = \dim X$, $s = \dim Y$라 두고, 일반적인 $(m-r)$-평면 $\Lambda \subset \mathbb{P}^m$과 일반적인 $(n-m-1-s)$-평면 $\Gamma \subset \mathbb{P}^{n-m-1}$을 생각하면, $X \cap \Lambda$는 $\deg X$개의 점, $Y \cap \Gamma$는 $\deg Y$개의 점으로 구성된다. 이제 Λ와 Γ를 포함하는 가장 작은 선형 다양체, 즉 Λ와 Γ의 span을 $\Lambda + \Gamma$라 두면

$$(\Lambda + \Gamma) \cap J(X,Y) = J(X \cap \Lambda, Y \cap \Gamma)$$

임을 알 수 있고(좌표로 적어보라!) 이는 $(\deg X)(\deg Y)$개의 직선들의 합집합이다. 따라서 일반적인 $(n-r-s-1)$-평면은 $J(X,Y)$와

$$\deg J(X,Y) = (\deg X)(\deg Y)$$

개의 점에서 만난다.

8.3.4 베주 정리의 증명

이제 베주 정리(정리 8.6)를 증명하자.

각각 r, s차원 기약 사영 다양체 $X, Y \subset \mathbb{P}^n$이 일반적으로 가로지르며 만난다고 하자. 일반적인 $(2n-r-s)$-평면과 교집합을 구하여, X와 Y가 가로지르며 만나고 $r+s=n$이라고 가정해도 된다.

서로 만나지 않는 n-평면 $\Gamma, \Gamma' \subset \mathbb{P}^{2n+1}$을 고르고

$$X \subset \mathbb{P}^n \cong \Gamma \subset \mathbb{P}^{2n+1} \supset \Gamma' \cong \mathbb{P}^n \supset Y$$

를 통해 얻는 이음 $J(X,Y) \subset \mathbb{P}^{2n+1}$을 생각하자. 이제 n-평면

$$\Lambda = \mathbf{V}(x_0 - x_{n+1}, x_1 - x_{n+2}, \ldots, x_n - x_{2n+1})$$

과 $J(X,Y)$의 교집합은

$$J(X,Y) \cap \Lambda \cong X \cap Y$$

임을 확인하여

$$|X \cap Y| = \deg J(X,Y) = (\deg X)(\deg Y)$$

를 얻는다.

8.3.5 그라스만 다양체의 차수

그라스만 다양체 $\mathbf{G}(1,3) = G(2,4) \subset \mathbb{P}^5$는 2차 초곡면임을 알고 있다. 따라서 $\deg \mathbf{G}(1,3) = 2$이다. 그라스만 다양체

$$\mathbf{G}(1,n) = G(2,n+1) \subset \mathbb{P}^{\frac{n(n+1)}{2}-1}$$

의 차수는

$$\deg \mathbf{G}(1,n) = \frac{1}{n}\binom{2n-2}{n-1}$$

로 주어진다.[9] 이 식은 슈베르트(Schubert) 계산법을 적분

$$\int_{\mathbf{G}(1,n)} c_1(\mathcal{O}_{\mathbf{G}(1,n)}(1))^{2n-2}$$

9 우변에 나오는 수가 유명한 카탈란(Catalan) 수이다. 조합론적으로 다양한 의미를 갖는다.

에 적용하여 얻을 수 있는데 안타깝게도 지금은 준비가 부족하여 증명을 설명할 수 없다.[10]

그라스만 다양체의 차수 공식을 통해 다음과 같은 사실을 보일 수 있다.

(1) $\mathbb{P}^3$의 일반적인 4개의 직선과 모두 만나는 직선은 정확히 2개이다. 주어진 직선과 만나는 직선들의 집합은 $\mathbf{G}(1,3) \subset \mathbb{P}^5$와 초평면의 교집합이고, 4개의 직선과 모두 만나는 직선들의 집합은 $\mathbb{P}^5$의 직선과 $\mathbf{G}(1,3)$의 교집합이다. $\deg \mathbf{G}(1,3) = 2$이므로, 원하는 직선의 수는 2이다.

(2) $\mathbb{P}^4$의 일반적인 6개의 2-평면과 만나는 직선의 수는 5이다. 같은 이유에서 $\deg \mathbf{G}(1,4) = 5$로부터 얻는다.

(3) $\mathbb{P}^n$의 일반적인 $2n-2$개의 $(n-2)$-평면과 모두 만나는 직선의 수는

$$\deg \mathbf{G}(1,n) = \frac{1}{n}\binom{2n-2}{n-1}$$

로 주어진다.

교차 이론(intersection theory)을 공부하면 다음의 공식을 보일 수 있다:

$$\deg \mathbf{G}(k,n) = ((k+1)(n-k))! \prod_{i=0}^{k} \frac{i!}{(n-k+i)!}.$$

Macaulay2의 패키지 “Schubert2”를 이용하면 컴퓨터를 이용하여 슈베르트 계산법을 쓸 수 있다.

---

10 슈베르트 계산법이란 그라스만 다양체의 코호몰로지 환의 구조를 슈베르트 사이클들을 통해 계산하는 조합론적 공식들을 말한다. 힐버트의 15번째 문제가 이를 엄밀한 수학적 이론으로 만드는 것이다. 관심 있는 사람은 [15]를 읽어보자.

예제 8.20 위에 나온 (1), (2)의 계산을 Macaulay2에서 해보면 다음과 같다.

```
i1 : loadPackage "Schubert2"

o1 = Schubert2

o1 : Package

i2 : X = flagBundle({2, 2}, VariableNames=>{s,q})

o2 = X

o2 : FlagBundle

i3 : c = schubertCycle({1,0}, X)

o3 = q_1
```
$$\text{o3} : \frac{\mathbb{Q}[\,][s_1..s_2, q_1..q_2]}{(-s_1 - q_1, -s_2 - s_1q_1 - q_2, -s_2q_1 - s_1q_2, -s_2q_2)}$$
```
i4 : c^4

o4 = 2q_2
```
$$\text{o4} : \frac{\mathbb{Q}[\,][s_1..s_2, q_1..q_2]}{(-s_1 - q_1, -s_2 - s_1q_1 - q_2, -s_2q_1 - s_1q_2, -s_2q_2)}$$

먼저 `Schubert2` 패키지를 불러온 후 `flagBundle` 명령어를 이용하여

$$X = \mathbf{G}(1,3) = G(2,4)$$

를 만든다. 주어진 직선과 만나는 직선들의 집합은 슈베르트 사이클 $\sigma_{1,0}$이다. 슈베르트 사이클의 정확한 정의는 [7]에서 찾아볼 수 있다. 위에 나온 (1)은 4개의 직선과 만나는 직선의 수를 구하는 문제이므로 이 사이클을 4번 곱한다. 결과로 $2q_2^2$를 얻는데 q_2^2는 한 점의 클래스이므로 원하는 결과인 2개를 얻는다. 마찬가지로 $\mathbb{P}^4$의 일반적인 6개의 2-평면과 만나는 직선의 수 (2)는 다음과 같이 구할 수 있다.

```
i5 : X = flagBundle({2, 3}, VariableNames=>{s,q})
```

$$o5 = X$$

```
o5 : FlagBundle
i6 : c = schubertCycle({1,0}, X)
```

$$o6 = q_1$$

$$o6 : \frac{\mathbb{Q}[\,][s_1..s_2,q_1..q_3]}{(-s_1-q_1,-s_2-s_1q_1-q_2,-s_2q_1-s_1q_2-q_3,-s_2q_2-s_1q_3,-s_2q_3)}$$

```
i7 : c^6
```

$$o7 = 5q_3^2$$

$$o7 : \frac{\mathbb{Q}[\,][s_1..s_2,q_1..q_3]}{(-s_1-q_1,-s_2-s_1q_1-q_2,-s_2q_1-s_1q_2-q_3,-s_2q_2-s_1q_3,-s_2q_3)}$$

특수한 상황의 경우 위의 (1), (2)의 답을 그림을 통해 직접 구할 수 있다.

예제 8.21

(1) $\mathbb{P}^3$ 상의 4개의 직선들이 2개씩 만난다고 하자. 즉

$$L_1 \cap L_2 = \{p\}, \quad L_3 \cap L_4 = \{q\}$$

라고 하자. 만나는 두 직선이 생성하는 공간은 2-평면이므로

$$L_1 + L_2 = P, \quad L_3 + L_4 = Q$$

라고 두면, 이 4개의 직선 L_1, L_2, L_3, L_4와 모두 만나는 직선은 $\overline{pq}$와 $P \cap Q$의 2개뿐이다.(그림 8.2)

(2) $\mathbb{P}^4$ 상의 6개의 2-평면들이 2개씩 서로 직선에서 만난다고 하자. 즉

$$\Lambda_1 \cap \Lambda_2 = L_{12}, \quad \Lambda_3 \cap \Lambda_4 = L_{34}, \quad \Lambda_5 \cap \Lambda_6 = L_{56}$$

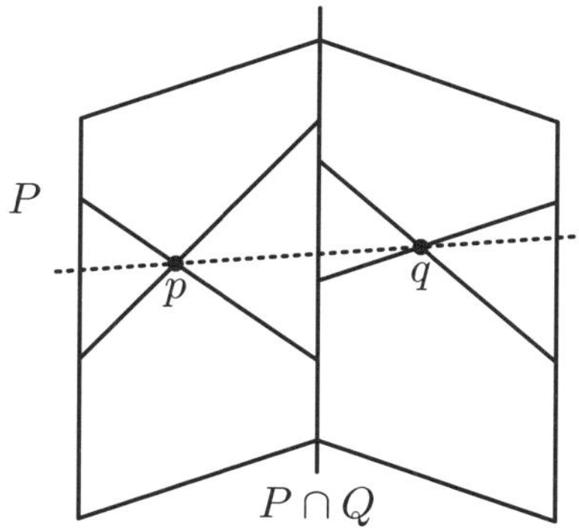

그림 8.2: 4개의 직선과 만나는 직선

라 하고 2-평면들 2개씩 생성하는 3-평면들을

$$\Lambda_1 + \Lambda_2 = H_{12}, \quad \Lambda_3 + \Lambda_4 = H_{34}, \quad \Lambda_5 + \Lambda_6 = H_{56}$$

라고 두자. 6개의 2-평면 $\Lambda_1, \ldots, \Lambda_6$와 모두 만나는 직선은

$$(L_{12} + L_{34}) \cap (L_{12} + L_{56}) \cap (L_{34} + L_{56}), \quad H_{12} \cap H_{34} \cap H_{56}$$

의 2개와

a) 두 점 $L_{34} \cap H_{12}, L_{56} \cap H_{12}$를 잇는 직선,

b) 두 점 $L_{12} \cap H_{34}, L_{56} \cap H_{34}$를 잇는 직선,

c) 두 점 $L_{12} \cap H_{56}, L_{34} \cap H_{56}$를 잇는 직선,

인데 모두 모으면 정확히 5개이다.

CHAPTER

9

대수적 군과 불변량

기하학적 특성을 연구하는 방법 중 하나는 대칭성을 분석하는 것이다.
기하학적 공간의 대칭성은 군 작용으로 설명되는데
이 장에서는 대수적 군과 작용, 군 작용의 몫에 대해 살펴본다.

9.1 대수적 군과 작용

대수적 군과 그 작용을 정의하고 예들을 살펴보자.

정의 9.1

대수적 군이란 대수적 다양체 G인데 대수적 사상들

$$m : G \times G \longrightarrow G, \quad \iota : G \longrightarrow G$$

와 $e \in G$가 존재하여 $m(g, g') = g \cdot g'$, $\iota(g) = g^{-1}$라 둘 때

(1) $e \cdot g = g \cdot e = g, \quad \forall g \in G,$

(2) $g \cdot g^{-1} = g^{-1} \cdot g = e, \quad \forall g \in G,$

(3) $(g \cdot g') \cdot g'' = g \cdot (g' \cdot g''), \quad \forall g, g', g'' \in G$

가 성립함을 말한다. 즉 G가 대수적 다양체이며 군인데 군의 연산들이 대수적 사상인 것이다.

정의 9.2

대수적 군들 G와 H 사이의 **준동형사상**이란 대수적 사상 $\phi : G \to H$인데

$$\phi(g \cdot g') = \phi(g) \cdot \phi(g'), \quad \forall g, g' \in G$$

가 성립하는 것을 말한다.

연습문제 9.3 임의의 유한 군은 대수적 군임을 보이시오.

예제 9.4 가역인 $n \times n$ 행렬들의 집합

$$\mathrm{GL}_n(\mathbf{k}) = (\det \neq 0) = M^{n \times n} - V(\det) \subset M^{n \times n} = \mathbb{A}^{n^2}$$

는 아핀 공간에서 초곡면의 여집합이므로 아핀 다양체이고, 행렬의 곱과 역행렬은 모두 성분에 대한 유리식에 의해 주어지므로 대수적 사상이다. 따라서 $\mathrm{GL}_n(\mathbf{k})$는 대수적 군이다. $\mathrm{GL}_n(\mathbf{k})$를 **일반 선형 군**(general linear group)이라고 부른다.

$\mathrm{GL}_n(\mathbf{k})$의 닫힌 부분집합이면서 부분군이 되는 것을 **선형 대수적 군**(linear algebraic group) 또는 간단히 **선형 군**(linear group)이라고 부른다. 대수적 군이면서 아핀 다양체인 것을 **아핀 대수적 군**(affine algebraic group) 또는 간단히 **아핀 군**(affine group)이라고 부른다. $\mathrm{GL}_n(\mathbf{k})$가 아핀 다양체이므로 선형 군은 아핀 군이다.

특수 선형 군(special linear group)

$$\mathrm{SL}_n(\mathbf{k}) = \{A \in \mathrm{GL}_n(\mathbf{k}) \mid \det A = 1\}$$

과 직교 군(orthogonal group)

$$\mathrm{O}_n(\mathbf{k}) = \{A \in \mathrm{GL}_n(\mathbf{k}) \mid A^t A = I\}$$

는 선형 군이다. 특수 직교 군(special orthogonal group)

$$\mathrm{SO}_n(\mathbf{k}) = \mathrm{SL}_n(\mathbf{k}) \cap \mathrm{O}_n(\mathbf{k})$$

도 그렇다. 사영 군 $\mathrm{PGL}_n(\mathbf{k})$는

$$\mathrm{PGL}_n(\mathbf{k}) = \mathbb{P}M^{n\times n} - \mathbf{V}(\det) \subset \mathbb{P}M^{n\times n} = \mathbb{P}^{n^2-1}$$

에 의해 초곡면의 여집합이므로 아핀 군이다(연습문제 3.31). 또한 $\mathbf{k} = \mathbb{C}$일 때,

$$\mathrm{PGL}_n(\mathbf{k}) = \mathrm{GL}_n(\mathbf{k})/\mathbf{k}^* = \mathrm{SL}_n(\mathbf{k})/\langle e^{2\pi\sqrt{-1}/n} I\rangle$$

로 쓸 수 있다. 베로네세 사상

$$\nu_n : \mathbb{P}^{n-1} \longrightarrow \mathbb{P}^{\binom{2n-1}{n}-1}, \quad v \mapsto v^n$$

을 이용하여 준동형사상

$$\begin{aligned} &\mathrm{SL}_n(\mathbf{k}) \longrightarrow \mathrm{GL}_{\binom{2n-1}{n}}(\mathbf{k}), \\ &g \mapsto [e_{i_1} \cdots e_{i_n} \mapsto (g^{-1}e_{i_1}) \cdots (g^{-1}e_{i_n})] \end{aligned} \tag{9.1}$$

을 얻는데 $e^{2k\pi\sqrt{-1}/n}I$는 모두 항등 행렬로 보내지므로 단사 준동형사상

$$\mathrm{PGL}_n(\mathbf{k}) = \mathrm{SL}_n(\mathbf{k})/\langle e^{2\pi\sqrt{-1}/n}I\rangle \longrightarrow \mathrm{GL}_{\binom{2n-1}{n}}(\mathbf{k})$$

를 얻는다. 예를 들어 $n = 2$이면

$$\mathrm{PGL}_2(\mathbf{k}) = \mathrm{SL}_2(\mathbf{k})/\{\pm 1\} \longrightarrow \mathrm{GL}_3(\mathbf{k}),$$

$$\pm\begin{pmatrix} a & b \\ c & d \end{pmatrix} \mapsto \begin{pmatrix} d^2 & -cd & c^2 \\ -2bd & ad+bc & -2ac \\ b^2 & -ab & a^2 \end{pmatrix}$$

으로 쓰여진다.

연습문제 9.5 (9.1)이 잘 정의됨을 보이고 대수적 군 사이의 준동형사상임을 보이시오. $\mathrm{GL}_n(\mathbf{k})$, $\mathrm{SL}_n(\mathbf{k})$, $\mathrm{PGL}_n(\mathbf{k})$의 차원이 각각 n^2, n^2-1, n^2-1임을 보이시오.

$\mathbf{k}$ 상의 유한 차원 벡터 공간 V가 주어지면 V에서 자신으로 가는 동형사상들의 집합 $\mathrm{GL}(V)$는 기저를 골라 동형사상 $V \cong \mathbf{k}^n$을 고정하면 $\mathrm{GL}_n(\mathbf{k})$와 동일시할 수 있고 이를 통해 $\mathrm{GL}(V)$도 대수적 군의 구조를 갖는다. 유사하게 $\mathrm{SL}(V)$, $\mathrm{PGL}(V)$ 등도 생각할 수 있고, V에 비퇴화 대칭적 이중선형 형식(nondegenerate symmetric bilinear form)이 주어지면 $\mathrm{O}(V)$, $\mathrm{PO}(V)$ 등도 주어진다.

이제 군의 작용을 정의하자.

정의 9.6

대수적 군 G가 대수적 다양체 X에 **작용**(act)한다고 함은 대수적 사상

$$\mu : G \times X \to X, \quad \mu(g,p) = g \cdot p$$

가 존재하여

$$e \cdot p = p, \quad \forall p \in X,$$

$$g \cdot (g' \cdot p) = (g \cdot g') \cdot p, \quad \forall g, g' \in G, \quad p \in X$$

가 성립함을 말한다. 이때 μ를 **작용**(action)이라고 부른다.

대수적 군 G가 대수적 다양체 $X \subset \mathbb{P}^n$에 작용할 때 그 작용이 **사영적**(projective)이라 함은 이 작용이 $\mathbb{P}^n$으로 확장됨을 말한다. 즉 어떤 준동형사상 $\phi : G \to \mathrm{PGL}_{n+1}(\mathbf{k})$를 통하여 G가 $\mathbb{P}^n$에 작용하고 있고

$$g \cdot p = \phi(g) \cdot p \in X, \quad \forall p \in X, \quad \forall g \in G$$

임을 말한다.

대수적 군 G가 대수적 다양체 $X \subset \mathbb{P}^n$에 사영적으로 작용하고 있을 때 이 작용이 어떤 준동형사상 $\phi : G \to \mathrm{GL}_{n+1}(\mathbf{k})$로부터 행렬의 곱 $g \cdot [v] = [\phi(g)\, v]$에 의해 얻어지면 **선형**(linear) 작용이라고 부른다.

정의 9.7

군 작용 $\mu : G \times X \to X$가 주어졌을 때 $x \in X$의 **궤도**(orbit) 또는 G-궤도(G-orbit)란

$$G \cdot x = \{g \cdot x = \mu(g, x) \mid g \in G\}$$

를 말한다.

예제 9.8 $\mathrm{PGL}_{n+1}(\mathbf{k})$는 $\mathbb{P}^n$에 $[A] \cdot [v] = [Av]$에 의해 작용한다. $\mathrm{PGL}_{n+1}(\mathbf{k})$는 $\nu_d(\mathbb{P}^n) \subset \mathbb{P}^N$에 작용하는데 이 작용이 선형일 필요충분조건은 $(n+1)$이 d를 나누는 것이다.(왜?)

사영 다양체 X의 자기동형사상들의 군 $\mathrm{Aut}(X)$가 항상 대수적 군인 것은 아니다. 한편 따름정리 8.11에 의해 $\mathrm{Aut}(\mathbb{P}^n) = \mathrm{PGL}_{n+1}(\mathbf{k})$이다. 자기동형사상 중에서 사영 변환인 것들의 부분군이 유용하다.

정의 9.9

사영 다양체 $X \subset \mathbb{P}^n$에 대해 사영적 자기동형사상들의 부분군은

$$\mathrm{Aut}(X, \mathbb{P}^n) = \{g \in \mathrm{PGL}_{n+1}(\mathbf{k}) \mid g(X) = X\} \subset \mathrm{PGL}_{n+1}(\mathbf{k})$$

를 말한다.

연습문제 9.10 기약 사영 다양체 $X \subset \mathbb{P}^n$이 비퇴화적(정의 6.23)이면 제한 준동형사상

$$\mathrm{Aut}(X, \mathbb{P}^n) \longrightarrow \mathrm{Aut}(X), \quad g \mapsto g|_X$$

는 단사임을 보이시오.

9.2 고전적 군 작용

잘 알려진 중요한 대수적 군 작용과 궤도들을 살펴보자.

9.2.1 $\mathrm{PGL}_2(\mathbf{k})$의 작용

19세기 중반 불변량 이론(invariant theory)은 케일리(Cayley)의 순진한 질문 – 일변수 다항식을 좌표 변환의 작용에 따라 분류하고 이를 판별식과 같은 불변량으로 가려낼 수 있겠는가 – 에서 출발하여 20세기 수학의 주요 흐름들을 형성했다. 이 절에서는 케일리의 질문에서 나오는 $G = \mathrm{PGL}_2(\mathbf{k})$의 사영적 작용들을 살펴보자.

$\mathrm{GL}_2(\mathbf{k})$는 $\mathbf{k}^2$에 행렬의 곱

$$A \cdot v = Av, \quad \forall A \in \mathrm{GL}_2(\mathbf{k}),\ v \in \mathbf{k}^2$$

에 의해 작용한다. 또한 임의의 $d \geq 1$에 대해 d차 동차 다항식들의 벡터 공간

$$V_d = \mathbf{k}[x, y]_d \cong \mathbf{k}^{d+1}$$

을 생각하면 $f \in V_d$와 $g \in \mathrm{GL}_2(\mathbf{k})$에 대해, $g^{-1} = \begin{pmatrix} a_{11} & a_{12} \\ a_{21} & a_{22} \end{pmatrix}$일 때

$$(g \cdot f)(x, y) = f(a_{11}x + a_{12}y, a_{21}x + a_{22}y)$$

라고 정의하면 대수적 군 작용임을 확인할 수 있다. 즉 대수적 군 사이의 준동형사상

$$\phi_d : \mathrm{GL}_2(\mathbf{k}) \longrightarrow \mathrm{GL}_{d+1}(\mathbf{k})$$

를 얻고 이로부터 대수적 군 사이의 준동형사상

$$\varphi_d : \mathrm{PGL}_2(\mathbf{k}) \longrightarrow \mathrm{PGL}_{d+1}(\mathbf{k})$$

를 얻는다. 이를 통해 $G = \mathrm{PGL}_2(\mathbf{k})$는 $\mathbb{P}^d$에 사영적으로 작용한다.

연습문제 9.11

(1) $\mathrm{SL}_2(\mathbf{k}) \subset \mathrm{GL}_2(\mathbf{k}) \xrightarrow{\phi_2} \mathrm{GL}_3(\mathbf{k})$를 행렬의 성분의 함수로 적어 보고 각각의 성분이 2차 다항식임을 확인하시오.

(2) 일반적으로 ϕ_d는 $\mathrm{SL}_2(\mathbf{k}) \subset M^{2\times 2} \cong \mathbb{A}^4$의 성분에 대해 d차 다항식들을 성분으로 가짐을 보이시오.

(3) $f(x, y) \in \mathbf{k}[x, y]_d$를 인수분해하여

$$f(x,y) = \prod_{i=1}^{d} (\beta_i x - \alpha_i y) \tag{9.2}$$

라고 두면 $\mathbf{V}(f) = \{p_i = [\alpha_i, \beta_i]\}_{1 \le i \le d}$이고,

$$\mathbf{V}(g \cdot f) = \{g \cdot p_i\}_{1 \le i \le d} \tag{9.3}$$

임을 보이시오.

• $d = 2$인 경우부터 생각해 보자. φ_2에 의해 $G = \mathrm{PGL}_2(\mathbf{k})$는 2차 다항식들의 사영 공간 $\mathbb{P}^2$에 작용하는데 여기에는 정확히 2개의 궤도만 존재한다: 임의의 2차 동차 다항식 $f \in \mathbf{k}[x, y]_2$는 일차 다항식 2개의 곱

$$f = vw, \quad \exists v, w \in \mathbf{k}[x, y]_1 \cong \mathbf{k}^2$$

로 쓸 수 있다. 만약 v와 w가 평행하지 않으면 이들을 x, y로 보내는 선형 변환이 존재하고 따라서 $[f]$는 $[xy]$와 사영적으로 동등하다. 만약 v와 w가 평행하다면, 즉 f의 판별식의 값이 0이라면, v를 x로 보내는 선형 변환을 찾아서, $[f]$와 $[x^2]$이 사영적으로 동등함을 알 수

있다. 따라서 2차 다항식 $ax^2 + 2bxy + cy^2$의 판별식 $b^2 - ac$가 정의하는 2차 곡선을

$$C = \mathbf{V}(b^2 - ac) \subset \{[a, b, c]\} = \mathbb{P}^2$$

라 두면

$$\mathbb{P}^2 = C \sqcup (\mathbb{P}^2 - C)$$

가 G의 작용에 의한 2개의 궤도들이다. 특히

$$\varphi_2(G) \subset \mathrm{Aut}(C, \mathbb{P}^2) \tag{9.4}$$

임을 알 수 있다.

$C = \nu_2(\mathbb{P}^1) \subset \mathbb{P}^2$가 비퇴화적이므로 연습문제 9.10에 의해

$$\mathrm{Aut}(C, \mathbb{P}^2) \subset \mathrm{Aut}(C) \cong \mathrm{PGL}_2(\mathbf{k}) = G$$

인데 (9.4)에 의해

$$G \xrightarrow{\varphi_2} \mathrm{Aut}(C, \mathbb{P}^2) \longrightarrow G$$

가 항등함수이므로 $\mathrm{Aut}(C, \mathbb{P}^2) = G$임을 얻는다.

• $d = 3$인 경우로 가보자. $G = \mathrm{PGL}_2(\mathbf{k})$는 $\mathbb{P}^3 = \mathbb{P}\mathbf{k}[x, y]_3$에 φ_3를 통해 작용한다. 여기에는 3개의 궤도만 존재한다. 임의의

$$f \in \mathbf{k}[x, y]_3 - \{0\}$$

을 일차식의 곱

$$f = uvw, \quad \exists u, v, w \in \mathbf{k}[x, y]_1$$

로 분해하자. $\mathbb{P}^1 = \mathbb{P}\mathbf{k}[x, y]_1$의 임의의 세 점은 사영 변환 $G = \mathrm{PGL}_2(\mathbf{k})$의 작용으로 원하는 위치로 보낼 수 있으므로, u, v, w의 평

행 여부에 따라 $[f]$는

$$[x^3], \quad [x^2y], \quad [xy(x+y)]$$

중의 하나와 같은 궤도에 속한다. 따라서 $\mathbb{P}^3$에는 정확히 3개의 궤도만이 존재한다.

먼저 $[x^3]$의 궤도를 살펴보면, $\mathbf{k}[x,y]_3$의 기저를 $x^3, 3x^2y, 3xy^2, y^3$라 둘 때, G의 작용에 의해 x가 $ax+by$꼴로 보내지므로

$$[(ax+by)^3] = [a^3, a^2b, ab^2, b^3] = \nu_3[a,b]$$

로부터 $C = G[x^3] \subset \mathbb{P}^3$는 뒤틀린 3차 곡선임을 알 수 있다.

다음으로 $[x^2y]$의 궤도 Σ를 살펴보자. $f \in \mathbf{k}[x,y]_3$에 대해 $[f] \in C \cup \Sigma$일 필요충분조건은 $f = a_0x^3 + 3a_1x^2y + 3a_2xy^2 + a_3y^3$이 중근을 갖는 것이므로, a_0, a_1, a_2, a_3에 관한 5차 다항식인 종결식(resultant)

$$R(f,f') = 27a_0(-3a_1^2a_2^2 + 4a_0a_2^3 + 4a_1^3a_3 - 6a_0a_1a_2a_3 + a_0^2a_3^2)$$

을 생각하고 불필요한 a_0로 나누어 4차 방정식을 얻는다. 따라서

$$\overline{\Sigma} = C \cup \Sigma \subset \mathbb{P}^3$$

는 4차 곡면이고

$$\mathbb{P}^3 = C \sqcup \Sigma \sqcup (\mathbb{P}^3 - \overline{\Sigma})$$

가 $\mathbb{P}^3$의 3개의 궤도임을 알 수 있다.

• $d \geq 4$인 경우를 생각하자. 이제부터는 $\mathbb{P}^d$에 궤도가 무한히 많다. 그 이유는 $f \in \mathbf{k}[x,y]_d$를 일차식의 곱으로 (9.2)와 같이 분해하면 $\mathbb{P}^1$ 상의 d개의 점들이 $[f]$를 결정함을 알 수 있는데, $d \geq 4$이면 일반적인 d개의 점을 사영 변환에 의해 모두 원하는 위치로 보낼 수 없기 때문이다. 차원으로 설명해 보면 $\dim G = 3$이므로 임의의 궤도는 3

차원 이하이고 유한 개의 궤도로는 4차원 이상의 공간을 만들어 낼 수 없다.

$d = 4$이면 $f \in \mathbf{k}[x,y]_4$를 일차식의 곱으로 인수분해하고, 3개 이하의 일차식의 곱으로 쓸 수 있는 4개의 궤도(orbit)들은

$$\Sigma_1 = \{[v^4] \mid v \in \mathbf{k}[x,y]_1 - \{0\}\} = G[x^4],$$

$$\Sigma_2 = \{[v^3 w] \mid v \nparallel w \in \mathbf{k}[x,y]_1\} = G[x^3 y],$$

$$\Sigma_2' = \{[v^2 w^2] \mid v \nparallel w \in \mathbf{k}[x,y]_1\} = G[x^2 y^2],$$

$$\Sigma_3 = \{[v^2 wu] \mid v, w, u \in \mathbf{k}[x,y]_1 \text{ 일차 독립}\} = G[x^2 y(x+y)]$$

로 완전히 분류할 수 있다.($\mathbb{P}^1$ 상의 3개 이하의 점들은 원하는 위치로 G의 작용에 의해 보낼 수 있다.) 이들의 여집합

$$\mathbb{P}^4 - \Sigma_1 - \Sigma_2 - \Sigma_2' - \Sigma_3$$

는 4개의 쌍으로 서로 평행하지 않은 일차식들의 곱으로 쓰여지는 4차 다항식들 $f \in \mathbf{k}[x,y]_4$의 집합인데 G의 작용으로 이들 중 3개를 $x, y, x-y$로 보내어

$$f = xy(x-y)(x-\lambda y), \quad \lambda \in \mathbf{k} - \{0,1\}$$

라고 쓸 수 있다. 일차식의 곱의 순서를 바꿀 수 있으므로 λ를

$$\lambda, 1-\lambda, \frac{1}{\lambda}, \frac{1}{1-\lambda}, \frac{\lambda-1}{\lambda}, \frac{\lambda}{1-\lambda}$$

로 바꾸어서 얻는 다항식들은 같은 G-궤도에 속한다. 연습문제 1.19에 의해

$$j(\lambda) = \frac{256(1-\lambda+\lambda^2)^3}{\lambda^2(1-\lambda)^2}$$

로 정의된 사상

$$\mathbb{P}^4 - \Sigma_1 - \Sigma_2 - \Sigma_2' - \Sigma_3 \xrightarrow{j} \mathbf{k}$$

의 파이버들이 각각 궤도임을 알 수 있다. j함수의 정의로부터 j의 값이 0 또는 1728이 아닌 경우에는 대응하는 궤도의 폐포(closure)는 6차 초곡면이다.

유사하게 $d > 5$인 경우 일반적인 궤도들은 $(d-3)$차원 다양체에 의해 매개화된다. 일반적인 궤도는

$$[xy(x-y)(x-t_1y)\cdots(x-t_{d-3}y)], \quad \exists t_1, \ldots, t_{d-3} \in \mathbf{k} - \{0,1\}$$

과 같은 궤도에 속하고 따라서 이들 궤도들의 집합은

$$\{(t_1, \ldots, t_{d-3}) \,|\, t_i \neq t_j \quad \forall i \neq j\} \subset (\mathbf{k} - \{0,1\})^{d-3}$$

의 (변수의 순서를 바꿔 얻어지는) 유한 군에 의한 궤도들의 집합과 같다.

9.2.2 $\mathrm{PGL}_3(\mathbf{k})$의 작용

이제 $G = \mathrm{PGL}_3(\mathbf{k})$라고 두고 $\mathbb{P}\mathbf{k}[x,y,z]_d$에

$$([g]\cdot[f])(v) = [f(g^{-1}v)], \quad g \in \mathrm{GL}_3(\mathbf{k}), \quad v \in \mathbf{k}^3$$

에 의해 주어지는 G의 작용을 생각하자.

• $G = \mathrm{PGL}_3(\mathbf{k})$가 2차 곡선들의 매개변수 공간 $\mathbb{P}^5 = \mathbb{P}\mathbf{k}[x,y,z]_2$에 작용하고 있고, 2.1절로부터 여기에는 단지 3개의 G-궤도들

$$G[x^2], \quad G[x^2+y^2], \quad G[x^2+y^2+z^2]$$

만이 존재한다. G의 작용에 의해 x는 임의의 일차식으로 보낼 수 있

으므로

$$G[x^2] = \{[(ax+by+cz)^2] \,|\, [a,b,c] \in \mathbb{P}^2\} = \nu_2(\mathbb{P}^2)$$

는 베로네세 곡면이다. x^2+y^2은 일차식 2개의 곱으로 분해가 되므로

$$G[x^2+y^2] \cong (\mathbb{P}^2 \times \mathbb{P}^2 - \Delta)/\mathbb{Z}_2$$

인데 여기서 $\Delta = \{(p,p) \,|\, p \in \mathbb{P}^2\}$는 대각 다양체이고 $\mathbb{Z}_2$는 $(p,q) \mapsto (q,p)$가 생성하는 군이다.

• $G = \mathrm{PGL}_3(\mathbf{k})$가 3차 곡선들의 매개변수 공간 $\mathbb{P}^9 = \mathbb{P}\mathbf{k}[x,y,z]_3$에 작용하는 것을 생각하자. 3차 곡선을 정의하는 3차 동차 다항식이 기약이 아닌 경우는 다음의 6개의 G-궤도들에 의해 매개화된다.[1](그림 9.1)

(1) 3중 직선들의 자취: $G[x^3]$

$$\left\{[v^3] \,|\, v \in \mathbf{k}[x,y,z]_1 - \{0\}\right\} = \nu_3(\mathbb{P}^2).$$

(2) 2중 직선과 다른 직선: $G[x^2y]$

$$\left\{[v^2w] \,|\, v \nparallel w \in \mathbf{k}[x,y,z]_1 - \{0\}\right\}.$$

(3) 서로 독립인 세 직선: $G[xyz]$

$$\{[vwu] \,|\, v,w,u \in \mathbf{k}[x,y,z]_1 \text{ 일차 독립}\}.$$

(4) 한 점에서 만나는 세 직선: $G[xy(x-y)]$

$$\{[vwu] \,|\, v,w,u \in \mathbf{k}[x,y,z]_1 \text{ 일차 종속, 둘씩 일차 독립}\}.$$

---

1 선형대수학에 의해, 일차 독립인 3개의 선형 방정식 $\mathbf{k}[x,y,z]_1$은 G의 작용에 의해 x,y,z로 보낼 수 있다.

(5) 2차 곡선과 2점에서 만나는 직선: $G[z(xy-z^2)]$

$$\left\{[vq] \mid v \in \mathbf{k}[x,y,z]_1, q \in \mathbf{k}[x,y,z]_2^{irr}, |\mathbf{V}(q) \cap \mathbf{V}(v)| = 2\right\}.$$

(6) 2차 곡선과 접하는 직선: $G[x(xy-z^2)]$

$$\left\{[vq] \mid v \in \mathbf{k}[x,y,z]_1, q \in \mathbf{k}[x,y,z]_2^{irr}, |\mathbf{V}(q) \cap \mathbf{V}(v)| = 1\right\}.$$

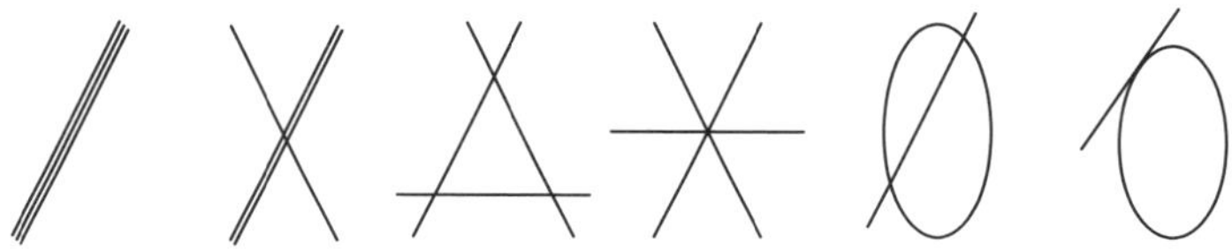

(1) (2) (3) (4) (5) (6)

그림 9.1: 3차 평면 곡선의 G-궤도

§2.3에 의해 기약인 3차 평면 곡선 중 특이점을 갖는 경우, 노드(node)를 갖는 기약 3차 평면 곡선의 자취가 한 궤도 $G[y^2z-x^2(x-z)]$를 이루고, 커스프(cusp)를 갖는 기약 3차 곡선의 자취가 다른 궤도 $G[y^2z-x^3]$을 이룬다. 이 8개의 궤도들의 여집합은 매끈한 3차 평면 곡선들의 궤도

$$G[y^2z - x(x-z)(x-\lambda z)] \quad \lambda \in \mathbf{k} - \{0,1\}$$

로 이루어져 있고 (1.10)의 $j(\lambda)$ 값이 모든 G-궤도들을 분류한다.

9.2.3 $\mathrm{PO}_n(\mathbf{k})$의 작용

이제 $G = \mathrm{PO}_n(\mathbf{k}) \subset \mathrm{PGL}_n(\mathbf{k})$라 두고 $\mathbb{P}^{n-1}$에 사영 변환으로 작용하게 하면 2차 초곡면

$$Q = \{[v] \in \mathbb{P}^{n-1} \mid v^t v = 0\}$$

를 보존하고 $G \subset \mathrm{Aut}(Q, \mathbb{P}^{n-1})$임을 알 수 있다.

역으로 $x = (x_1, \ldots, x_n)^t$로 쓸 때 $A \in \mathrm{GL}_n(\mathbf{k})$가 $Q = \mathbf{V}(x^t x)$를 보존한다면 $\mathbf{V}(x^t A^t A x) = \mathbf{V}(x^t x)$이므로 힐버트 영점 정리에 의해 $[A] \in \mathrm{PO}_n(\mathbf{k})$임을 알 수 있다. 따라서

$$G = \mathrm{PO}_n(\mathbf{k}) = \mathrm{Aut}(Q, \mathbb{P}^{n-1}) \subset \mathrm{Aut}(Q)$$

이다. 이제 $n = 3$이면 $Q \subset \mathbb{P}^2$는 매끈한 2차 평면 곡선이므로 $\mathbb{P}^1$과 동형이고

$$\mathrm{Aut}(Q) = \mathrm{Aut}(\mathbb{P}^1) = \mathrm{PGL}_2(\mathbf{k})$$

인데 (9.4)에 의해 $\mathrm{Aut}(Q) \subset \mathrm{Aut}(Q, \mathbb{P}^2)$이므로

$$\mathrm{PO}_3(\mathbf{k}) = \mathrm{Aut}(Q, \mathbb{P}^2) = \mathrm{Aut}(Q) = \mathrm{PGL}_2(\mathbf{k}) \tag{9.5}$$

임을 얻는다.

연습문제 9.12 $\mathrm{SO}_3(\mathbf{k}) \subset M^{3\times 3} = \mathbb{A}^9$은 매끈한 기약 3차원 다양체임을 보이시오. 항등 행렬에서 접평면을 구하시오. 또 $\mathrm{PO}_3(\mathbf{k}) \cong \mathrm{SO}_3(\mathbf{k})$임을 보이시오. 따라서 (9.5)로부터 $\mathrm{SO}_3(\mathbf{k}) \cong \mathrm{PGL}_2(\mathbf{k})$임을 얻는다.

$n = 4$이면 세그레 사상에 의해 $Q \cong \mathbb{P}^1 \times \mathbb{P}^1$이므로

$$\mathrm{PGL}_2(\mathbf{k}) \times \mathrm{PGL}_2(\mathbf{k}) \subset \mathrm{Aut}(Q, \mathbb{P}^3) \subset \mathrm{PGL}_4(\mathbf{k})$$

임을 얻는다. 또한 위에서

$$\mathrm{PSO}_4(\mathbf{k}) \subset \mathrm{PO}_4(\mathbf{k}) = \mathrm{Aut}(Q, \mathbb{P}^3) \subset \mathrm{PGL}_4(\mathbf{k})$$

임을 보였다. 직접적인 계산을 통해 $\mathrm{PGL}_4(\mathbf{k})$의 두 부분군이 일치함을 확인하여

$$\mathrm{PSO}_4(\mathbf{k}) \cong \mathrm{PGL}_2(\mathbf{k}) \times \mathrm{PGL}_2(\mathbf{k})$$

를 보일 수 있다.

$n=6$인 경우는 $Q \subset \mathbb{P}^5$가 그라스만 다양체 $G(2,4)$와 동형이다. 이를 통해

$$\mathrm{PO}_6(\mathbf{k}) = \mathrm{Aut}(G(2,4), \mathbb{P}^5) \subset \mathrm{PGL}_6(\mathbf{k}) = \mathrm{PGL}(\wedge^2 \mathbf{k}^4)$$

임을 안다. 그러므로 $\mathrm{PO}_6(\mathbf{k})$에 대해 자세히 알고자 하면 $\mathrm{PGL}_4(\mathbf{k})$의 $G(2,4) \subset \mathbb{P}(\wedge^2 \mathbf{k}^4)$에의 작용을 알아야 한다.

9.2.4 $\mathrm{PGL}_n(\mathbf{k})$의 $\mathbb{P}(\wedge^r \mathbf{k}^n)$에의 작용

$\mathrm{GL}_n(\mathbf{k})$가 $\mathbf{k}^n$에 선형적으로 작용하므로 다시 $\wedge^r \mathbf{k}^n$에 선형적으로

$$g \cdot (v_1 \wedge \cdots \wedge v_r) = (g \cdot v_1) \wedge \cdots \wedge (g \cdot v_r) \tag{9.6}$$

로 작용한다. 프뤼커 사상의 정의로부터 $G(r,n)$은 $\mathbb{P}(\wedge^r \mathbf{k}^n)$에서 완전 분해가능 벡터들의 자취인데 (9.6)에 의해 $G(r,n)$은 $\mathrm{GL}_n(\mathbf{k})$에 의해 보존된다. 즉

$$\mathrm{PGL}_n(\mathbf{k}) \subset \mathrm{Aut}(G(r,n), \mathbb{P}(\wedge^r \mathbf{k}^n))$$

이다.

정리 9.13

(1) $r < n/2$이면

$$\mathrm{Aut}(G(r,n)) = \mathrm{Aut}(G(r,n), \mathbb{P}(\wedge^r \mathbf{k}^n)) = \mathrm{PGL}_n(\mathbf{k}).$$

(2) $r = n/2$이면 $\mathrm{Aut}(G(r,n), \mathbb{P}(\wedge^r \mathbf{k}^n))$은 $\mathrm{PGL}_n(\mathbf{k})$를 지표(index)가 2인 부분군으로 포함한다.

증명 등식 $\mathrm{Aut}(G(r,n)) = \mathrm{Aut}(G(r,n), \mathbb{P}(\wedge^r \mathbf{k}^n))$의 증명은 어렵지는 않으나 대수기하학을 좀더 배워야 할 수 있으므로 생략한다.[2]

임의의 k-평면 $\Lambda \subset G(r,n)$은 주어진 $(r-1)$차원 부분공간을 포함하면서 주어진 $(r+k)$차원 부분공간에 포함되는 r차원 부분공간들의 자취, 또는 주어진 $(r-k)$차원 부분공간을 포함하면서 주어진 $(r+1)$차원 부분공간에 포함되는 r차원 부분공간들의 자취이다.(왜?) 만약 $r < n/2$이라면 $(n-r)$-평면 $\Lambda \subset G(r,n)$은 전자만 가능하고 이는 주어진 $(r-1)$차원 부분공간을 포함하는 r차원 부분공간들의 자취이다. 따라서 $G(r,n)$의 $(n-r)$-평면은 $(r-1)$차원 부분공간에 의하여 결정되고 이를 다시 말하면 파노 다양체 $F_{n-r}(G(r,n))$이 $G(r-1,n)$과 동형이라는 뜻이다. 이로부터 준동형사상

$$\mathrm{Aut}(G(r,n), \mathbb{P}(\wedge^r \mathbf{k}^n)) \longrightarrow \mathrm{Aut}(G(r-1,n))$$

을 얻는다. 모든 r차원 부분공간은 자신에 포함되는 $(r-1)$차원 부분공간들의 합집합이므로, 모든 $(r-1)$차원 부분공간을 고정하면 r차원 부분공간도 고정된다. 따라서 이 준동형사상은 단사이다.

$r=1$이면 $\mathrm{Aut}(G(1,n)) = \mathrm{Aut}(\mathbb{P}^{n-1}) = \mathrm{PGL}_n(\mathbf{k})$이어서 (1)이 자명하다. r에 관한 귀납법을 써서

$$\mathrm{Aut}(G(r-1,n), \mathbb{P}(\wedge^{r-1} \mathbf{k}^n)) = \mathrm{Aut}(G(r-1,n))$$

---

2 그라스만 다양체의 피카드 군(Picard group)은 프뤼커 사상을 통해 $\mathcal{O}(1)$을 제한하여 얻는 라인 번들(line bundle)이 생성한다. 따라서 $G(r,n)$의 자기동형사상 φ는 $\mathcal{O}(1)$을 자신으로 보내고 그 섹션들의 벡터 공간에 자기동형사상 $\varphi^* \in GL(\wedge^r \mathbf{k}^n)$을 유도한다. φ^*가 $\mathrm{Aut}(G(r,n), \mathbb{P}(\wedge^r \mathbf{k}^n))$의 원소를 준다.

이라 하면, 위에서 얻은 준동형사상은

$$\mathrm{Aut}(G(r,n), \mathbb{P}(\wedge^r \mathbf{k}^n)) \longrightarrow \mathrm{Aut}(G(r-1,n))$$

이고 단사이므로, 반복 적용하여 단사인 준동형사상

$$\mathrm{Aut}(G(r,n), \mathbb{P}(\wedge^r \mathbf{k}^n)) \longrightarrow \mathrm{PGL}_n(\mathbf{k})$$

를 얻는다.

한편 위에서 본 것처럼 $\mathrm{PGL}_n(\mathbf{k})$는 $\mathrm{Aut}(G(r,n), \mathbb{P}(\wedge^r \mathbf{k}^n))$의 원소를 주므로

$$\mathrm{Aut}(G(r,n), \mathbb{P}(\wedge^r \mathbf{k}^n)) = \mathrm{Aut}(G(r,n)) \cong \mathrm{PGL}_n(\mathbf{k})$$

임을 얻는다.

$r = n/2$이면 $F_{r-1}(G(r,n))$이 앞에서 서술한 두 가능성에 의해 2개의 연결 성분을 갖고 각각은 $G(r-1,n)$과 동형임을 확인하자. 위 증명에 의해 $F_{r-1}(G(r,n))$의 각각의 연결 성분을 보존하는 자기동형사상들의 자취가 $\mathrm{PGL}_n(\mathbf{k})$이다. □

$\mathrm{PSO}_6(\mathbf{k}) \subset \mathrm{PO}_6(\mathbf{k})$는 지표가 2인 부분군이고 기약인 매끈한 다양체이다. 그런데 $\mathrm{PGL}_4(\mathbf{k}) \subset \mathrm{Aut}(G(2,4), \mathbb{P}^5) = \mathrm{PO}_6(\mathbf{k})$ 또한 지표가 2인 부분군이므로 $\mathrm{PGL}_4(\mathbf{k})$는 항등원을 포함하는 기약 성분 $\mathrm{PSO}_6(\mathbf{k})$와 일치한다.

따름정리 9.14

$\mathrm{PSO}_6(\mathbf{k}) \cong \mathrm{PGL}_4(\mathbf{k})$이다.

9.3 몫

앞 절에서 살펴보았듯이 대수적 군의 작용이 주어졌을 때 군 작용에 의한 궤도들을 분류하는 것은 흥미로운 문제이다. 대수적 군 작용에 의한 궤도의 분류가 다시 대수적 다양체에 의해 이뤄질 때 이 궤도들을 분류하는 공간을 몫 다양체라고 부른다.

정의 9.15

대수적 군 G가 대수적 다양체 X에 작용할 때 그 **몫**(quotient) 또는 **몫 다양체**란 대수적 다양체 Y와 전사인 대수적 사상 $\pi : X \to Y$인데

(1) 모든 $y \in Y$에 대해 y 상의 파이버 $\pi^{-1}(y)$가 정확히 1개의 궤도이고,

(2) $p(g \cdot x) = p(x)$, $\forall g \in G$, $\forall x \in X$를 만족하는 임의의 대수적 사상 $p : X \to Z$에 대해 $\varphi \circ \pi = p$를 만족하는 대수적 사상 $\varphi : Y \to Z$가 유일하게 존재한다는 말이다.

다른 몫 $\pi' : X \to Y'$이 존재하면 $\pi'(g \cdot x) = \pi'(x)$, $\forall g \in G$, $x \in X$이므로 $\varphi \circ \pi = \pi'$을 만족하는 대수적 사상 $\varphi : Y \to Y'$이 존재한다. 같은 이유에서 $\psi \circ \pi' = \pi$를 만족하는 대수적 사상 $\psi : Y' \to Y$가 존재한다.

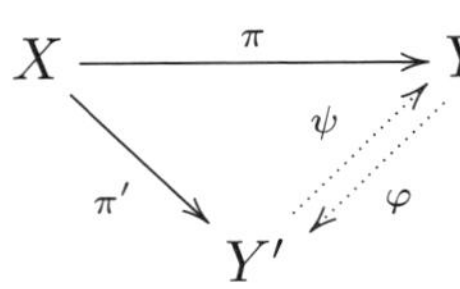

이때

$$(\psi \circ \varphi) \circ \pi = \psi \circ (\varphi \circ \pi) = \psi \circ \pi' = \pi = \mathrm{id}_Y \circ \pi$$

이므로 정의 9.15의 유일성에 의해 $\psi \circ \varphi = \mathrm{id}_Y$임을 얻고 같은 이유에서 $\varphi \circ \psi = \mathrm{id}_{Y'}$이므로 φ는 동형사상이다. 따라서 몫들은 동형이므로 몫의 동형류(isomorphism class)는 유일하게 결정된다. 이를 X/G라고 쓰자.

예제 9.16 $G = \mathbf{k}^* = \mathrm{GL}_1(\mathbf{k})$가 상수배로 $\mathbf{k}^{n+1} - \{0\}$에 작용하고 대수적 사상

$$\pi : \mathbf{k}^{n+1} - \{0\} \longrightarrow \mathbb{P}^n, \quad v \mapsto [v]$$

을 생각하면 파이버들이 각각 1개의 궤도이다. 대수적 사상

$$p : \mathbf{k}^{n+1} - \{0\} \longrightarrow Z, \quad p(tv) = p(v) \quad (t \in \mathbf{k}^*,\ v \in \mathbf{k}^{n+1} - \{0\})$$

가 주어진다면

$$[1, a_1, \ldots, a_n] \xrightarrow{\cong} (1, a_1, \ldots, a_n) \xrightarrow{p} p(1, a_1, \ldots, a_n) \in Z$$

는 대수적 사상이고 다른 성분이 1인 경우도 같은 방법으로 정의하여, $\varphi \circ \pi = p$를 만족하는 유일한 대수적 사상 $\varphi : \mathbb{P}^n \to Z$를 얻는다.(잘 정의되는지 확인하라.) 따라서 $\mathbf{k}^{n+1} - \{0\}$에 상수배로 작용하는 $\mathbf{k}^*$의 작용에 의한 몫은 사영 공간

$$\mathbf{k}^{n+1} - \{0\}/\mathbf{k}^* = \mathbb{P}^n$$

임을 알 수 있다. 원점을 제거하지 않는다면 몫 $\mathbf{k}^{n+1}/\mathbf{k}^*$는 존재하지 않는다. 왜냐면 몫이 존재하려면 모든 궤도들이 닫힌 부분집합이어야 하는데 $\mathbf{k}^{n+1}$의 궤도들은 $\{0\}$을 제외하고는 닫힌 부분집합이 아니기 때문이다.

연습문제 9.17 모든 기약 성분이 n차원인 대수적 다양체 X에 대수

적 군 G가 작용하고 모든 궤도가 r차원일 때 몫 X/G가 존재한다면

$$\dim X/G = n - r$$

이 성립함을 보이시오.

위의 예에서 알 수 있듯이 대수적 다양체 X에 대수적 군 G의 작용이 주어졌을 때 몫 X/G가 존재하려면 궤도들이 닫힌 부분집합이어야 한다. 만약 그렇지 않다면 몫 다양체가 존재하는 X의 열린 부분집합을 적절히 취해 주어야 한다. 정확히 어떤 점들을 빼야 하는지, 그 후 몫은 어떻게 만드는지를 알려주는 것이 기하학적 불변량 이론(geometric invariant theory)이다. 기하학적 불변량 이론에 대해서는 [11, 12]를 참조하라. 멈포드(Mumford)는 이를 확립한 공로로 1974년 필즈상을 수상했다.

일반적인 대수적 군이 대수적 다양체에 작용할 때 몫 다양체를 건설하는 것은 많은 노력이 필요하지만 유한 군의 경우는 상대적으로 쉽다. 아핀 다양체 $X \subset \mathbb{A}^n$에 유한 군 G가 작용하고 있으면,

$$g \cdot f = f \circ g^{-1}, \quad \forall g \in G, f \in A(X) = \mathcal{O}_X(X)$$

에 의해 G는 아핀 좌표 환

$$A(X) = \mathbf{k}[X] = \mathbf{k}[x_1, \ldots, x_n]/I(X)$$

에 선형적으로 – 즉 $\mathbf{k}$ 상에서 선형 사상으로 – 작용한다. 불변량들의 환을

$$\mathbf{k}[X]^G = \{f \in \mathbf{k}[X] \mid g \cdot f = f, \ \forall g \in G\}$$

라고 쓰고 그 원소들을 **불변량**(invariant)이라고 부른다.

$p: X \to Z$가 아핀 다양체 사이의 불변인, 즉

$$p(g \cdot x) = p(x), \quad \forall g \in G, x \in X$$

를 만족하는 대수적 사상이라고 하자. 임의의 $h \in \mathbf{k}[Z]$, $g \in G$, $x \in X$에 대하여

$$(g^{-1} \cdot p^* h)(x) = p^* h(g \cdot x) = h \circ p(g \cdot x) = h \circ p(x) = p^* h(x)$$

이므로

$$p^* h \in \mathbf{k}[X]^G, \quad \forall h \in \mathbf{k}[Z]$$

이고 $\mathbf{k}$-대수 사이의 준동형사상들의 가환 다이어그램(commutative diagram)

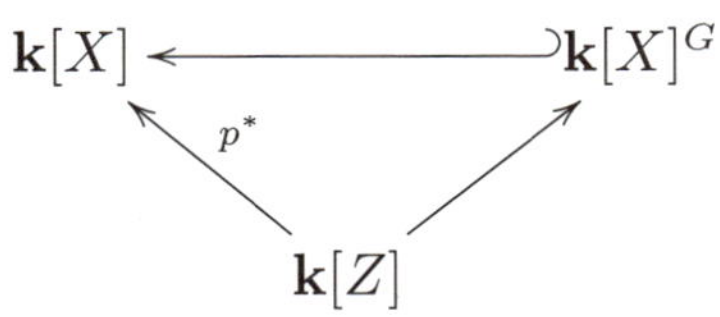

(9.7)

를 얻는다.

보조정리 9.18

유한 군 G가 동차 다항식들이 정의하는 아핀 다양체 X에 선형적으로 작용하고 있다면, $\mathbf{k}[X]^G$는 유한 생성 $\mathbf{k}$-대수이다. 따라서 아핀 다양체 Y가 존재하여

$$\mathbf{k}[X]^G \cong \mathbf{k}[Y]$$

를 만족한다.

증명 $\mathbf{k}[X]^G$가 유한 생성 $\mathbf{k}$-대수임을 보이면 뇌터 환이므로

$$\mathbf{k}[X]^G \cong \mathbf{k}[y_1, \ldots, y_m]/\langle f_1, \ldots, f_l \rangle$$

꼴로 쓸 수 있고 $Y = V(f_1, \ldots, f_l) \subset \mathbb{A}^m$이 원하던 아핀 다양체이다.

$R = \mathbf{k}[X]$라 두고 궤도에서 평균을 내는 함수

$$\tau : R \longrightarrow R^G, \quad f \mapsto \frac{1}{|G|}\sum_{g \in G} g^* f$$

를 생각하면

$$\tau(h) = h, \quad \forall h \in R^G,$$

$$\tau(hf) = h\tau(f), \quad \forall h \in R^G, f \in R$$

을 만족한다. R이 뇌터 환이므로, 힐버트 기저 정리에 의해, R^G가 생성하는 아이디얼은 유한 생성이어서 동차 다항식들

$$h_1, \ldots, h_r \in R^G$$

가 존재하여

$$\langle R^G \rangle = \langle h_1, \ldots, h_r \rangle$$

로 쓸 수 있다. 임의의 동차 다항식 $f \in R^G$는

$$f = \alpha_1 h_1 + \cdots + \alpha_r h_r, \quad \exists \alpha_i \in R$$

이라고 쓸 수 있으므로

$$f = \tau(f) = \tau\left(\sum_i \alpha_i h_i\right) = \sum_i h_i \tau(\alpha_i)$$

이다. 이제 차수에 대한 귀납법을 통해, $h_1, \ldots, h_r$이 R^G를 $\mathbf{k}$-대수로서 생성함을 알 수 있다. □

보조정리 9.18와 (9.7)로부터 아핀 다양체로서 몫 X/G가 존재한

다면

$$X/G = Y, \quad \mathbf{k}[Y] = \mathbf{k}[X]^G$$

임을 알 수 있다. 약간의 노력을 추가하면 $\mathbf{k}[Y] = \mathbf{k}[X]^G \hookrightarrow \mathbf{k}[X]$가 유도하는 대수적 사상 $\pi : X \to Y$의 파이버들이 각각 한 개의 궤도임을 보일 수 있고 따라서 Y가 몫 X/G임을 확인할 수 있다.

$X \subset \mathbb{P}^n$이 사영 다양체이고 유한 군 $G \subset \mathrm{GL}_{n+1}(\mathbf{k})$가 작용하고 있다면 동차 좌표 환 $S(X)$의 불변량들이 이루는 부분환 $S(X)^G$도 보조정리 9.18의 증명에 의해 유한 생성인 등급 환이 된다. 따라서 동차 아이디얼 $I \subset \mathbf{k}[x_0, \ldots, x_m]$이 존재하여

$$S(X)^G = \mathbf{k}[x_0, \ldots, x_m]/I$$

꼴로 쓸 수 있고 $Y = \mathbf{V}(I) \subset \mathbb{P}^m$이 X의 몫이 된다.

예제 9.19 $G = \{\pm 1\} \subset \mathbf{k}^*$이고 $X = \mathbf{k}^2$에 상수배

$$(\pm 1) \cdot (a, b) = (\pm a, \pm b)$$

에 의해 작용한다고 하자. $\mathbf{k}[X] = \mathbf{k}[x, y]$이고

$$\mathbf{k}[x, y]^G = \mathbf{k}[x^2, xy, y^2] = \mathbf{k}[x_0, x_1, x_2]/\langle x_0x_2 - x_1^2 \rangle$$

이므로 몫은 2차 뿔

$$\mathbf{k}^2/\{\pm 1\} = V(x_0x_2 - x_1^2) \subset \mathbb{A}^3$$

임을 알 수 있다.

예제 9.20 S_n이 $\mathbf{k}^n$에 성분의 순서를 바꾸는

$$g \cdot (x_1, \ldots, x_n) = (x_{g^{-1}(1)}, \ldots, x_{g^{-1}(n)}), \quad g \in S_n$$

에 의해 작용할 때,

$$\mathbf{k}[x_1, \ldots, x_n]^{S_n} = \mathbf{k}[s_1, \ldots, s_n] \tag{9.8}$$

임을 대수학으로부터 알고 있다. 여기서 $s_1, \ldots, s_n$은

$$\begin{aligned}(z - x_1)(z - x_2) \cdots (z - x_n) \\ = z^n - s_1 z^{n-1} + s_2 z^{n-2} - \cdots + (-1)^n s_n\end{aligned} \tag{9.9}$$

을 통해 정의되는 기본 대칭 다항식(elementary symmetric polynomial)들이다. 이들은 대수적으로 독립이므로

$$\mathbb{A}^n / S_n \cong \mathbb{A}^n$$

임을 알 수 있다.

그라스만 다양체도 몫으로 표현된다. $M^{k \times n}$의 열린 부분집합

$$X = \{A \in M^{k \times n} \mid \operatorname{rank} A = k\}$$

를 생각하면 $G = \mathrm{GL}_k(\mathbf{k})$가 행렬의 곱

$$g \cdot A = gA, \quad g \in \mathrm{GL}_k(\mathbf{k}), A \in X$$

에 의해 X에 작용한다. 동일한 G-궤도에 속하는 두 행렬의 행들은 $\mathbf{k}^n$의 같은 k차원 부분공간을 생성한다. 따라서 X/G는 $\mathbf{k}^n$의 k차원 부분공간들의 집합 $G(k, n)$이다. 그라스만 다양체에 관한 지식을 동원하여 약간의 노력을 추가하면 그라스만 다양체 $G(k, n)$이 몫 X/G 임을 보일 수 있다.

이처럼 알려진 다양체로부터 새로운 다양체를 건설하는 가장 중요한 방법 중 하나는 군 작용에 의한 몫을 건설하는 것이다.

CHAPTER

10

그뢰브너 기저

대수기하학에서 주어진 다항식들이 결정하는 대수적 다양체의 차원, 차수,
힐버트 다항식 등을 구체적으로 계산하고자 할 때
유용한 도구 중 하나가 그뢰브너 기저(Gröbner basis)*이다.
이 장에서는 아이디얼 소속 문제를 통해 그뢰브너 기저의 활용법을 살펴본다.

*이때 '기저'라는 용어는 벡터 공간의 기저가 아니라
아이디얼의 생성원을 의미한다.
힐버드 기저 정리의 기저와 같은 의미이다.

10.1 아이디얼 소속 문제

대수적 다양체는 아핀 다양체들의 합집합으로 구성된다. 아핀 다양체 $X \subset \mathbb{A}^n$은 다항식 환의 아이디얼 $I(X) \subset \mathbf{k}[x_1, \ldots, x_n]$에 의하여 주어진다. 따라서 어떤 다항식 $g \in \mathbf{k}[x_1, \ldots, x_n]$이 주어진 아이디얼 $I = \langle f_1, \ldots, f_r \rangle \subset \mathbf{k}[x_1, \ldots, x_n]$의 원소인지 아닌지를 판단하는 문제는 구체적인 계산을 위한 대수기하학의 기본적인 문제의 하나이며 이를 **아이디얼 소속 문제**(ideal membership problem)라 부른다.

다음 두 예제와 같이 특별한 경우는 아이디얼 소속 문제를 쉽게 해결할 수 있다. 이 장에서 살펴볼 그리브너 기저를 이용한 방법은 본질적으로 이 두 예제의 일반화이다.

예제 10.1 다항식 g와 $f_1, \ldots, f_r$들이 모두 일차식인 경우는 일차 이하의 다항식들의 벡터 공간에서 생각하면 된다. 즉

$$g = c_1 f_1 + \cdots + c_r f_r$$

을 만족시키는 $(c_1, \ldots, c_r) \in \mathbf{k}^r$이 존재하는지 확인하면 된다. 이는 연립 일차방정식을 푸는 것과 같으며 가우스 소거법을 이용하면 해결된다.

예제 10.2 일변수 다항식들의 환 $\mathbf{k}[t]$는 주 아이디얼 정역(principal ideal domain)이므로 나눗셈을 이용하면 아이디얼 소속 문제를 해결할 수 있다. 예를 들어 $t^6 + t^3 + 1 \in \langle t^2 + 1 \rangle$의 참/거짓을 판단하려면 $t^6 + t^3 + 1$을 $t^2 + 1$로 나누어 보면 된다. 즉,

$$t^6 + t^3 + 1 = (t^2 + 1)(t^4 - t^2 + t + 1) - t$$

이므로 $t^6 + t^3 + 1 \notin \langle t^2 + 1 \rangle$이다.

10.2 그뢰브너 기저

이 절에서는 주어진 단항식 순서에 대한 나누기 알고리즘을 살펴보고 그뢰브너 기저의 정의와 존재성에 대해 알아보자.

10.2.1 단항식 순서

예제 10.1과 예제 10.2에서 아이디얼 소속 문제를 해결하는 과정을 살펴보면 다항식들의 각 항들 사이의 순서를 암묵적으로 생각하고 있다는 것을 알 수 있다. 예제 10.1의 선형 다항식의 경우에는 가우스 소거법을 적용하는 과정에서 변수들 간의 순서를 고려하였고, 예제 10.2의 일변수 다항식의 경우에는 각 항의 차수를 기준으로 나눗셈을 이용하여 차수가 높은 항들을 차례로 소거했다. 따라서 이 두 가지 방법을 일반적인 경우로 확장하기 위하여 먼저 다변수 다항식의 각 항들 사이에 명확한 순서를 주어야 한다. 나중을 위해 용어를 명확히 정의하면, 다항식

$$\sum c_{\alpha_1,\ldots,\alpha_n} x_1^{\alpha_1} \cdots x_n^{\alpha_n}, \quad c_{\alpha_1,\ldots,\alpha_n} \in \mathbf{k}$$

에 대하여 각각의 $c_{\alpha_1,\ldots,\alpha_n} x_1^{\alpha_1} \cdots x_n^{\alpha_n}$을 이 다항식의 **항**(term)이라고, $c_{\alpha_1,\ldots,\alpha_n}$을 **계수**(coefficient)라고 부른다. 또 $\alpha = (\alpha_1, \ldots, \alpha_n) \in \mathbb{Z}_{\geq 0}^n$일 때,

$$x^\alpha := x_1^{\alpha_1} \cdots x_n^{\alpha_n}$$

으로 쓰고 이를 **단항식**(monomial)이라 부른다. 단항식의 차수는

$$\deg(x^\alpha) = \sum_{i=1}^n \alpha_i$$

로 정의한다. 또한 $c_\alpha := c_{\alpha_1,\ldots,\alpha_n}$이라고 쓰자.

단항식들의 집합 $\{x^\alpha\}$에 전순서(total order)[1]를 곱셈과 잘 어울리도록 주자.

정의 10.3

다항식 환 $\mathbf{k}[x_1, \ldots, x_n]$에 정의된 **단항식 순서**(monomial order)는 다음 조건을 만족시키는 단항식들 사이의 전순서 $>$이다.

(1) (곱의 성질) 임의의 $\alpha, \beta, \gamma \in \mathbb{Z}^n_{\geq 0}$에 대하여

$$x^\alpha > x^\beta \iff x^\alpha x^\gamma > x^\beta x^\gamma$$

이다.

(2) (정렬 원리) 공집합이 아닌 임의의 단항식들의 집합에는 항상 최소 원소가 존재한다.

연습문제 10.4 정렬 원리와 다음 조건이 동치임을 증명하시오.

임의의 감소하는 단항식들의 열 $x^{\alpha(1)} > x^{\alpha(2)} > \cdots$은 유한하다.

연습문제 10.5 단항식 순서 $>$에 대하여 $\alpha \neq 0$이면 $x^\alpha > 1$임을 보이시오.

연습문제 10.6 일변수 다항식들의 환 $\mathbf{k}[x]$의 단항식 순서는

$$1 < x < x^2 < \cdots$$

뿐임을 보이시오.

---

1 집합 S의 전순서(total order)란 임의의 두 원소 사이에 순서를 줄 수 있다는 말이다. 즉 $x, y \in S$이면 $x > y$, $x = y$, $y > x$ 중의 정확히 하나만 성립하고, 세 원소 $x, y, z \in S$에 대해 $x > y$이고 $y > z$이면 $x > z$가 성립한다는 말이다.

정의 10.7

단항식 순서가 주어져 있을 때, 0이 아닌 다항식

$$f = \sum_{\alpha} c_\alpha x^\alpha$$

에 대하여 $c_\alpha \neq 0$인 f의 단항식들 중 가장 큰 단항식 x^α를 f의 **선행 단항식**(leading monomial)이라 부르고 LM(f)로 쓴다. 또한 이때 $c_\alpha x^\alpha$를 f의 **선행 항**(leading term)이라 부르고 LT(f)로 쓰며, c_α를 f의 **선행 계수**(leading coefficient)라 부르고 LC(f)로 쓴다. 정의에 의해 등식 $\mathrm{LT}(f) = \mathrm{LC}(f) \cdot \mathrm{LM}(f)$가 성립한다.

예제 10.8

(1) lex 순서: 단항식 순서의 가장 쉬운 예로 **사전 순서**(lexicographic order)가 있다. 이름대로 사전에서 사용되는 순서인데 $x^\alpha > x^\beta$는 $\alpha - \beta$의 첫번째 0이 아닌 좌표의 값이 양수인 것으로 정의한다. 예를 들어 lex 순서에서는

$$x_1 x_3^2 > x_2^{10} x_5^{100} > x_4.$$

(2) grlex 순서: **등급 사전 순서**(graded lexicographic order)는 차수를 먼저 비교하고 차수가 같은 경우 lex 순서를 사용한다. 즉 $x^\alpha > x^\beta$는 $\deg(x^\alpha) > \deg(x^\beta)$이거나 $\deg(x^\alpha) = \deg(x^\beta)$이면 lex 순서에서 $x^\alpha > x^\beta$인 것으로 정의한다. 예를 들어 grlex 순서에서는

$$x_3^3 > x_1 x_2 > x_1 x_3 > x_2^2 > x_2 x_3 > x_3^2.$$

(3) grevlex 순서: **등급 역 사전 순서**(graded reverse lexicographic

order)는 다음과 같다.

$x^\alpha > x^\beta$는 $\deg(x^\alpha) > \deg(x^\beta)$이거나, $\deg(x^\alpha) = \deg(x^\beta)$이면서 $\alpha - \beta$의 가장 나중의 0이 아닌 좌표의 값이 음수인 것으로 정의한다. 예를 들어 grevlex 순서에서는

$$x_3^3 > x_1x_2 > x_2^2 > x_1x_3 > x_2x_3 > x_3^2.$$

차수가 다른 단항식들을 비교하는 경우에는 grlex 순서와 grevlex 순서는 같은 결과를 준다. 차수가 같은 경우에는 grlex 순서는 앞쪽의 변수를 많이 갖고 있는 단항식을 큰 것으로 판단하고 grevlex 순서는 뒤쪽의 변수를 적게 갖고 있는 단항식을 큰 것으로 판단한다.

연습문제 10.9 예시 10.8의 세 가지 순서가 모두 단항식 순서임을 증명하시오.

10.2.2 나누기 알고리즘과 그뢰브너 기저

이제 단항식 순서가 주어져 있다고 하고 예제 10.2에서와 같이 나눗셈을 이용하여 아이디얼 소속 문제의 해결을 시도해 보자. 힐버트 기저 정리(정리 3.3)에 의하여 임의의 아이디얼 $I \subset \mathbf{k}[x_1, \ldots, x_n]$은 유한 개의 원소로 생성되므로 $I = \langle f_1, \ldots, f_r \rangle$이라 두자.

다항식 $g \in \mathbf{k}[x_1, \ldots, x_n]$에 대하여 g를 집합 $\{f_1, \ldots, f_r\}$로 나누는 **나누기 알고리즘**은 다음과 같다.

(1) $g_0 = g$라 둔다.

(2) g_i가 주어졌을 때, 만약 g_i의 모든 항이 어떤 $\mathrm{LM}(f_j)$로도 나누어지지 않으면 알고리즘을 멈추고 g_i를 g를 집합 $\{f_1, \ldots, f_r\}$로 나눈 나머지라 한다.

(3) g_i의 항들 중 어떤 $\mathrm{LM}(f_j)$로 나누어지는 가장 큰 항을 t라 할 때,

$$g_{i+1} = g_i - \frac{t}{\mathrm{LT}(f_j)} f_j$$

와 같이 그 항을 소거하여 g_{i+1}로 두고 (2)로 돌아간다.

알고리즘의 각 단계에서 소거되는 항은 감소하는 열을 이루고 단항식 순서의 정렬 원리에 의하여 나누기 알고리즘은 유한 번 후에 멈추게 된다. 만약 나머지가 0이라면 $g \in I$임을 알 수 있다. 이제 자연스러운 질문은 나누기 알고리즘으로부터 얻은 나머지가 유일하게 결정되는지 여부이다. 다음 예제에서 볼 수 있듯이 아이디얼의 생성원 $f_1, \ldots, f_r$을 임의로 선택한 경우 나머지는 유일하게 결정되지 않으며, 나누기 알고리즘으로 아이디얼 소속 문제를 완전히 해결할 수 없다.

예제 10.10

(1) $f_1 = x^2+x+1$, $f_2 = x^2+x \in \mathbf{k}[x]$이고 $g = 1$이면 $g = f_1 - f_2 \in \langle f_1, f_2 \rangle$이다. 그러나 g의 모든 항은 $\mathrm{LM}(f_1)$, $\mathrm{LM}(f_2)$ 어느 것으로도 나누어지지 않아 나누기 알고리즘이 시작되지 않는다.

(2) $f_1 = x^2y - x$, $f_2 = y^2 + 1 \in \mathbf{k}[x, y]$이고 $x > y$인 lex 순서를 사용하자. $g = x^2y^2 + x^2$에 대해 나누기 알고리즘을 적용하면 $\mathrm{LM}(g) = x^2y^2$는 $\mathrm{LM}(f_1)$, $\mathrm{LM}(f_2)$ 모두로 나누어진다. 따라서 나누기 알고리즘에서 나누는 다항식을 f_1과 f_2 중 어느 것으로 선택하여도 된다. 그런데 그 선택에 따라 다음과 같이 다른 결과를 얻는다.

$$x^2y^2 + x^2 = y(x^2y - x) + 0(y^2+1) + x^2 + xy$$

$$x^2y^2 + x^2 = 0(x^2y - x) + x^2(y^2+1)$$

두 번째 식에 의하여 $g \in \langle f_1, f_2 \rangle$임을 알 수 있으나 첫번째 나눗셈에서는 0이 아닌 나머지를 얻는다.

위의 예에서 아이디얼 소속 문제가 해결되지 않는 이유는 $\mathrm{LM}(f_1)$, $\mathrm{LM}(f_2)$가 아이디얼 $\langle f_1, f_2 \rangle$에 포함된 모든 원소의 선행 항을 생성하지 않기 때문이다. 이를 해결하기 위해 다음을 정의한다.

정의 10.11

(1) **단항식 아이디얼**(monomial ideal)이란 단항식들에 의해 생성되는 다항식 환의 아이디얼을 말한다.

(2) 단항식 순서와 아이디얼 $I \subset \mathbf{k}[x_1, \ldots, x_n]$에 대하여 **선행 항 아이디얼**(ideal of leading terms)을 선행 항들이 생성하는 아이디얼

$$\mathrm{LT}(I) := \langle \mathrm{LT}(g) \,|\, g \in I \rangle$$

로 정의한다.

자명하게 선행 항 아이디얼은 단항식 아이디얼이다.

정의 10.12

주어진 단항식 순서와 아이디얼 $I \subset \mathbf{k}[x_1, \ldots, x_n]$에 대하여 0이 아닌 다항식들의 집합 $G = \{f_1, \ldots, f_r\} \subset I$가

$$\mathrm{LT}(I) = \langle \mathrm{LT}(f_1), \ldots, \mathrm{LT}(f_r) \rangle =: \langle \mathrm{LT}(G) \rangle$$

를 만족시킬때 G를 I의 **그뢰브너 기저**(Gröbner basis)라 부른다.

보조정리 10.13

단항식 아이디얼 $I = \langle x^\alpha \mid \alpha \in A \rangle$에 대하여 I의 임의의 단항식 x^β는 어떤 $\alpha \in A$에 대해 x^α로 나누어진다.

증명 $x^\beta \in I$이면

$$x^\beta = \sum_{i=1}^{s} h_i x^{\alpha(i)}, \quad h_i \in \mathbf{k}[x_1, \ldots, x_n], \quad \alpha(i) \in A$$

로 쓸 수 있다. 따라서 x^β는 어떤 $h_i x^{\alpha(i)}$의 항으로 나타나야 하고 그러므로 $x^{\alpha(i)}$로 나누어진다. □

아이디얼 $I \subset \mathbf{k}[x_1, \ldots, x_n]$의 그뢰브너 기저

$$G = \{f_1, \ldots, f_r\} \subset I$$

가 주어졌다고 하자. 임의의 다항식 $g \in \mathbf{k}[x_1, \ldots, x_n]$에 대하여 나누기 알고리즘을 적용하면 g를 G로 나눈 나머지 r을 얻는다. 만약 $r \neq 0$이면 $\mathrm{LT}(r)$는 모든 $\mathrm{LT}(f_j)$의 배수가 아니다. 따라서 보조정리 10.13에 의하여 $\mathrm{LT}(r) \notin \mathrm{LT}(I)$이므로 $r \notin I$이다. 따라서 $g \notin I$임을 알 수 있다. 이로부터 다음 정리를 얻는다.

정리 10.14

아이디얼 I의 그뢰브너 기저 $G = \{f_1, \ldots, f_r\} \subset I$는 I를 생성한다.

예제 10.10에서 다항식을 다른 다항식들로 나눌 때 나누는 순서의 선택에 따라 다른 나머지가 얻어질 수 있음을 살펴보았다. 하지만 나누는 다항식들을 그뢰브너 기저로 선택하면 순서에 상관 없이 유일한 나머지를 얻는다.

정리 10.15

아이디얼 I와 임의의 $g \in \mathbf{k}[x_1, \ldots, x_n]$에 대하여 다음 성질을 만족시키는 유일한 $r \in \mathbf{k}[x_1, \ldots, x_n]$이 존재한다.

(1) r의 각 항들은 $\mathrm{LT}(I)$의 어느 원소로도 나누어지지 않는다.

(2) $g - r \in I$.

이때, r을 I에 대한 g의 **정규 형식**(normal form) 또는 g를 I로 나눈 **나머지**라 부른다.

증명 먼저 나머지의 존재성을 증명하자. 결론을 부정하여 나머지를 갖지 않는 g가 존재한다고 가정하면 단항식 순서의 정렬 원리에 의하여 그중 선행 단항식이 가장 작은 g를 선택할 수 있다. 또한 필요하면 선행 계수로 나누어 $\mathrm{LT}(g) = x^\beta$라 두자.

만약 $x^\beta \in \mathrm{LT}(I)$라면 $\mathrm{LT}(h) = x^\beta$인 $h \in I$가 존재한다. $\mathrm{LM}(g-h) < \mathrm{LM}(g)$이므로 g의 선택에 의하여 $g-h$는 나머지 r을 갖는다. 그런데 $h \in I$이므로 g의 나머지도 r이 되어 모순이다. 만약 $x^\beta \notin \mathrm{LT}(I)$라면 $g' = g - x^\beta$는 $\mathrm{LM}(g') < \mathrm{LM}(g)$이므로 나머지 r'을 갖는다. 그러면 $x^\beta + r'$이 g의 나머지가 되므로 모순이다.

이제 나머지가 유일함을 증명하자. g의 나머지를

$$r, r' \in \mathbf{k}[x_1, \ldots, x_n] \quad (r \neq r')$$

이라 하면 (2)에 의하여 $r - r' \in I$이다. 이제 $\mathrm{LM}(r - r') = x^\alpha \in \mathrm{LT}(I)$라 두면 x^α는 r 또는 r' 중 적어도 하나에는 나타나는 단항식이므로 (1)에 모순이다. □

이제 다음 따름정리는 자명하다.

따름정리 10.16

아이디얼 I와 $g \in \mathbf{k}[x_1, \ldots, x_n]$에 대하여 $g \in I$일 필요충분조건은 g를 I로 나눈 나머지가 0인 것이다.

따라서 아이디얼의 생성원으로 그뢰브너 기저를 선택하고, 그뢰브너 기저에 대하여 나누기 알고리즘을 적용하면 아이디얼 소속 문제가 해결된다.

연습문제 10.17 아이디얼 I의 그뢰브너 기저를 $G = \{f_1, \ldots, f_r\}$이라 두면 나누기 알고리즘을 적용하여 g를 G로 나눈 나머지가 유일하게 결정되며, 정리 10.15의 g를 I로 나눈 나머지와 같음을 보이시오.

그뢰브너 기저의 존재성은 딕슨(Dickson)의 보조정리로부터 자명하게 얻어진다.

보조정리 10.18 (딕슨의 보조정리)

다항식 환 $\mathbf{k}[x_1, \ldots, x_n]$의 단항식 아이디얼 I는 유한 개의 단항식에 의해 생성된다.

증명 n에 대한 귀납법을 사용한다. 먼저 $n = 1$인 경우 $\mathbf{k}[x_1]$은 주 아이디얼 정역(PID)이므로 자명하다. 이제 $\mathbf{k}[x_1, \ldots, x_n]$에 대하여 정리가 성립한다고 가정하고 $\mathbf{k}[x_1, \ldots, x_n, y]$의 단항식 아이디얼 I를 생각하자.

$$I_m := \langle x^\alpha \in \mathbf{k}[x_1, \ldots, x_n] \mid x^\alpha y^m \in I \rangle$$

로 정의하면 증가하는 아이디얼의 열 $I_0 \subset I_1 \subset I_2 \subset \cdots$을 얻는다. 힐버트 기저 정리에 의하여 어떤 자연수 N이 존재하여 $I_N = I_{N+1} = \cdots$이 된다. 귀납법 가정에 의하여 각각의 m에 대해 I_m이 단항식들의 유한 집합 $\{x^{\alpha(m,1)}, \ldots, x^{\alpha(m,\ell_m)}\}$에 의해 생성된다. 그러면 I는 단항식들

$$\{x^{\alpha(m,j)}y^m \,|\, 0 \leq m \leq N, 1 \leq j \leq \ell_m\}$$

에 의하여 생성됨을 확인할 수 있다. □

따름정리 10.19

다항식 환의 아이디얼은 그뢰브너 기저를 갖는다.

그뢰브너 기저의 이론은 1965년 부흐베르거(Buchberger)에 의하여 개발되었으나 자신의 스승인 그뢰브너(Gröbner, 1899–1980)의 이름을 붙였다. 다음 절에서는 아이디얼의 그뢰브너 기저를 구체적으로 찾아내는 부흐베르거의 알고리즘을 소개한다.

10.3 부흐베르거 알고리즘

다항식 환의 아이디얼 $I \subset \mathbf{k}[x_1, \ldots, x_n]$의 생성원 $\{f_1, \ldots, f_r\}$이 그뢰브너 기저인지 어떻게 판별할 수 있을까? 먼저 그뢰브너 기저가 아니면 어떤 일이 생기는지 살펴보자. 만약 다항식 $g \in \mathbf{k}[x_1, \ldots, x_n]$에 대하여

$$g = q_1 f_1 + \cdots + q_r f_r, \quad q_i \in \mathbf{k}[x_1, \ldots, x_n]$$

으로 쓸 수 있으나 $\mathrm{LT}(g) \notin \langle \mathrm{LT}(f_1), \ldots, \mathrm{LT}(f_r) \rangle$이라 하자. 이는 위 식의 우변에서 각 항들의 선행 항들 중 가장 큰 항이 소거가 되어야 함을 뜻한다. 이를 명확히 하기 위해 다음 정의가 유용하다.

정의 10.20

두 다항식 $f_1, f_2 \in \mathbf{k}[x_1, \ldots, x_n]$에 대하여 $\mathrm{LM}(f_1)$과 $\mathrm{LM}(f_2)$의 최소 공배 다항식을 x^γ라 하자. 두 다항식의 S-**다항식**은

$$S(f_1, f_2) = \frac{x^\gamma}{\mathrm{LT}(f_1)} f_1 - \frac{x^\gamma}{\mathrm{LT}(f_2)} f_2$$

로 정의된다.

즉, 두 다항식의 S-다항식은 최소 차수의 단항식을 곱하여 선행항을 소거한 것이다.

예제 10.21 $x > y$인 lex 순서를 사용할 때,

$$f_1 = 4x^2y + y^2, \quad f_2 = 3xy^2 + y$$

의 S-다항식은

$$S(f_1, f_2) = \frac{x^2y^2}{4x^2y}(4x^2y + y^2) - \frac{x^2y^2}{3xy^2}(3xy^2 + y) = \frac{1}{4}y^3 - \frac{1}{3}xy$$

이다.

정리 10.22 (부흐베르거 판별법)

다항식 환 $\mathbf{k}[x_1, \ldots, x_n]$에 단항식 순서가 주어져 있을 때 아이디얼 I의 생성원 $G = \{f_1, \ldots, f_r\}$이 I의 그뢰브너 기저가 될 필요충분조건은 임의의 $i \neq j$에 대하여 $S(f_i, f_j)$를 G로 나눈 나머지가 모두 0인 것이다.

증명 필요조건임은 자명한데, G가 I의 그뢰브너 기저라면 S-다항식의 정의에 의하여 $S(f_i, f_j) \in I$이므로 G로 나눈 나머지가 0이다. 이제 충분조건임을 증명하자. 결론을 부정하여 G가 그

뢰브너 기저가 되지 않는다고 가정하자. 즉, 다항식 $g \in I$가 존재하여 $\mathrm{LT}(g) \notin \langle \mathrm{LT}(G) \rangle$이다. $g \in I$이므로

$$g = q_1 f_1 + \cdots + q_r f_r, \quad q_i \in \mathbf{k}[x_1, \ldots, x_n] \tag{10.1}$$

과 같이 쓸 수 있다. $x^\delta := \max\{\mathrm{LM}(q_i f_i)\}$로 두자. 단항식 순서의 정의로부터 $\mathrm{LM}(g) \leq x^\delta$임은 자명하다.

만약 $\mathrm{LM}(g) = x^\delta$이면 어떤 $\mathrm{LM}(f_i)$가 $\mathrm{LT}(g)$를 나누게 되므로 $\mathrm{LT}(g) \notin \langle \mathrm{LT}(G) \rangle$에 모순이 되어 $\mathrm{LM}(g) < x^\delta$임을 안다. 정렬 원리를 이용하여 x^δ가 최소가 되는 표현 (10.1)을 생각하자. f_i의 순서를 바꾸어 $\mathrm{LM}(q_1 f_1) = \cdots = \mathrm{LM}(q_k f_k) = x^\delta$이고 $i > k$이면 $\mathrm{LM}(q_i f_i) < x^\delta$라 가정할 수 있다. 이때 (10.1)의 우변에서 x^δ가 소거되어야 하므로 $k \geq 2$이다. 이 성질을 만족시키는 모든 표현 (10.1) 중 k가 최소가 되는 것을 선택하자.

가정에 의하여 $S(f_1, f_2)$를 G로 나눈 나머지가 0이다. 즉,

$$S(f_1, f_2) = h_1 f_1 + \cdots + h_r f_r \tag{10.2}$$

로 쓸 수 있고 모든 i에 대하여 $\mathrm{LM}(S(f_1, f_2)) \geq \mathrm{LM}(h_i f_i)$이다. $\mathrm{LM}(f_1)$과 $\mathrm{LM}(f_2)$의 최소 공배 다항식을 x^γ라 하면

$$\mathrm{LM}(q_1 f_1) = \mathrm{LM}(q_2 f_2) = x^\delta$$

이므로 $x^\gamma | x^\delta$이다. 이제 $\mathrm{LT}(q_1 f_1) = cx^\delta$라 두고 (10.2)의 양변에 $cx^{\delta-\gamma}$를 곱하여 풀어 써보면

$$\frac{cx^\delta}{\mathrm{LT}(f_1)} f_1 - \frac{cx^\delta}{\mathrm{LT}(f_2)} f_2 - cx^{\delta-\gamma}(h_1 f_1 + \cdots + h_r f_r) = 0 \tag{10.3}$$

이다. $S(f_1, f_2)$의 정의로부터

$$\mathrm{LM}(h_i f_i) \le \mathrm{LM}(S(f_1, f_2)) < x^\gamma$$

이다. 이제 (10.1)에서 (10.3)을 빼면 새로운 표현

$$g = q_1' f_1 + \cdots + q_r' f_r$$

을 얻는데 $\mathrm{LT}(q_1 f_1) = cx^\delta$가 소거되므로 $\mathrm{LM}(q_1' f_1) < x^\delta$이다. 또한 모든 i에 대하여 $\mathrm{LM}(q_i' f_i) \le x^\delta$임은 자명하고 $i = 1$ 또는 $i > k$이면 $\mathrm{LM}(q_i' f_i) < x^\delta$임을 확인할 수 있으므로 (10.1)의 선택에 모순이다. □

부흐베르거 판별법을 통해 그뢰브너 기저를 찾는 알고리즘을 얻는다.

따름정리 10.23 (부흐베르거 알고리즘)

다항식 환 $\mathbf{k}[x_1, \ldots, x_n]$에 단항식 순서가 주어져 있을 때 아이디얼 $I = \langle f_1, \ldots, f_r \rangle$의 그뢰브너 기저는 다음 알고리즘을 유한 번 반복하여 얻어진다.

(1) I의 생성원들의 집합을 $G_0 = \{f_1, \ldots, f_r\}$로 둔다.

(2) G_i의 임의의 두 다항식 p, q에 대하여 $S(p, q)$를 G_i로 나눈 나머지가 0이면 G_i는 그뢰브너 기저이다. 만약 0이 아닌 나머지가 있다면 G_{i+1}은 G_i에 $S(p, q)$의 0이 아닌 나머지를 모두 추가한 것으로 정의한다.

증명 아이디얼 J_i를

$$J_i = \langle \mathrm{LT}(p) \,|\, p \in G_i \rangle$$

로 정의하면 단항식 아이디얼의 증가 열

$$J_0 \subset J_1 \subset \cdots \subset \mathrm{LT}(I)$$

를 얻는다. 힐버트 기저 정리에 의하여 어떤 자연수 N에 대하여 $J_N = J_{N+1} = \cdots$이다. 따라서 G_N에서 알고리즘이 멈추고, G_N은 부흐베르거 판별법에 의해 그뢰브너 기저이다. □

예제 10.24 다항식 환 $\mathbf{k}[x, y]$에 $x > y$인 lex 순서가 주어져 있을 때, 아이디얼

$$I = \langle f_1, f_2 \rangle, \quad f_1 = xy + 2x + 2y^2, \quad f_2 = xy + x + 2$$

의 그뢰브너 기저를 구해 보자.

첫번째 S-다항식은

$$S(f_1, f_2) = f_1 - f_2 = x + 2y^2 - 2$$

이고 선행 항이 f_1, f_2의 선행 항으로 나누어지지 않으므로

$$f_3 = x + 2y^2 - 2$$

가 추가된다.

다음 S-다항식들은

$$\begin{aligned} S(f_1, f_3) &= f_1 - yf_3 = 2x - 2y^3 + 2y^3 + 2y \\ &= 2f_3 - 2y^3 - 2y^2 + 2y + 4 \\ S(f_2, f_3) &= f_2 - yf_3 = x - 2y^3 + 2y + 2 \\ &= f_3 - 2y^3 - 2y^2 + 2y + 4 \end{aligned}$$

이므로

$$f_4 = -2y^3 - 2y^2 + 2y + 4$$

가 추가된다.

이제 f_4를 포함하는 S-다항식들은

$$
\begin{aligned}
S(f_1, f_4) &= y^2 f_1 - \frac{x}{(-2)} f_4 = xy^2 + xy + 2x + 2y^4 \\
&= y f_2 + 2 f_3 + (-y+1) f_4 \\
S(f_2, f_4) &= y^2 f_2 - \frac{x}{(-2)} f_4 = xy + 2x + 2y^2 = f_1 \\
S(f_3, f_4) &= y^3 f_3 - \frac{x}{(-2)} f_4 = -xy^2 + xy + 2x + 2y^5 - 2y^3 \\
&= (-y^2 + y + 2) f_3 + (-y^2 + 1) f_4
\end{aligned}
$$

이다. 모든 나머지가 0이므로 부흐베르거 알고리즘이 여기서 끝나고 I의 그뢰브너 기저는 $\{f_1, f_2, f_3, f_4\}$이다.

한 가지 주의할 점은 부흐베르거 알고리즘이 극소(minimal) 그뢰브너 기저를 주지는 않는다는 것이다. 예제 10.24에서 $\mathrm{LT}(f_1)$과 $\mathrm{LT}(f_2)$는 $\mathrm{LT}(f_3)$의 배수이므로 f_1, f_2는 그뢰브너 기저에서 제외할 수 있고, $\{f_3, f_4\}$에서는 더 이상 원소를 뺄 수 없으므로 극소 그뢰브너 기저이다.

극소 그뢰브너 기저 G의 모든 원소 $g \in G$는

$$
\mathrm{LT}(g) \notin \langle \mathrm{LT}(G - \{g\}) \rangle
$$

를 만족시킨다. 왜냐하면 만약 그뢰브너 기저 G의 어떤 원소 g가 $\mathrm{LT}(g) \in \langle \mathrm{LT}(G - \{g\}) \rangle$를 만족한다면, 그뢰브너 기저의 정의로부터 $G - \{g\}$도 그뢰브너 기저가 되기 때문이다. 이와 같이 불필요한 원소들을 차례로 제거하여 극소 그뢰브너 기저를 얻는다. 따라서 모든 아이디얼은 극소 그뢰브너 기저를 갖는다. 일반적으로 아이디얼은 여러 개의 극소 그뢰브너 기저를 갖는다. 그러나 극소 그뢰브너

기저 중 다음 성질을 만족하는 것은 유일하게 존재한다.

정의 10.25

다음 성질을 만족시키는 아이디얼 I의 그뢰브너 기저 G를 **축소된 그뢰브너 기저**(reduced Gröbner basis)라 부른다.

(1) 모든 $g \in G$에 대하여 $\mathrm{LC}(g) = 1$이다.

(2) 모든 $g \in G$에 대하여 g의 모든 단항식은 $\langle \mathrm{LT}(G - \{g\}) \rangle$에 속하지 않는다.

정리 10.26

0이 아닌 임의의 아이디얼 I는 유일한 축소된 그뢰브너 기저를 갖는다.

증명 먼저 축소된 그뢰브너 기저가 존재함을 보이자. I의 극소 그뢰브너 기저 G를 잡자. 주어진 $g \in G$에 대하여 g'을 g를 $G - \{g\}$로 나눈 나머지라 하고, $G' = (G - \{g\}) \cup \{g'\}$이라 두자. G는 극소 그뢰브너 기저이므로 $\mathrm{LT}(g) \notin \langle \mathrm{LT}(G - \{g\}) \rangle$이고 따라서 $\mathrm{LT}(g') = \mathrm{LT}(g)$이다. 그러므로 G' 역시 I의 극소 그뢰브너 기저임을 알 수 있다. 이때 g'은 정의 10.25의 조건 (2)를 만족시키고, G의 모든 원소에 대하여 위 과정을 반복하면 결국 축소된 그뢰브너 기저를 얻는다.

이제 유일함을 보이기 위하여, 아이디얼 I의 두 개의 축소된 그뢰브너 기저

$$G = \{f_1, \ldots, f_r\}, \quad \mathrm{LM}(f_1) < \mathrm{LM}(f_2) < \cdots < \mathrm{LM}(f_r),$$

$$G' = \{g_1, \ldots, g_s\}, \quad \mathrm{LM}(g_1) < \mathrm{LM}(g_2) < \cdots < \mathrm{LM}(g_s)$$

가 주어졌다고 하자. G가 그뢰브너 기저이므로 $\mathrm{LT}(f_i)|\mathrm{LT}(g_1)$을 만족하는 i가 있고

$$\mathrm{LM}(g_1) \geq \mathrm{LM}(f_i) \geq \mathrm{LM}(f_1)$$

이 성립한다. G와 G'의 역할을 바꾸면 같은 이유에서

$$\mathrm{LM}(f_1) \geq \mathrm{LM}(g_1)$$

이 성립하여 $\mathrm{LM}(f_1) = \mathrm{LM}(g_1)$을 얻는다. $f_1 - g_1 \in I$인데 $\mathrm{LC}(f_1) = \mathrm{LC}(g_1) = 1$이므로

$$\mathrm{LM}(f_1 - g_1) < \mathrm{LM}(f_1) = \mathrm{LM}(g_1)$$

이고 따라서 $f_1 = g_1$일 수밖에 없다.

G'이 축소된 그뢰브너 기저이므로 $\mathrm{LM}(f_1) = \mathrm{LM}(g_1)$은 $\mathrm{LM}(g_2)$를 나눌 수 없고 $\mathrm{LM}(g_2) \geq \mathrm{LM}(f_2)$를 얻고 같은 이유에서 $\mathrm{LM}(f_2) \geq \mathrm{LM}(g_2)$이므로 $\mathrm{LM}(f_2) = \mathrm{LM}(g_2)$임을 안다. 따라서

$$\mathrm{LM}(f_2 - g_2) < \mathrm{LM}(f_2) = \mathrm{LM}(g_2)$$

이므로 $\mathrm{LM}(f_2 - g_2)$는 $\mathrm{LM}(f_1) = \mathrm{LM}(g_1)$으로 나눠져야 한다. $f_2 \neq g_2$이면 $\mathrm{LM}(f_2 - g_2)$가 f_2나 g_2의 항에서 와야만 하고 이들은 $\mathrm{LM}(f_1) = \mathrm{LM}(g_1)$에 의해 나눠지지 않으므로 모순을 얻는다. 따라서 $f_2 = g_2$이다. 이와 같이 계속하면 $G = G'$임을 알 수 있다. □

10.4 그뢰브너 기저의 계산 및 응용

부흐베르거 알고리즘은 컴퓨터로 구현하기 용이하여 많은 프로그램에 내장되어 있다. 컴퓨터를 통한 그뢰브너 기저의 계산과 그뢰브너 기저의 다른 응용들을 살펴보자.

10.4.1 컴퓨터를 통한 계산

CoCoA, Macaulay2, Magma, Mathematica, MATLAB, Maple, Sage 등 많은 수학 컴퓨터 프로그램에는 축소된 그뢰브너 기저를 쉽게 구할 수 있도록 명령어가 내장되어 있다.

예제 10.27 다음은 몇 가지 프로그램으로 예제 10.24를 계산한 결과이다. 대부분의 프로그램에서 그뢰브너의 영문 철자로 Groebner를 사용함을 주의하여야 한다.

Macaulay2:

```
i1 : R = QQ[x,y, MonomialOrder => Lex]
o1 = R
o1 : PolynomialRing
i2 : I = ideal (x*y + 2*x + 2*y^2, x*y + x + 2)
o2 = ideal (x y + 2 x + 2 y^2, x y + x + 2)
o2 : Ideal of R
i3 : gens gb I
o3 = ( y^3 + y^2 - y - 2   x + 2 y^2 - 2 )
o3 : Matrix R^1 <--- R^3
```

Mathematica:

```
In[1]:= GroebnerBasis[{x*y + 2x + 2y^2, x*y + x + 2}, {x, y}]
        그뢰브너 기저
Out[1]= {-2 - y + y^2 + y^3, -2 + x + 2 y^2}
```

Sage:

```
R.<x,y> = PolynomialRing(QQ, order='lex')
I = ideal (x*y + 2*x + 2*y^2, x*y + x + 2)
B = I.groebner_basis()
B
[x + 2*y^2 - 2, y^3 + y^2 - y - 2]
```

그뢰브너 기저는 아이디얼 소속 문제뿐만 아니라 다양한 상황에서 유용하다. 몇 가지 응용을 살펴보자.

10.4.2 방정식의 풀이

그뢰브너 기저의 응용 중 하나는 다항 방정식의 풀이이다. 연립 일차 방정식을 풀 때 사용하는 가우스 소거법을 일반화한 것이 그뢰브너 기저임을 기억하자. 예를 들어 연립 다항방정식

$$x^2 + y^2 + z^2 = 1$$

$$xy - z^2 = -1$$

$$x - y - z = 0$$

을 풀어보자. 아이디얼

$$I = \langle x^2 + y^2 + z^2 - 1, xy - z^2 + 1, x - y - z \rangle \subset \mathbb{C}[x, y, z]$$

에 대하여 $V(I)$의 모든 점을 구하는 것이 이 방정식을 푸는 것이다. $x > y > z$인 lex 순서를 사용하여 아이디얼 I의 축소된 그뢰브너 기저를 구하면

$$g_1 = x - y - z$$

$$g_2 = 4yz + 4y^2 + 1$$

$$g_3 = 4z^2 - 3$$

이다. 이제 g_3에는 x, y항이 없으므로 쉽게 방정식을 풀 수 있다. $z = \pm\frac{\sqrt{3}}{2}$이며 각각을 g_1, g_2에 대입하여 구하면 총 4개의 해를 구할 수 있다.

10.4.3 소거와 사영

가우스 소거법(Gaussian elimination)을 이용하여 일차연립방정식을 문자를 소거하여 풀었듯이, 그뢰브너 기저를 이용하면 다항식에서도 문자를 소거할 수 있다.

정리 10.28

아이디얼 $J \subset \mathbf{k}[x_1, \ldots, x_n]$이 정의하는 아핀 다양체

$$X = V(J) \subset \mathbb{A}^n$$

과 아핀 공간의 사영

$$\pi : \mathbb{A}^n \longrightarrow \mathbb{A}^{n-m}, \quad (x_1, \ldots, x_n) \mapsto (x_{m+1}, \ldots, x_n) \tag{10.4}$$

에 대하여 $\overline{\pi(X)} = V(J \cap \mathbf{k}[x_{m+1}, \ldots, x_n])$이다.

증명 $J' = J \cap \mathbf{k}[x_{m+1}, \ldots, x_n]$으로 두자. $f \in J'$에 대하여 f는 $\pi(X)$에서 0이 되므로 $\pi(X) \subset V(J')$이어서 $\overline{\pi(X)} \subset V(J')$

임은 자명하다. 역으로 임의의

$$g \in I(\pi(X)) \subset \mathbf{k}[x_{m+1}, \dots, x_n]$$

에 대하여, $\mathbf{k}[x_1, \dots, x_n]$의 원소로서 g는 $X = V(J)$에서 0이 되므로 힐버트 영점 정리에 의하여 어떤 자연수 r에 대하여 $g^r \in J$이다. 그런데 $g^r \in \mathbf{k}[x_{m+1}, \dots, x_n]$이므로 $g^r \in J'$이다. 따라서

$$I(\pi(X)) \subset \sqrt{J'} = I(V(J'))$$

이므로 $V(J') \subset \overline{\pi(X)}$이다. □

연습문제 10.29 $\mathbb{A}^n$의 부분집합 S에 대해 $\overline{S} = V(I(S))$임을 증명하시오.

정리 10.30

Lex 순서에 대한 아이디얼 $J \subset \mathbf{k}[x_1, \dots, x_n]$의 그뢰브너 기저를 $G = \{f_1, \dots, f_r\}$이라 하면, $G' = G \cap \mathbf{k}[x_{m+1}, \dots, x_n]$은 $J' = J \cap \mathbf{k}[x_{m+1}, \dots, x_n]$의 그뢰브너 기저이다.

증명 G가 J의 그뢰브너 기저이므로 임의의 $g \in J' \subset J$는 나누기 알고리즘을 이용하여

$$g = \sum h_i f_i, \quad \mathrm{LM}(g) \geq \mathrm{LM}(h_i f_i)$$

로 쓸 수 있다. Lex 순서를 사용하였으므로 위 식의 우변에 나타나는 f_i들은 모두 G'의 원소이다. 따라서 $J' = \langle G' \rangle$이다. 또한 lex 순서를 사용하였으므로 G'의 원소들 사이의 S-다항

식들을 G'으로 나눈 나머지는 모두 0이 됨을 알 수 있다. 따라서 G'은 J'의 그뢰브너 기저이다. □

정리 10.28과 정리 10.30으로부터 $X = V(J) \subset \mathbb{A}^n$과 사영 (10.4)에 대해 $\overline{\pi(X)}$는 다음과 같이 구할 수 있다.

(1) J의 그뢰브너 기저 G를 구한다.

(2) $G' = G \cap \mathbf{k}[x_{m+1}, \ldots, x_n]$, 즉 G의 원소 중에서 $x_{m+1}, \ldots, x_n$에만 의존하는 것들이 생성하는 아이디얼을 J'이라고 하면 $\overline{\pi(X)} = V(J')$이다.

이를 통해 대수적 사상

$$F = (f_{m+1}, \ldots, f_n) : X \subset \mathbb{A}^m \longrightarrow \mathbb{A}^{n-m}$$

의 이미지 폐포 $\overline{F(X)}$를 구할 수 있다. 즉 F의 그래프 $\mathrm{graph}(F) \subset \mathbb{A}^n$에 위의 방법을 적용하면 $\overline{\pi_2(\mathrm{graph}(F))} = \overline{F(X)}$를 얻는다. 여기서 π_2는 사영

$$\pi_2 : \mathbb{A}^n = \mathbb{A}^m \times \mathbb{A}^{n-m} \longrightarrow \mathbb{A}^{n-m}, \quad (p, q) \mapsto q$$

를 말한다.

예제 10.31 아핀 공간 $\mathbb{A}^3$ 상의 뒤틀린 3차 곡선

$$x = t,\ y = t^2,\ z = t^3$$

을 정의하는 아이디얼을 구하려 한다면 위 식에서 t를 소거하고 x, y, z에 대한 방정식들을 얻어야 한다. $t > x > y > z$인 lex 순서를 사용하여 아이디얼 $I = \langle x - t, y - t^2, z - t^3 \rangle$의 그뢰브너 기저 $\{x - t, y - x^2, z - x^3\}$를 구하고 t를 포함하는 원소를 버려서, 뒤틀린 3차 곡선이 $V(y - x^2, z - x^3)$로 주어짐을 알 수 있다. (2.21)과 비교해

보자.

10.4.4 다항식 표현

다항식을 다른 다항식들에 대한 다항식으로 나타낼 때 그뢰브너 기저를 이용하여 계산을 간편히 할 수 있다. 대칭 다항식(symmetric polynomial)에 이 방법을 적용하여 보면 다음과 같다.

예제 10.32 대칭 다항식이란 변수의 순서를 바꿔도 변하지 않는 다항식을 말한다. (9.8)에 의하여 모든 n변수 대칭 다항식들은 (9.9)로 정의되는 기본 대칭 다항식 $s_1, \ldots, s_n$에 관한 다항식으로 표현이 가능하다. 예를 들어 변수가 x, y, z인 경우 기본 대칭 다항식들은

$$s_1 = x + y + z$$

$$s_2 = xy + yz + zx$$

$$s_3 = xyz$$

이다.

이제 대칭 다항식 $x^3 + y^3 + z^3$을 s_1, s_2, s_3만을 사용하여 나타내 보자. 위의 관계식으로부터 아이디얼

$$I = \langle x+y+z-s_1, xy+yz+zx-s_2, xyz-s_3 \rangle \subset \mathbb{C}[x, y, z, s_1, s_2, s_3]$$

를 얻는다. $x > y > z > s_1 > s_2 > s_3$인 lex 순서를 사용하여 축소된 그뢰브너 기저를 구해 보면

$$G = \{x+y+z-s_1, y^2+yz-ys_1+z^2-zs_1+s_2, z^3-z^2s_1+zs_2-s_3\}$$

를 얻는다. 이제 나누기 알고리즘을 사용하여 $g = x^3 + y^3 + z^3$을 G로 나눈 나머지를 구하면 g는 기본 대칭 다항식들의 다항식으로 나타

남은 이미 알고 있으므로, x, y, z는 소거되고 s_1, s_2, s_3에 대한 표현

$$g = s_1^3 - 3s_1s_2 + 3s_3$$

를 얻는다.

Macaulay2를 이용하여 다음과 같이 계산할 수 있다. 아래에서 `g % G` 명령어는 환의 원소 g를 그뢰브너 기저 G로 나눈 나머지를 구하라는 명령어이다.

```
i1 : R = QQ[x..z, s_1..s_3, MonomialOrder => Lex]
o1 = R
o1 : PolynomialRing
i2 : I = ideal(x+y+z-s_1,x*y+y*z+z*x-s_2,x*y*z-s_3)
o2 = ideal (x + y + z - s_1, x y + x z + y z - s_2, x y z - s_3)
o2 : Ideal of R
i3 : G = gb I
o3 = GroebnerBasis[status: done; S-pairs
     encountered up to degree 2]
o3 : GroebnerBasis
i4 : gens G
o4 = ( z^3 - z^2 s_1 + z s_2 - s_3    y^2 + yz - y s_1 + z^2 - z s_1 + s_2
       x + y + z - s_1 )
o4 : Matrix R^1 <--- R^3
i5 : g = x^3+y^3+z^3
o5 = x^3 + y^3 + z^3
o5 : R
```

```
i6 : g % G
```

$$o6 = s_1^3 - 3\,s_1 s_2 + 3\,s_3$$

```
o6 : R
```

Mathematica 프로그램에서도 다음과 같이 쉽게 계산할 수 있다.

```
In[1]:= G = GroebnerBasis[{x + y + z - s1, xy + yz + zx - s2, xyz - s3}, {x, y, z, s1, s2, s3}]
            그뢰브너 기저
Out[1]= {z^3 - z^2 s1 + z s2 - s3, y^2 + y z + z^2 - y s1 - z s1 + s2, x + y + z - s1}

In[2]:= PolynomialReduce[x^3 + y^3 + z^3, G, {x, y, z, s1, s2, s3}][[2]]
        다항식 축소
Out[2]= s1^3 - 3 s1 s2 + 3 s3
```

대칭 다항식은 정수론, 조합론, 불변량 이론, 표현론 등 수학의 여러 분야에서 사용되는 강력한 도구이다. 대수기하학에서 사용되는 대칭 다항식과 그뢰브너 기저를 이용한 더 많은 응용은 [14]에서 찾아볼 수 있다.

부록

연습문제 풀이

이 절에서는 선택된 연습문제에 대한 풀이 또는 힌트를 제공한다.

1.15 임의의 점 $q \notin \Gamma$를 고정하면, 임의의 $p \in \Gamma$에 대하여 $r \in \Gamma$가 존재하여 q가 p와 r을 지나는 직선 위에 존재하지 않도록 할 수 있음을 증명하자. 이로부터 p와 r에서는 0이 되지만 q에서는 0이 되지 않는 선형 다항식을 얻는다. 이 선형 다항식들을 곱하여 Γ에서 0이 되며 q에서는 0이 되지 않는 $(d-1)$차 이하의 동차 다항식을 얻자. 모든 점 $q \notin \Gamma$에 대하여 이러한 동차 다항식들을 모두 모으면 Γ를 정의하는 다항식들의 집합이 된다.

2.19 $|\mathbb{F}_q\mathbb{P}^2| = q^2 + q + 1$

$|\mathrm{GL}_2(\mathbb{F}_q)| = (q^2-1)(q^2-q)$

$|\mathrm{SL}_2(\mathbb{F}_q)| = \dfrac{1}{q-1}|\mathrm{GL}_2(\mathbb{F}_q)| = q(q-1)(q+1)$

2.21 방데르몽드(van der Monde) 행렬식을 쓰자.

2.25 순서쌍 Λ와 Γ가 사영 변환 Φ에 의하여 서로 동등하다면 정리 2.24에 의하여 $\Phi\nu(\mathbb{P}^1) = \nu'(\mathbb{P}^1)$이다. ν와 ν'은 매립 사상(embedding)이므로 이는 $\mathbb{P}^1$의 자기동형사상을 유도한다. 이는 순서쌍 $\{\nu^{-1}(p_i)\}$와 $\{\nu'^{-1}(p'_j)\}$을 사영적으로 동등하게 하는 사영 변환이 된다.

3.25 닫힌 부분집합 $X, Y \subset \mathbb{A}^n$에 대해 $I(Y)$의 생성원들 $f_1, \ldots, f_m$을 고르면

$$Y = \cap_i V(f_i), \quad X - Y = \cup_i X_{f_i}$$

인데 X_{f_i}가 아핀 다양체이므로 모든 준아핀 다양체는 아핀 다양체의 합집합임을 알 수 있다. 준사영 다양체는 유한 개의 준아핀 다양체의 합집합이므로 모든 준사영 다양체는 유한 개의 아핀 다양체의 합집합으로 쓸 수 있다.

3.31 (3) f가 d차 동차 다항식이라면 베로네세 사상 $\nu_d : \mathbb{P}^n \to \mathbb{P}^N$에 의해 $\mathbf{V}(f)$는 어떤 초평면 $H \subset \mathbb{P}^N$의 역 이미지이고

$$\nu_d : \mathbb{P}^n - \mathbf{V}(f) \xrightarrow{\cong} \nu_d(\mathbb{P}^n) - H \subset \mathbb{P}^N - H \cong \mathbb{A}^N$$

에 의해 $\mathbb{A}^N$의 닫힌 부분집합으로 볼 수 있다.

3.32 $z_{kl} \neq 0$이면

$$[z_{ij}] \mapsto ([z_{0l}, \ldots, z_{nl}], [z_{k0}, \ldots, z_{km}])$$

이 $\sigma_{n,m}(\mathbb{P}^n \times \mathbb{P}^m)$에서 정의된 역함수를 준다.

3.36 $\pi_1 : \mathrm{graph}(X) \subset X \times Y \to X$가 역사상을 준다.

3.37 정리 3.35를 사용하면 된다.

4.4 Y가 아핀 다양체인 경우만 생각하면 됨을 보이고, 정리 4.3의 증명에서 $f, g \in A(Y)[y_1, \ldots, y_n]$으로 생각하여 같은 방법으로 증명하면 된다.

4.17 $\mathfrak{F}_{k,n}/\mathrm{GL}_k(\mathbf{k})$의 원소들은 (4.7) 모양으로 쓸 수 있고 $a_{i,j}$들이 프뤼커 좌표이므로 ψ가 단사이다.

4.24 각각의 $U_{\mathbf{i}}$마다 $F_k(X) \cap U_{\mathbf{i}}$가 $U_{\mathbf{i}}$에서 닫힌 부분집합임을 보이는 것이 한 가지 방법이다.

4.25 $x_0 + \omega x_i = x_j + \omega' x_k = 0$, $\{i, j, k\} = \{1, 2, 3\}$, $j < k$, $\omega^3 = \omega'^3 = 1$이 27개의 직선을 준다. 이들뿐임을 보이려면 먼저 $G(2, 4) = \mathbf{G}(1, 3)$의 열린 부분집합 $U_{(0,1)}$에 속하는 직선들 $x_0 = \alpha x_2 + \beta x_3$, $x_1 = \gamma x_2 + \delta x_3$ 중에서 X에 포함되는 것

은 앞에서 찾은 것들뿐임을 확인하자. 다른 열린 부분집합 U_i에 대해서도 같은 방법으로 확인하면 된다.

5.1 앞부분은 정리 3.20을 사용하면 되고 뒷부분은 $X \supset U \supset X_f$인 f를 잡으면 된다.

5.3 (1) 대수적 사상 $(F, G) : X \to Y \times Y$에 대하여 대각 다양체

$$\Delta = \{(y, y) \,|\, y \in Y\} \subset Y \times Y$$

의 역 이미지(inverse image)는 U를 포함하는 닫힌 부분집합임을 사용하자.

5.4 X가 아핀 다양체일 때만 보이면 충분하고 아핀 다양체의 경우는 정의에 의해 쉽다.

5.16 (1) 좌표계를 잡고 직선의 방정식을 통해 계산해 보면 된다.
(2) 예제 6.22를 참조하라.

6.3 (1) 보조정리 5.5에 의하여 자명하다.
(2) $\max_{p \in X} \operatorname{rank}\left(\frac{\partial f_i}{\partial x_j}\right) = \rho$이고 $\det\left(\frac{\partial f_i}{\partial x_j}(p)\right)_{1 \le i,j \le \rho} \neq 0$이면 대수적 사상

$$X \subset \mathbb{A}^n \longrightarrow \mathbb{A}^{n-\rho}, \quad (a_1, \ldots, a_n) \mapsto (a_{\rho+1}, \ldots, a_n)$$

은 음함수 정리에 의해 p 근방에서 준유한이고 지배적이다.

6.28 예제 6.27에서와 같이 ev 사상을 정의하고 $m \ge d - 1$일 때 전사임을 보이면 된다.

7.6 2차 형식 f가 대칭 행렬 A에 대하여

$$f = x^t A x, \quad x = (x_0, \ldots, x_n)^t$$

라면, f의 미분은 $2Ax$이다. 따라서 $\operatorname{Sing}(X)$는 $Ax = 0$이 되는 점들의 집합이며 $\mathbb{P}^{n-\operatorname{rank}(f)}$와 동형이다.

7.8 (1) $A = \mathcal{O}_X(X)$라 두면 3.4.1절 끝에서 보인 동형사상에 의해, $\mathcal{O}_X(X_{f_i}) = \mathbf{k}[X_{f_i}] = A_{f_i}$임을 통해 A가 유한 생성 $\mathbf{k}$-대수임을 보이자. A가 정의하는 아핀 다양체를 Y라고 두면 (3.10)에 의해, 항등함수 $A \to A$가 대수적 사상 $F : X \to Y$를 주는데 $\mathbf{k}[Y_{f_i}] = A_{f_i} \cong \mathbf{k}[X_{f_i}]$임을 확인하여 F가 Y_i상에서 동형사상임을 알 수 있다. 이로부터 $X \cong Y$를 얻는다.

(2) (1)에 의해 $V = \cup V_{f_i}$이고 $F^{-1}(V_{f_i}) = F^{-1}(V)_{f_i}$가 아핀 다양체이면 $F^{-1}(V)$도 아핀 다양체이다.

(3) (2)에 의해 자명하다.

(4) (1)에 의해 $V = \cup V_{f_i}$이고, $U_{f_i} = F^{-1}(V_{f_i})$가 아핀 다양체이며 $\mathbf{k}[U_{f_i}] = \mathbf{k}[U]_{f_i}$가 유한 $\mathbf{k}[V]_{f_i}$-모듈이라고 하면 이들의 유한 생성원들을 $\mathbf{k}[U]$에서 골라 모두 모아두면, $\mathbf{k}[U]$를 생성한다. 유한 모듈(finite module)은 유한 생성 모듈을 말한다.

(5) (3)과 유한 모듈 위에서 유한 모듈은 유한 모듈임을 쓰면 자명하다.

7.18 아핀 열린 집합에서 생각하면 충분하다. 점 (t, t^2, t^3)에서의 접선은 $(t, t^2, t^3) + s(1, 2t, 3t^3)$이므로 접다양체는 (아핀 열린 집합에서)

$$(t + s, t^2 + 2st, t^3 + 3st^2)$$

으로 매개화된다. 이 곡면을 정의하는 다항식을 Macaulay2를 이용하여 다음과 같이 구할 수 있고 $\mathbf{T}X$가 4차 곡면임을 확인할 수 있다.

```
i1 : R = QQ[x, y, z]
o1 = R
o1 : PolynomialRing
i2 : S = QQ[s,t]
o2 = S
o2 : PolynomialRing
i3 : f = map(S,R,matrix {{t+s, t^2 + 2*s*t, t^3 +
     3*s*t^2}})
o3 = map(S, R, {s + t, 2 s t + t^2, 3 s t^2 + t^3})
o3 : RingMap S <--- R
i4 : ker f
o4 = ideal(3 x^2 y^2 - 4 x^3 z - 4 y^3 + 6 x y z - z^2)
o4 : Ideal of R
```

7.22 2차 곡선 C를 정의하는 2차 다항식이 3×3 대칭 행렬 A에 의하여 주어진다면 쌍대 곡선 $C^\vee$을 정의하는 다항식은 A^{-1}에 의하여 주어진다.

8.16 따름정리 8.15를 반복하여 적용하면 X를 포함하는 $(k+1)$-평면이 존재함을 알 수 있다.

8.19 4.1.1절에서와 같이 $p = [0, \ldots, 0, 1]$이고 $\mathbb{P}^{n-1} = \mathbf{V}(x_n)$이도록 좌표계를 잡고 $X = \mathbf{V}_{\mathbb{P}^{n-1}}(J) \subset \mathbb{P}^{n-1}$이라면 $\overline{Xp} = \mathbf{V}_{\mathbb{P}^n}(J) \subset \mathbb{P}^n$이다. 따라서

$$S(\overline{Xp})_m = \bigoplus_{j=0}^{m} (S(X)_j \otimes \mathbf{k}[x_n]_{m-j}) = \bigoplus_{j=0}^{m} S(X)_j$$

이다. 이를 이용하여 힐버트 다항식을 계산하면 된다.

9.10 제한 준동형사상이 단사가 아니라면 서로 다른

$$g, h \in \mathrm{PGL}_{n+1}(\mathbf{k})$$

가 존재하여 $g|_X = h|_X$이다.

$$\Gamma = \{[v] \in \mathbb{P}^n \mid g \cdot [v] = h \cdot [v]\}$$

라 두면 $\Gamma \subsetneq \mathbb{P}^n$이고 선형 다양체들의 합집합이다. $X \subset \Gamma$이므로 비퇴화적이라는 가정에 모순이다.

9.12 아핀 공간 $M^{3\times3}$에서 정의된 다항식 $f(A) = A^tA - I$를 미분하여 점 $B \in \mathrm{SO}_3(\mathbf{k})$에서의 접평면이

$$\{A \in M^{3\times3} \mid A^tB + B^tA = 0\}$$

임을 확인하면 된다.

10.5 $x^\alpha \neq 1$임은 자명하고, 만약 $1 > x^\alpha$라면 곱의 성질에 의하여

$$1 > x^\alpha > x^{2\alpha} > x^{3\alpha} > \cdots$$

이다. 따라서 연습문제 10.4에 의하여 정렬 원리에 모순이다.

참고문헌

[1] Michael Artin, *Algebra*, 2nd edition, Pearson, 2010.

[2] Michael Atiyah and Ian Macdonald, *Introduction to commutative algebra*, CRC Press, 1994.

[3] Jean Dieudonné, *History of algebraic geometry*, Chapman and Hall/CRC Press, 1985.

[4] Jean Dieudonné, *The historical development of algebraic geometry*, Amer. Math. Monthly, 79 (1972), 827-866.

[5] David Eisenbud, *Commutative algebra with a view toward algebraic geometry*, Graduate Texts in Mathematics, 150, Springer, 1995.

[6] William Fulton, *Algebraic curves*, Addison-Wesley, 1969.

[7] William Fulton, *Intersection theory,* 2nd edition, Springer, 1998.

[8] Joe Harris, *Algebraic geometry: a first course*, Graduate Texts in Mathematics, 133, Springer, 1992.

[9] Robin Hartshorne, *Algebraic geometry*, Graduate Texts in Mathematics, 52, Springer, 1977.

[10] Serge Lang, *Algebra*, 3rd edition, Graduate Texts in Mathematics, 211, Springer, 2002.

[11] Shigeru Mukai, *An introduction to invariants and moduli*, Cambridge University Press, 2003.

[12] David Mumford, John Fogarty and Frances Kirwan, *Geometric invariant theory*, 3rd edition, Springer, 1994.

[13] Miles Reid, *Undergraduate algebraic geometry*, Cambridge University Press, 1988.

[14] Bernd Sturmfels, *Algorithms in invariant theory*, Springer, 2008.

[15] 김명환, 김홍종, 김영훈, 현대수학입문-개정판, 경문사, 2021.

[16] 김영훈, 허재성, 선형 대수학과 함께 배우는 양자 정보 이론, 경문사, 2020.

[17] 르네 데카르트, 방법서설/성찰/철학의 원리/세계론/정념론/정신지도를 위한 규칙, 동서문화사 세계사상전집 13, 2016.

[18] 앙리 푸앵카레, 에르빈 슈뢰딩거, 캐넌, 과학과 방법/생명이란 무엇인가?/사람몸의 지혜, 동서문화사 세계사상전집 83, 2016.

[19] 플라톤, 소크라테스의 변명/국가/향연, 동서문화사 세계사상전집 1, 2016.

찾아보기